智能科学与技术丛书

Machine Learning in Complex Networks

基于复杂网络的机器学习方法

[巴西] 迪亚戈·克里斯蒂亚诺·席尔瓦（Thiago Christiano Silva） ◎ 著
赵亮（Liang Zhao）

李泽荃　杨曌　陈欣 ◎ 译

U0255907

机械工业出版社
CHINA MACHINE PRESS

图书在版编目（CIP）数据

基于复杂网络的机器学习方法 /（巴西）迪亚戈·克里斯蒂亚诺·席尔瓦（Thiago Christiano Silva），赵亮（Liang Zhao）著；李泽荃，杨曌，陈欣译 . —北京：机械工业出版社，2018.10（2024.9 重印）
（智能科学与技术丛书）
书名原文：Machine Learning in Complex Networks

ISBN 978-7-111-61149-3

I. 基… II.①迪… ②赵… ③李… ④杨… ⑤陈… III. 机器学习 IV. TP181

中国版本图书馆 CIP 数据核字（2018）第 235238 号

北京市版权局著作权合同登记 图字：01-2018-1370 号。

本书将机器学习和复杂网络这两个重要的研究方向结合起来，不仅包括必备的基础知识，还涵盖新近的研究成果。书中首先介绍机器学习和复杂网络的基本概念，然后描述基于网络的机器学习技术，最后对监督学习、无监督学习和半监督学习方法的案例进行详细分析。

本书通过大量例子和图示来帮助读者理解各类方法的主要思路和实现细节，并列出了可供深入研究的参考文献，适合该领域的研究人员、技术人员和学生阅读参考。

出版发行：机械工业出版社（北京市西城区百万庄大街 22 号 邮政编码：100037）

责任编辑：曲 熠　　　　　　　　　　　　　责任校对：殷 虹

印　　刷：固安县铭成印刷有限公司　　　　版　　次：2024 年 9 月第 1 版第 6 次印刷

开　　本：185mm×260mm 1/16　　　　　　印　　张：16.25 插 页：2

书　　号：ISBN 978-7-111-61149-3　　　　　定　　价：79.00 元

客服电话：(010) 88361066 68326294

版权所有·侵权必究
封底无防伪标均为盗版

2017 年年初，谷歌旗下 DeepMind 团队开发的 AlphaGo 升级版 Master 战胜了柯洁、陈耀烨、李世石、三村智保等中日韩顶尖围棋手，取得 60 胜 0 负的辉煌战绩。这又一次促使人工智能相关话题迅速升温，越来越多的公司开始开展人工智能技术研究，越来越多的从业人员开始进入该领域寻求机会。同时，人工智能技术确实也在影响着我们的生活，如帮助医生进行医疗诊断，帮助房产公司评估资产价值，帮助物流公司规划路径等。

机器学习是实现人工智能的一种方法，其概念来自早期的人工智能学者。机器学习分为监督学习、半监督学习和无监督学习，目前常用的算法有决策树、逻辑斯谛回归、朴素贝叶斯、k-均值等。简单来说，机器学习就是使用算法分析数据，并根据学习到的模型做出推断或预测。

虽然已经有众多的机器学习方法被提出并且在各类实际系统中成功应用，但是仍然有很多挑战性的问题需要解决。近年来，随着社交网络的快速发展，数据规模暴增，特别是本身就呈现网络特征的数据样本急剧增加，促使基于复杂网络的机器学习方法被广泛关注。

本书的两位作者 Thiago Christiano Silva 和 Liang Zhao 长期从事复杂网络和机器学习的交叉研究。他们深知基于网络的机器学习技术的内在优点，并经多方面调研论证，将多年的研究成果汇聚成书，供各领域的研究人员参考学习。

这种学科交叉融合带来的良性互动，无疑促进了包括复杂网络、机器学习在内的诸多学科的繁荣。这也正是本书的目的和意义。

感谢本书的作者 Liang Zhao 教授给予大力支持，他提供的方便使得本书的翻译工作能够及时完成。

感谢机械工业出版社的编辑，是他们的远见使得本书能够快速与读者见面。

感谢第一译者的爱人乜超参与我们的校对工作。

由于译者水平有限，译文中难免出现词不达意的问题。文中的错误和不当之处，希望读者与我们联系，以便不断改进。意见请发往 lzquancumtb @ 126.com 或 yangzhaocumtb@126.com，我们将不胜感激。

李泽荃

2018 年 6 月 1 日于北京

机器学习是计算机科学的一个重要研究领域之一，主要指计算机利用已有的经验来获得学习能力的一种计算方法。虽然已经有众多的机器学习方法被提出并且在各类实际系统中成功应用，但是仍然有很多挑战性的问题需要解决。在过去的几年里，基于复杂网络（大规模的具有复杂连接模式的图）的机器学习方法越来越受到关注。该方法的出现是因为其具有内在的优点，即数据表示是基于网络特性的，能有效捕获数据的空间、拓扑和功能关系。本书介绍了在机器学习领域复杂网络理论的特性和优势。在前七章，我们首先介绍机器学习和复杂网络的一些基本概念，提供必要的背景知识。然后，简要描述基于网络的机器学习技术。在后三章，我们将介绍一些基于网络的监督学习、无监督学习和半监督学习方法，并提供详细的案例分析。特别是，针对无监督和半监督学习，我们探讨了使用随机非线性动力系统的粒子竞争技术。同时，分析了竞争系统内的各类影响因素，以确保该技术的有效性。另外，对于学习系统存在的不完善性，比如半监督学习的数据可靠性问题，可以采用竞争机制来消除训练数据集的缺陷。识别并预防误差传播具有重要的实际意义，但文献中关于这方面的研究很少。在案例分析中，我们提出了一个结合低阶和高阶的混合监督分类技术，低阶项通过传统的分类方法实现，而高阶项通过提取由输入数据构造的底层网络的特征实现。换句话说，其主要思路是低阶项利用数据的物理特征实现测试样本的分类，而高阶项进行测试样本模式的一致性检验。可以看出，该技术可以根据数据的语义特征实现样本分类。

本书旨在融合两个目前被广泛研究的领域：机器学习和复杂网络。所以，我们希望本书能在科学界引起更多学者的兴趣。本书是自成体系的，介绍基于网络的机器学习技术的建模、分析和应用，不仅包含两个领域的基础知识，还介绍了一些新的研究成果，主要面向对机器学习和复杂网络感兴趣的研究人员和学生。对于每一个可探索的话题，我们还提供了相应的参考文献。此外，众多的说明性图例也可以帮助读者理解各类方法的主要思路和实现细节。

致谢

感谢 Marcos Gonçalves Quiles 博士、Fabricio Aparecido Breve 博士、João Roberto Bertini Jr. 博士、Thiago Henrique Cupertino 博士、Andrés Eduardo Coca Salazar 博士、Bilzã Marques de Araújo 博士、Thiago Ferreira Covões 博士、Elbert Einstein Nehrer

Macau 博士、Alneu Andrade Lopes 博士、Xiaoming Liang 博士、Zonghua Liu 博士、Antonio Paulo Galdeano Damiance Junior 先生、Tatyana Bitencourt Soares de Oliveira 女士、Lilian Berton 女士、Jean Pierre Huertas Lopez 先生、Murillo Guimarães Carneiro 先生、Leonardo Nascimento Ferreira 先生、Fabio Willian Zamoner 先生、Roberto Alves Gueleri 先生、Fabiano Berardo de Sousa 先生、Filipe Alves Neto Verri 先生和 Paulo Roberto Urio 先生过去的几年里在该领域内的合作。感谢 Jorge Nakahara Jr. 博士仔细审阅了本书，并在整个出版过程中给予我们持续支持。感谢 Ying-Cheng Lai 博士引导我们进入迷人的复杂网络研究领域。感谢 Hamlet Pessoa Farias Junior 先生和 Victor Dolirio Ferreira Barbosa 先生热烈的讨论成果。也要感谢 João Eliakin Mota de Oliveira 先生为我们提供了两张图。同时，感谢巴西圣保罗大学数学与计算机科学研究所（ICMC）和里贝朗普雷图分校哲学、科学与文学学院，以及巴西中央银行的大力支持。最后，感谢巴西圣保罗研究基金会（FAPESP）、巴西国家科学技术发展委员会（CNPq）和巴西高等教育基金会（CAPES）为我们的研究工作提供资金支持。

Thiago Christiano Silva

Liang Zhao

巴西，巴西利亚和里贝朗普雷图

2015 年 11 月

作者简介 |
Machine Learning in Complex Networks

Thiago Christiano Silva 博士于 2009 年在巴西圣保罗大学以第一名的成绩获得计算机工程学士学位。2012 年在圣保罗大学获得数学与计算机科学博士学位，并由于其开创性的博士论文而获得众多奖项。2013 年，他是"计算机科学领域的 CAPES 论文竞赛""圣保罗大学论文竞赛""国际 BRICS-CCI 博士论文竞赛"的获胜者。2014 年，他在圣保罗大学完成了一年的机器学习和复杂网络博士后研究。自 2011 年以来，他一直在巴西中央银行担任研究员。他的研究领域包括机器学习、复杂网络、金融稳定性、系统风险和银行业务等。

Liang Zhao 博士于 1988 年在武汉大学获得计算机科学学士学位，于 1996 年和 1998 年在巴西航空技术学院分别获得计算机科学硕士和博士学位。他在 2000 年以教师身份加入了圣保罗大学的数学与计算机科学学院。目前，他是圣保罗大学哲学、科学与文学学院计算机科学与数学系的系主任、教授。2003 至 2004 年，他是美国亚利桑那州立大学数学系的客座研究员。他目前的研究兴趣包括机器学习、复杂网络、人工神经网络和模式识别。他在国际期刊、书籍和会议上发表了超过 180 篇学术论文。他是

巴西优秀科研人员津贴获得者。他目前是《Neural Networks》的副主编，并于 2009 至 2012 年担任《IEEE Transactions on Neural Networks and Learning Systems》的副主编。他是 IEEE 高级会员，也是国际神经网络协会（INNS）的成员。

$\mathscr{G}$	图或网络
$\mathscr{V}$	节点集
$\mathscr{E}$	连边集
$\mathscr{L}$	已标记训练数据集
$\mathscr{U}$	未标记数据集
$\mathscr{Y}$	标签或目标集
$\mathscr{K}$	粒子集
$\mathscr{N}(v)$	节点 v 的邻居节点集
$\mathscr{X}$	向量形式的数据样本集
$\mathscr{X}_L$	向量形式的已标记数据样本集
$\mathscr{X}_U$	向量形式的未标记数据样本集
$\mathscr{X}_{\text{training}}$	训练样本集
$\mathscr{X}_{\text{test}}$	测试样本集
$\mathscr{O}_{(.)}$	算法的时间复杂性
V	节点数量
E	连边数量
L	已标记训练样本数量
U	未标记样本数量
Y	标签或目标数量
K	粒子数量
P	样本的特征（维度）数量
M	样本集中的社团数量
λ	随机规则和优先规则之间的平衡因子
ρ	依从项
$\mathbf{A}$	加权或非加权邻接矩阵
$\mathbf{P}$	转移矩阵
$\mathbf{R}$	势矩阵
$\mathbf{S}$	相似矩阵
$\mathbf{D}$	相异矩阵
k_v	节点 v 的度
$k_v^{(\text{in})}$	节点 v 的入度

$k_v^{(\text{out})}$	节点 v 的出度
s_v	节点 v 的强度
$s_v^{(\text{in})}$	节点 v 的入强度
$s_v^{(\text{out})}$	节点 v 的出强度
CC_v	节点 v 的聚类系数
$\bar{k}$	平均度或平均连通度
r	网络同配性
Q	网络模块化
CC	网络平均聚类系数
d_{uv}	节点 u 到 v 的最短路径长度

目　录

概　　述

摘要　当我们提到"学习"时，脑海中可能会浮现一个词——"神秘"；当我们谈论起"大规模网络"时，可能会将其与"复杂"联系起来。当我们将两个概念放到一起时，又会有何种现象产生？本章将论述基于复杂网络的机器学习中所涉及的一系列问题。除此之外，在本书的其他章节，我们还会讨论这类问题的各种解决方法。

1.1　背景

人类生来就具有匪夷所思的学习天赋。借助这样的能力，人的一生都在不停地吸收和消化知识。为了尝试用计算机去模拟人的这种能力，以"学习"过去经验为基础的机器学习研究领域广泛兴起[11,19,33]。

基于从大量的数据特征中获得的数据表示方法，机器学习可以生成易于提取知识的模型，或者以自动的方式模拟人类专家的判断。一般来说，机器学习分为两种模式：监督学习和无监督学习[11,19]。监督学习指利用训练样本的属性和标签来学习模型。本质上，监督学习的过程就是利用训练样本集构造一个映射函数。当样本标签为离散值时，预测问题称为分类问题；当样本标签为连续值时，预测问题称为回归问题。相比之下，无监督学习过程主要是发现数据的内在结构。在这种情况下，学习过程完全是根据样本属性或特征来进行推断，没有关于样本标签的外部知识[33]。

监督学习的训练过程需要用到有标签的数据集。或许在大多数情况下，监督学习任务需要人工给定标签，通常这需要人类专家的协助，该过程既烦琐又昂贵。为了弥补监督学习的缺陷，我们可以采用半监督学习的方法，其主要特点是在预测过程中同时使用有标签和无标签的样本数据，例如，采用标签扩散或传播算法。通常在实际情况下，数据集一般包含大量的无标签样本和少量的有标签样本，如果采用半监督学习进行建模，可以大大减少人类专家的工作。此外，大量实证结果也表明，在模型中无标签样本参与计算可以提高分类问题的准确度[15,50]。

近十年来，网络研究越来越引起人们的兴趣，从分析小型图扩展到大规模复杂网络。复杂网络已经成为各类学科中复杂系统的一种通用表示方法，主要用于模拟由大量节点组成的复杂拓扑系统[1,8,36]。

图论是公认的复杂网络研究的基础，是从 1736 年著名数学家欧拉研究哥尼斯堡（Königsberg，现为俄罗斯的 Kaliningrad）七桥环游问题开始的。该问题在当时被广泛关注，主要描述的是哥尼斯堡被 Pregel 河分割为四个地区，由河流上的七座桥连接。是不是可能存在这样的路径，使得人们可以把每座桥都走一次而且只走一次，最后回到起点？欧拉通过分析，证明了这样的一次遍历七座桥的路径不存在。具体而言，他采用由点和边组成的图的表示方法进行抽象简化，然后通过解析计算得到结果。这是历史上第一次正式地采用图或者网络的方法对问题进行表示和计算。此后，众多的学者开始在这个数学分支上寻找新的理论和应用方法[36]。

事实上，复杂网络研究的第一次重大发现是 Paul Erdös 和 Alfréd Réyni 的贡献，他们在 1959 年提出了 ER 随机网络模型[20]。这项发现为一个新的研究领域（称为随机网络理论）打开了大门，进而为运用图论和概率统计理论分析大规模网络提供了可能。

1967 年，哈佛大学的心理学家 Stanley Milgram 接受了匈牙利作家 Frigyes Karinthy 提出的挑战，他认为地球上随便一个人要与另外一人攀上关系，只需要不超过 5 个中间人即可达成，而 Frigyes Karinthy 的灵感其实来源于 1909 年 Guglielmo Marconi 的猜想[32]。正是因为这个问题，六度分隔理论被提出，算是首次触碰到小世界网络的研究领域。为了应对这一挑战，Milgram 做了一个连锁信件实验，试图计算出任意两个人相互认识的概率。他在阿拉斯加的一个小镇上找了数百位居民帮忙，给每人一封写有"波士顿股票经纪人布朗先生收"的信件，要求每个人把这封信寄给自己认为接近这名经纪人的朋友。这位朋友收到信后，再把信寄给他认为更接近这名股票经纪人的朋友。最终，大部分信件都寄到了布朗手中，Milgram 得出平均经手次数为 5.5 次。所以，他证实了小世界性质的存在，认为即使在社交网络中互联的人数以百万计，他们之间的平均距离也非常小，只有 5.5 个中间人[32]。

尽管 Milgram 很早就发现了网络的小世界特性，但直到 20 世纪 90 年代末，关于小世界网络的理论研究才重新开始。1998 年，Watts 和 Strogatz 发现规则网络中的平均最短路径长度可以通过随机重连每条边而急剧减小[56]。由此产生的网络称为小世界网络，正如上面描述的，Milgram 是通过实验发现的。1999 年，Barabási 和 Albert 发现大多数实际网络的节点度分布遵循幂律：$P(k) \sim k^{-\gamma}$，其中，k 为节点的度，γ 为标度指数[7]。这种异构网络描述了网络中少量节点拥有大量的连边，而大多数节点只有很少的连边，因而被称为无标度网络。

受数据量急速增加和计算能力显著提高的驱动，复杂网络理论已经成为复杂系统领域的重要研究方向，而且在其他学科中的应用也越来越多[13]。一般地，复杂网络定义为图 $\mathscr{G} = \langle \mathscr{V}, \mathscr{E} \rangle$，其中，$\mathscr{V}$ 是节点集合，$\mathscr{E}$ 是边的集合。对于任意大小的异构系统，复杂网络可以被看作一种通用的建模工具[3]，因为系统中模拟单元的各类因素和特性可以在网络中体现。

现实世界中复杂网络比比皆是。很多真实系统都是通过复杂网络来表示的，例如因特网[22]、万维网[2]、生物神经网络[52,57]、金融网络[14,43,51]、信息网络[59]、个人之间的社交网络[27,46]和公司或者组织之间的社交网络[34]、食物网[35]、新陈代谢网络[16,26]和血流分布[58]、蛋白质网络[55]、物流和电力输送网络[3]等。

复杂网络中的数据表示方法本身具有一些特性，概括为：

- 结构复杂性——表示为网络中节点之间连边的异构性，网络结构可视化难度较大也能充分说明网络结构的复杂特征。

- 演化特性——表示为网络中节点（边）的增加或移除导致的网络结构的不断变化[18]。

- 连接多样性——表示为网络中节点之间的连边有不同的物理含义，如容量、长度、宽度和方向。多层网络中通常富含这些特征[12]，即有多个网络层，每一层代表网络连接的不同方面。

- 动力学特性——表示为随时间变化的动力学过程会大范围地影响网络的状态，如交通信息流动[63]、通信故障的传播[60,61,63]、节点之间的相似关系以及函数的分布状态[36]等。

1.2　本书主要内容

使用复杂网络进行机器学习和数据挖掘的研究引起了越来越多学者的关注。这是因为网络在自然界无处不在，一些日常生活中的问题可以利用网络直接表示。此外，一些其他类型的数据也可以利用恰当的网络信息技术进行描述。例如一组由特征（或属性）向量描述的系统可以简单地通过将单个样本连接到它的 k 个最近邻来转换成网络。复杂网络能够表示它所描述系统的结构、动态和功能，不仅描述了节点（结构）之间的相互作用和这种相互作用的（动态）演化，而且揭示了结构和动态如何影响网络的整体功能[39]。例如，蛋白质结构的交互网络与其功能之间有着密切的联系[42]。利用复杂网络开展研究的主要原因是其具有描述原始系统拓扑结构的能力。在机器学习领域，利用拓扑结构求解任意形式的聚类已经被证明十分有用[23,29]。

本书的主要目的是总结和深入研究基于复杂网络的机器学习技术，具体分成以下两部分：

- 前七章全面总结了复杂网络和基于网络的机器学习技术当前的进展和研究成果。

- 后三章主要研究和建立机器学习和复杂网络之间的联系，并以此为基础探讨了机器学习领域的三个分支，即无监督学习、半监督学习和监督学习。

第 1 章概述了基于网络的机器学习技术的相关概念和一些技术细节。复杂网络和机器学习的研究已经十分多样化并且呈现多学科融合应用的状态，我们将遵循这一现状尽量将研究成果全面地呈现给读者。但是由于目前所取得的研究成果繁多，我们也必须对内容做出取舍。本书没有收录复杂网络同步性的相关研究内容。本书不涉及疾病传播和核方法等一些主题的技术细节，感兴趣的读者可以从本书引用的文献中获得更多的相关内容。

第 2 章为复杂网络的相关综述，介绍了图的基本概念和符号，以及经典的复杂网络模型，重点对网络方法进行了分类综述，其中的许多方法已经应用到机器学习的技术开发中，另一些方法可以在经典教材中找到并有待各位读者进一步研究。

第 3 章为机器学习相关研究综述，主要介绍了三种不同的机器学习方法：无监督学习、半监督学习和监督学习。这一章主要侧重于介绍机器学习的相关概念和方法，具体算法则不做讨论。

为了进一步利用网络技术进行数据分析，将数据集转化为合理的网络模型显得尤为重要。对于特定的数据集而言，符合其规律的网络模型多种多样，计算结果也会五花八门。因此，对于数据挖掘和机器学习来说，原始数据网络模型的构建将是研究的关键所在。基于以上原因，第 4 章重点对网络模型构建的几种方法进行了系统总结。网络模型构建研究还处于起步阶段，还有很大的探索空间，有兴趣的读者可对此展开深入的研究。

在介绍完复杂网络和机器学习的背景知识后，本书将进一步介绍基于网络的机器学习方法。正如书中所呈现的，大多数监督学习和半监督学习都是采用复杂网络的方法，即利用已知点与未知点间的网络关系来推断未知点的分类标签。（后面还将介绍一种主要考虑基础网络全局信息的监督学习技术。）本书还将证明基于网络的无监督学习实际上是社团检测算法的一种应用。社团是复杂网络的一个显著特征，网络中社团的定义是：子网所包含的节点密集连接而与其余节点之间联系较少。复杂网络中的社团检测已成为图像挖掘和数据挖掘中的一个重要课题[17,23,30,40]。在图论中，社团检测算法是一个 NP 完全问题，类似于图的划分[23]。许多学者对此开展了研究，尝试采用的算法包括谱分解[38]、介数中心性法[40]、模块优化法[37]、基于 Potts 模型的社团检测算法[45]、同步法[6]、信息论[24]和随机游走[64]，但是目前仍未获得较为满意的研究成果。社团检测与无监督学习直接相关，相关内容将在第 2章和第 6 章进行介绍。

本书后三章重点介绍三种机器学习方法的实现思路和技术细节，主要内容包括：

- 基于基本数学框架的机器学习新算法研究。以基本数学框架为基础所建立的模型将为这些算法的快速应用和进一步发展提供理论依据，同时将帮助我们更深刻地理解模型动态性，更全面地认识模型优缺点。同时，在可能的条件下我们将进一步进行实例验证研究，以求完善和确认算法的有效性。

- 探索性地开展复杂网络在机器学习领域中的应用研究。本书将研究和探索利用复杂网络技术解决聚类和分类等机器学习领域中技术难题的方法。通过实例验证表明了本项研究具有一定的实用价值。
- 基于复杂网络的机器学习技术设计研究。考虑到基于复杂网络的机器学习技术的实际应用，在模型性能和复杂程度方面还需要考虑平衡，本书将对此展开研究。

为了更直观地介绍复杂网络技术在机器学习领域中的思路，本书就以下几方面进行了详细介绍。

无监督学习

- 复杂网络中粒子竞争模型的基本原理和相关技术细节。文献［44］首次提出并将粒子竞争模型应用在社团检测中。文献［49］在动力系统中对粒子竞争模型进行了重新设计并将其应用到聚类问题上。该模型由数个粒子组成，这些粒子在网络内行走，互相竞争，都尽可能多地占据节点，同时阻止其他粒子入侵。粒子的运动由随机运动和优先运动随机组合而成。本书第 9 章的计算机模拟表明，粒子竞争模型具有较高的社团检测率，而计算复杂度却较低。一个有力的证据是粒子竞争与许多社会和自然过程高度相似，如动物间的竞争、人类或者动物的领土纠纷、竞选活动等。此外，第 9 章和第 10 章还就粒子的随机运动对模型性能的影响展开了研究。研究结果表明粒子的随机运动对模型的性能影响显著。加入随机运动策略的进化系统模型可避免粒子自动落入某些陷阱，使得模拟结果存在更多的可能性，从而使模型更加符合实际情况。因此，一定程度的随机性对无监督学习至关重要。
- 随机非线性动力系统的粒子竞争模型。本书对粒子竞争模型的概率表达式进行了推导，得到了模型随时间推移的规律，并利用数值模拟进行了验证。同时，本书以单个粒子的随机运动过程为基础，通过模型参数的不断校准，推导出多个相互作用的随机运动粒子的竞争方式。粒子竞争模型的收敛性分析表明，该模型收敛在一定的有限区域内，而不是某个固定点。此外，本书还对该区域的上界进行了预测。由于噪声和其他不可控因素的存在，本特性类似于现实世界系统。
- 探索性研究了网络中重叠簇和社团结构的模糊索引。大多数传统的社团检测算法将每个节点分配给单个社团，但是在真实网络中，节点常常会在不同的社团中共享[23]。例如，在以单词作为节点的语言网络中，"光明"可能同时是几个社团的成员，它可能与"光""天文学""颜色""智能"等主题均有关联[42]。在社交网络中，每个人都属于他工作的公司社团，同时也属于他的家庭社团。因此，发现重叠的社团结构不仅对于网络的数据挖掘十分重要，而且对于一般的数据分析也有很大的研究价值[21,31,41,42,47,54,62]。传统的社团重叠结构挖掘是在标准的社团检测之外单独进行的，整个过程可能具有很高的计算复杂度，故而需要大量的额外计算时间，这是这种检测技术的主要缺点。本书研究的粒子竞争技术在社团检测过程中利用粒子竞争过程产生的动态变量对社团重叠结构进行识别，因此，这种识别技术不会增加整个模型的时间复杂度。

半监督学习

- 文献 [48] 详细讨论了基于多粒子合作与竞争的半监督学习模型。该技术主要用于分类任务，我们将在第 10 章给出严格的定义，其中粒子竞争模型来源于随机非线性动力系统。本质上，同一类粒子在网络中以协作的方式流动，进而传播它们的标签，而非同类粒子通过竞争机制确定分类边界。考虑到相互作用的粒子模型在自然和人造系统中普遍存在，因此这个方向的研究非常重要。

- 粒子竞争与合作模型另外一个有趣的特性是局部标签传播行为。这种特性产生于竞争机制，粒子只能访问属于其类别的部分节点。这大致可以理解为竞争与合作机制中的"分而治之"效应，这样可以避免很多远程冗余操作，有效降低计算复杂度。而传统的基于网络的机器学习方法通常依赖于最小化损失函数，需要进行多次矩阵乘法运算，最终导致计算复杂度增加[9,10,65]，甚至高于 $\mathcal{O}(V^3)$，其中，V 为节点数目。尽管对于矩阵相乘已经有更快速的算法，但通常情况下存在正则化项的损失函数依然会收敛很慢[65]。同样，也期待粒子竞争与合作模型能更加完善，这对于处理大规模数据至关重要。

- 由于学习过程是在底层网络上进行的，输入数据与计算结果（最终网络）始终保持对应关系。因此，人工神经网络的"黑箱效应"能在很大程度上得以避免。

- 标签的可靠性是半监督学习的一个重要影响因素，错误的标签样本会传播错误的标签，导致部分甚至整个数据集失效。因为粒子竞争与合作模型内嵌了检测和预防过程，所以上述问题导致的误差传播可以得到有效解决。虽然样本标签的可靠性问题是个重要的研究方向，但一直没有受到学者的广泛关注，仅仅有少量的成果[4,5,25]。一般情况下，在监督或者半监督学习中，训练数据的分类标签应该是完全可靠的。或许，在实际情况下，由于仪器误差及噪声的影响或者人为错误，训练样本的分类标签不全是正确的。例如，在医疗诊断中，医生提供的训练集中的诊断结果有可能是错误的。如果这些错误分类的样本标签被用来进行新数据分类（监督学习）或者传播到未标记数据（半监督学习），可能会导致严重后果。这种情况在不涉及外部干预（或者很小的外部干预）的自主学习中变得尤其关键。如果自主学习系统的先验知识包含错误，由于误差传播，学习系统的性能会变得越来越差。因此，设计防止误差传播的机制对于机器学习特别是自主学习环境具有重要意义。具体而言，主要体现在以下两个方面：

- 学习系统性能的改进，即系统可以从误差中学习。
- 控制错误分类标签（输入的或者生成的误差）的传播来避免系统受到整体破坏。

众所周知，机器学习领域已经出现了很多半监督学习方法[15]，其中大多数方法认为样本集的分类标签是完全正确的，或者说没有误差预防机制。因此，我们提出的半监督学习方法对机器学习的发展尤其是自主学习有极大的促进作用。

监督学习

- 一种混合型的监督学习框架将在第8章介绍，它是由低级和高级的分类器凸组合而成的。传统的分类方法仅考虑输入样本的物理特征（如距离或相似性等），称为低级分类器。相比之下，人类（动物）的大脑同时具有低级和高级的学习能力，它能根据输入的语义判别相应的模式。分类问题不仅需要考虑物理属性，而且也需要进行模式判别，这就是所谓的高级分类器。在机器学习中引入高级分类项的思想是因为数据具有模式或者组织特征，这些特征一般隐藏在数据样本之间的相互关系中。反过来，这些特性并没有被低级分类技术充分挖掘，因为它们涉及平滑或聚类假设，这些假设本质上是物理约束。高级分类技术通过发现不同类别间的结构特征来解决这一问题，从而从物理约束状态抽象出决策条件。正如我们看到的，为提高分类的准确率，低级和高级分类器都是必要的，说明它们在学习过程中是相辅相成的。

- 在描述数据样本之间拓扑结构的基础上，我们提出了两种网络环境下的高级分类技术。两种技术的思路一致，都是通过提取输入样本构造的网络特征来实现分类预测。高级分类技术主要包括：
  - 应用复杂网络理论中的统计物理量：同配性、聚类系数和网络连通性。当使用合适的低级分类器时，通过组合这三个统计量可以从网络拓扑结构中识别局部到全局的结构模式。
  - 应用具有不同记忆长度的游走过程的加权线性组合。在该方法中，对于不同记忆长度的游走，采用确定性过程产生的动态变量（如瞬时长度和周期长度）。我们发现，通过调整游走过程的记忆长度，可以系统地捕捉到局部和全局的网络结构特征。

- 在应用这种混合分类框架的过程中，我们发现了一个有趣的现象，随着类别复杂度的增加，要想得到更高的分类准确率，高级分类项的参与占比变大。可以认为这里的类别复杂度是样本类别之间的混合态或重叠态，这一特性也证实了高级分类技术在复杂分类任务中的重要程度。

1.3   本书结构

本书的剩余内容安排如下。在第 2 章，我们回顾了复杂网络的基本理论以及网络中的动力学过程。在第 3 章，我们给出了机器学习的一些基本定义。这两章内容主要阐明了一些基本概念，为理解后文奠定基础。

在第 4 章，我们将着重讨论非结构化数据的网络构建技术，对于处理非网络化数据而言，这是必要步骤，同时也是基于网络的机器学习方法的关键。第 5~7 章讨论基于网络的机器学习技术，将分别阐述监督学习、无监督学习和半监督学习。

第 8~10 章讨论基于网络的机器学习方法的最新进展。在第 8 章，我们提出了用于监督学习的混合分类框架，该方法是以网络为基础的监督学习技术的创新，它是由低级和高级的分类器凸组合而成的，之后，通过实证分析（手写数字识别），得到了有意义的结果。在第 9 章，我们探讨了可以在无监督学习领域应用的粒子竞争模型，并进行了实例验证（手写数字识别和字母聚类）。在第 10 章，我们将粒子竞争模型扩展到半监督学习，并通过实际应用（错分类节点的检测和预防）进行了详细介绍。

参考文献

1. Albert, R., Barabási, A.L.: Statistical mechanics of complex networks. Rev. Mod. Phys. **74**(1), 47–97 (2002)
2. Albert, R., Jeong, H., Barabási, A.L.: Diameter of the world wide web. Nature **401**, 130–131 (1999)
3. Albert, R., Albert, I., Nakarado, G.L.: Structural vulnerability of the north american power grid. Phys. Rev. E **69**, 025103 (2004)
4. Amini, M.R., Gallinari, P.: Semi-supervised learning with explicit misclassification modeling. In: IJCAI 03: Proceedings of the 18th International Joint Conference on Artificial Intelligence, pp. 555–560. Morgan Kaufmann, San Francisco, CA (2003)
5. Amini, M.R., Gallinari, P.: Semi-supervised learning with an imperfect supervisor. Knowl. Inf. Syst. **8**(4), 385–413 (2005)
6. Arenas, A., Guilera, A.D., Pérez Vicente, C.J.: Synchronization reveals topological scales in complex networks. Phys. Rev. Lett. **96**(11), 114102 (2006)
7. Barabási, A.L., Albert, R.: Emergence of scaling in random networks.   Science (NY) **286**(5439), 509–512 (1999)
8. Barrat, A., Barthélemy, M., Vespignani, A.: Dynamical Processes on Complex Networks. Cambridge University Press, Cambridge (2008)
9. Belkin, M., Niyogi, P.: Laplacian eigenmaps for dimensionality reduction and data representation. Neural Comput. **15**(6), 1373–1396 (2003)
10. Belkin, M., Matveeva, I., Niyogi, P.: Regularization and semi-supervised learning on large

graphs. In: Shawe-Taylor, J., Singer, Y. (eds.) Learning Theory. Lecture Notes in Computer Science, vol. 3120, pp. 624–638. Springer, Berlin, Heidelberg (2004)

11. Bishop, C.M.: Pattern Recognition and Machine Learning (Information Science and Statistics). Springer, Berlin (2007)

12. Boccaletti, S., Bianconi, G., Criado, R., del Genio, C., Gómez-Gardeñes, J., Romance, M., Sendiña-Nadal, I., Wang, Z., Zanin, M.: The structure and dynamics of multilayer networks. Phys. Rep. **544**(1), 1–122 (2014)

13. Bornholdt, S., Schuster, H.G.: Handbook of Graphs and Networks: From the Genome to the Internet. Wiley-VCH, Weinheim (2003)

14. Castro Miranda, R.C., Stancato de Souza, S.R., Silva, T.C., Tabak, B.M.: Connectivity and systemic risk in the brazilian national payments system. J. Complex Networks **2**(4), 585–613 (2014)

15. Chapelle, O., Schölkopf, B., Zien, A. (eds.): Semi-Supervised Learning. Adaptive Computation and Machine Learning. MIT, Cambridge, MA (2006)

16. da Silva, M., Ma, H., Zeng, A.P.: Centrality, network capacity, and modularity as parameters to analyze the core-periphery structure in metabolic networks. Proc. IEEE **96**(8), 1411–1420 (2008)

17. Danon, L., Díaz-Guilera, A., Duch, J., Arenas, A.: Comparing community structure identification. J. Stat. Mech. Theory Exp. **2005**(09), P09008 (2005)

18. Dorogovtsev, S.N., Mendes, J.F.F.: Evolution of Networks: From Biological Nets to the Internet and WWW (Physics). Oxford University Press, USA (2003)

19. Duda, R.O., Hart, P.E., Stork, D.G.: Pattern Classification. Wiley-Interscience (2000)

20. Erdös, P., Rényi, A.: On random graphs I. Publ. Math. Debr. **6**, 290–297 (1959)

21. Evans, T.S., Lambiotte, R.: Line graphs, link partitions, and overlapping communities. Phys. Rev. E **80**(1), 016105 (2009)

22. Faloutsos, M., Faloutsos, P., Faloutsos, C.: On power-law relationships of the internet topology. In: SIGCOMM 99: Proceedings of the Conference on Applications, Technologies, Architectures, and Protocols for Computer Communication, vol. 29, pp. 251–262. ACM, New York (1999)

23. Fortunato, S.: Community detection in graphs. Physics Reports **486**, 75–174 (2010)

24. Fortunato, S., Latora, V., Marchiori, M.: Method to find community structures based on information centrality. Phys. Rev. E **70**(5), 056104 (2004)

25. Hartono, P., Hashimoto, S.: Learning from imperfect data. Appl. Soft Comput. **7**(1), 353–363 (2007)

26. Jeong, H., Tombor, B., Albert, R., Oltvai, Z.N., Barabási, A.L.: The large-scale organization of metabolic networks. Nature **407**(6804), 651–654 (2000)

27. Jiang, Y., Jiang, J.: Understanding social networks from a multiagent perspective. IEEE Trans. Parallel Distrib. Syst. **25**(10), 2743–2759 (2014)

28. Kang, U., Tsourakakis, C.E., Faloutsos, C.: PEGASUS: mining peta-scale graphs. J. Knowl. Inf. Syst. **27**(2), 303–325 (2011)

29. Karypis, G., Han, E.H., Kumar, V.: Chameleon: hierarchical clustering using dynamic modeling. Computer **32**(8), 68–75 (1999)

30. Lambiotte, R., Delvenne, J.C., Barahona, M.: Random walks, Markov processes and the multiscale modular organization of complex networks. IEEE Trans. Netw. Sci. Eng. **1**(2), 76–90 (2014)

31. Lancichinetti, A., Fortunato, S., Kertész, J.: Detecting the overlapping and hierarchical community structure in complex networks. New J. Phys. **11**(3), 033015 (2009)

32. Milgram, S.: The small world problem. Psychol. Today **2**, 60–67 (1967)

33. Mitchell, T.M.: Machine Learning. McGraw-Hill Science/Engineering/Math, New York (1997)

34. Mizruchi, M.S.: The American corporate network. Sage **2**, 1904–1974 (1982)

35. Montoya, J.M., Solée, R.V.: Small world patterns in food webs. J. Theor. Biol. **214**, 405–412 (2002)

36. Newman, M.E.J.: The structure and function of complex networks. SIAM Rev. **45**(2), 167–256 (2003)

37. Newman, M.E.J.: Fast algorithm for detecting community structure in networks. Phys. Rev. E **69**(6), 066133 (2004)

38. Newman, M.E.J.: Modularity and community structure in networks. Proc. Natl. Acad. Sci. **103**(23), 8577–8582 (2006)

39. Newman, M.E.J.: Networks: An Introduction. Oxford University Press, Oxford (2010)

40. Newman, M.E.J., Girvan, M.: Finding and evaluating community structure in networks. Phys.

Rev. Lett. **69**, 026113 (2004)

41. Nicosia, V., Mangioni, G., Carchiolo, V., Malgeri, M.: Extending the definition of modularity to directed graphs with overlapping communities. J. Stat. Mech. Theory Exp. **2009**(03), 03024 (2009)

42. Palla, G., Derenyi, I., Farkas, I., Vicsek, T.: Uncovering the overlapping community structure of complex networks in nature and society. Nature **435**(7043), 814–818 (2005)

43. Poledna, S., Molina-Borboa, J.L., Martínez-Jaramillo, S., van der Leij, M., Thurner, S.: The multi-layer network nature of systemic risk and its implications for the costs of financial crises. J. Financ. Stab. **20**, 70–81 (2015)

44. Quiles, M.G., Zhao, L., Alonso, R.L., Romero, R.A.F.: Particle competition for complex network community detection. Chaos **18**(3), 033107 (2008)

45. Reichardt, J., Bornholdt, S.: Detecting fuzzy community structures in complex networks with a potts model. Phys. Rev. Lett. **93**(21), 218701(1–4) (2004)

46. Scott, J.P.: Social Network Analysis: A Handbook. SAGE, Beverly Hills, CA (2000)

47. Shen, H., Cheng, X., Cai, K., Hu, M.B.: Detect overlapping and hierarchical community structure in networks. Physica A **388**(8), 1706–1712 (2009)

48. Silva, T.C., Zhao, L.: Network-based stochastic semisupervised learning. IEEE Trans. Neural Netw. Learn. Syst. **23**(3), 451–466 (2012)

49. Silva, T.C., Zhao, L.: Stochastic competitive learning in complex networks. IEEE Trans. Neural Netw. Learn. Syst. **23**(3), 385–398 (2012)

50. Singh, A., Nowak, R.D., Zhu, X.: Unlabeled data: now it helps, now it doesn't. In: The Conference on Neural Information Processing Systems NIPS, pp. 1513–1520 (2008)

51. Souza, S.R., Tabak, B.M., Silva, T.C., Guerra, S.M.: Insolvency and contagion in the brazilian interbank market. Physica A **431**, 140–151 (2015)

52. Sporns, O.: Networks analysis, complexity, and brain function. Complexity **8**(1), 56–60 (2002)

53. Strogatz, S.H.: Exploring complex networks. Nature **410**(6825), 268–276 (2001)

54. Sun, P.G., Gao, L., Shan Han, S.: Identification of overlapping and non-overlapping community structure by fuzzy clustering in complex networks. Inf. Sci. **181**, 1060–1071 (2011)

55. Wang, P., Yu, X., Lu, J.: Identification and evolution of structurally dominant nodes in protein-protein interaction networks. IEEE Trans. Biomed. Circuits Syst. **8**(1), 87–97 (2014)

56. Watts, D.J., Strogatz, S.H.: Collective dynamics of 'small-world' networks. Nature **393**(6684), 440–442 (1998)

57. Weng, J., Luciw, M.: Brain-inspired concept networks: Learning concepts from cluttered scenes. IEEE Intell. Syst. **29**(6), 14–22 (2014)

58. West, G.B., Brown, J.H., Enquist, B.J.: A general model for the structure, and algometry of plant vascular systems. Nature **400**, 122–126 (1999)

59. Yang, J., Leskovec, J.: Overlapping communities explain core-periphery organization of networks. Proc. IEEE **102**(12), 1892–1902 (2014)

60. Zhao, L., Park, K., Lai, Y.C.: Attack vulnerability of scale-free networks due to cascading breakdown. Phys. Rev. E **70**, 035101(1–4) (2004)

61. Zhao, L., Park, K., Lai, Y.C.: Tolerance of scale-free networks against attack-induced cascades. Phys. Rev. E (Rapid Commun.) **72**(2), 025104(R)1–4 (2005)

62. Zhang, S., Wang, R.S., Zhang, X.S.: Identification of overlapping community structure in complex networks using fuzzy C-Means clustering. Physica A **374**(1), 483–490 (2007)

63. Zhao, L., Cupertino, T.H., Park, K., Lai, Y.C., Jin, X.: Optimal structure of complex networks for minimizing traffic congestion. Chaos **17**(4), 043103(1–5) (2007)

64. Zhou, H.: Distance, dissimilarity index, and network community structure. Phys. Rev. E **67**(6), 061901 (2003)

65. Zhou, D., Bousquet, O., Lal, T.N., Weston, J., Schölkopf, B.: Learning with local and global consistency. In: Advances in Neural Information Processing Systems, vol. 16, pp. 321–328. MIT, Cambridge, MA (2004)

复杂网络

　　摘要　　复杂网络是一个新兴的跨学科研究领域，它引起了物理学、数学、生物学、工程、计算机等学科的专家以及其他许多人的广泛关注。复杂网络可以描述诸如因特网、万维网、生物化学反应、金融网络、社交网络、神经网络和通信网络等各种各样高度技术化和智能化的系统。为了了解这些相互交织系统的复杂内在结构，人们越来越关注复杂网络这个工具。为了更好地使用复杂网络，我们对复杂网络中数据结构的复杂性和节点及其相关连接的多样性进行了统一。当利用复杂网络进行系统动态分析时，会有许多问题需要研究，比如设计多大的网络、选择什么样的拓扑结构可以表示一个相互作用的复杂动力系统。网络的拓扑结构选择至关重要，它决定了系统的功能。例如，社交网络的结构可能影响信息和灾害传播速度，金融网络的拓扑结构可能会对冲击造成不同程度的放大，电力网络的不同配置可能影响电力传输的鲁棒性和稳定性。由于相关理论和技术的快速发展，对复杂网络的全面概述已十分困难。在这一章中，我们重点介绍复杂网络的基本概念和基本思路，这也是复杂网络在机器学习中应用的基础。2.1 节介绍网络的主要概念。由于复杂网络和图论具有相同的定义，我们将介绍图论的基本符号。2.2 节将对复杂网络研究的进展和主要研究成果进行总结。2.3 节对捕捉网络系统结构特征的网络测量方法进行了全面探讨。2.4 节总结了在复杂网络框架下定义的一些著名的动态过程。

2.1　图论简介

2.1.1　图的定义

　　本节介绍图论或网络理论的主要技术术语。本书中，图和网络表达相同类型的信息，二者可以互换。构成图的数据相互之间的关系也可称为网络结构或拓扑结构。

　　下面我们给出图的一般定义[8,21,35]。

　　定义 2.1　图：有序二元组$(\mathscr{V},\mathscr{E})$称为图，记为$\mathscr{G}$，$\mathscr{G}=(\mathscr{V},\mathscr{E})$，其中非空有限集合$\mathscr{V}$是节点集合，$\mathscr{E}$是$\mathscr{V}$上一个二元关系，即节点与节点之间的关系，称为边集合，即$\mathscr{V}\subseteq\{(u,v)\,|\,u,v\in\mathscr{V}\}$。两种特殊图的定义如下：

- **无环边图**：对于图$\mathscr{G}=(\mathscr{V},\mathscr{E})$，集合$\mathscr{E}$不是自反关系，即$\forall v\in\mathscr{V},(v,v)\notin\mathscr{E}$，称图$\mathscr{G}$为无环边图。也就是说，无环边图中的节点经过一个转换过程后不可能回

到原来的节点。

- 有环边图：对于图 $\mathscr{G}=(\mathscr{V},\mathscr{E})$，集合 $\mathscr{E}$ 满足条件：$\exists v\in\mathscr{V},(v,v)\in\mathscr{E}$，则称图 $\mathscr{G}$ 为有环边图。也就是说，有环边图中存在节点，经过一个转换过程，即经过某条边后，可以回到原来的节点。

此外，$V=|\mathscr{V}|$ 称为节点的个数，$E=|\mathscr{E}|$ 称为边的条数。

图 2-1 所示的图 $\mathscr{G}=(\mathscr{V},\mathscr{E})$，节点集合 $\mathscr{V}=$ $\{1,\cdots,5\}$，边集合 $\mathscr{E}=\{(1,2),(1,3),(2,3),(3,3),$ $(3,4)\}$。实际应用时，我们常用字母或数字在边上做标记来表示边。本例中，边集合 $\mathscr{E}$ 的另外一种表示方式是 $\mathscr{E}=\{e_1,e_2,e_3,e_4,e_5\}$，其中 $e_1=(1,2),e_2=$ $(1,3),e_3=(2,3),e_4=(3,3),e_5=(3,4)$。由于存在边 $e_4=(3,3)$，根据定义 2.1，$\mathscr{G}$ 为有环边图。

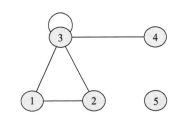

图 2-1　无向无权重有环边图示例

下面介绍一些著名的图形拓扑。

定义 2.2　完全图：对于图 $\mathscr{G}=(\mathscr{V},\mathscr{E})$，任意两个节点都相邻，则称图 $\mathscr{G}$ 为完全图。包含 V 个节点的完全图的记为 $\mathscr{K}_V$。

与定义 2.1 相似，完全图也可以根据有无环边进行进一步的分类。

图 2-2 所示为完全图 $\mathscr{K}_5$，其节点均两两相连。本例中不存在环边，故该图为无环边完全图。

定义 2.3　零图：对于图 $\mathscr{G}=(\mathscr{V},\mathscr{E})$，$\mathscr{G}$ 只有节点没有边的图，即 $\mathscr{E}=\varnothing$，那么我们称 $\mathscr{G}$ 为零图。

图 2-3 所示为包含 5 个节点的零图。需要特别指出的是，尽管零图的边集合为空，即 $\mathscr{E}=\varnothing$，但零图的节点集合不允许为空。否则将不满足定义 2.1 中关于图的定义。

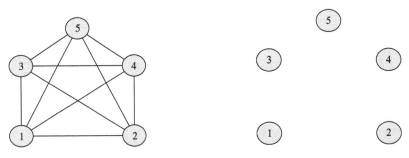

图 2-2　无权重无环边完全图示例　　　　图 2-3　零图示例

图也可以根据边的类型进行分类。下面介绍根据图中边的类型分类的图形拓扑。

定义 2.4　无向图：对于图 $\mathscr{G}=(\mathscr{V},\mathscr{E})$，若节点之间的相互关系没有方向，即 $\forall(u,v)\in\mathscr{E}$，则由 $(v,u)\in\mathscr{E}$，称图 $\mathscr{G}$ 为无向图。换句话说，当存在一条边将节点 u

连接到节点 v，那么从节点 v 到节点 u 的通路也存在。

在图 2-1 中，边集合 $\mathscr{E}_1 = \{(1,2),(1,3),(2,3),(3,3),(3,4)\}$，它也可以表示为 $\mathscr{E}_2 = \{(2,1),(3,1),(3,2),(3,3),(4,3)\}$。因此，该例所示的图为无向图。

一般情况下，如果图中的边 $(u,v) \in \mathscr{E}$ 没有箭头，那么我们通常假设该图为无向图，即存在对应的反向边 $(v,u) \in \mathscr{E}$。与无向图相对应的是有向图，它的定义如下。

定义 2.5 有向图：对于图 $\mathscr{G} = (\mathscr{V},\mathscr{E})$，当边集合 $\mathscr{E}$ 满足：$\exists\,(u,v) \in \mathscr{E}\,|\,(v,u) \notin \mathscr{E}$，那么称图 $\mathscr{G}$ 为有向图。也就是说，有向图中存在至少一条边具有方向。

图 2-4 所示为一种有向图。图中包含有四条有向边，即存在至少一条边 $(u,v) \in \mathscr{E}$，其反向边 $(v,u) \notin \mathscr{E}$。本例中四条边满足这种情况。例如，边 $(1,2) \in \mathscr{E}$，而边 $(2,1) \notin \mathscr{E}$。

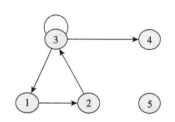

图 2-4 无权重有环边有向图示例

有一种特殊类型的图称为带权图，其定义如下。定义 2.1 所定义的图可以视为带权图的一个特殊类别[13,32]。

定义 2.6 带权图：如果 $\mathscr{G}$ 为一个三元组 $(\mathscr{V},\mathscr{E},\mathbf{W})$，$\mathscr{G} = (\mathscr{V},\mathscr{E},\mathbf{W})$，其中 $\mathscr{V}$ 为节点集合，$\mathscr{E}$ 为边集合，$\mathbf{W}$ 为一个 $\mathscr{V} \times \mathscr{V}$ 矩阵，表示各条边的权重，那么称 $\mathscr{G}$ 为带权图。如果 $(u,v) \in \mathscr{E}$，从节点 u 到节点 v 的边的权重值为 w，且 $w > 0$，那么 $\mathbf{W}_{uv} = w$。如果 $(u,\ v) \notin \mathscr{E}$，则 $\mathbf{W}_{uv} = 0$。

图 2-5 所示为一种带权图，图中的每条边均含有权重值。通常，当边的权重值单位没有特别说明时，则认为它们的单位是统一的。

权重的具体含义根据具体的情况来确定。例如，从节点 u 到节点 v 的权重值可以表示两点间的距离，或两点间的交通流量等。根据设定权重值的大小，我们可以有效调整相关边的重要程度。

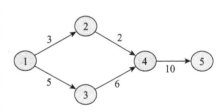

图 2-5 无环边有向带权图示例

例如，在基于图像的机器学习中，权重值通常用来表示两个节点（数据样本）之间的相似程度的大小。大的权重值表示这些节点更相似，在学习过程中这种关系非常重要。

备注 2.1 当 $\mathbf{W}$ 为二元矩阵时，带权图即为无权重图，此时的图为定义 2.1 所定义的图的特殊形式。

定义 2.7 二分图：当图 $\mathscr{G} = (\mathscr{V},\mathscr{E})$ 中的节点集合 $\mathscr{V}$ 可以分成两个不相交的非空集合 $\mathscr{V}_1$ 和 $\mathscr{V}_2$ 时，其中 $\mathscr{V} = \mathscr{V}_1 \bigcup \mathscr{V}_2$，对于 $\forall\,(u,v) \in \mathscr{E}, u \in \mathscr{V}_1, v \in \mathscr{V}_2$，我们称图 $\mathscr{G}$ 为二分图。此时，$\mathscr{V}_1$ 和 $\mathscr{V}_2$ 集合内的节点不相邻，即没有同一个集合内的边。

备注 2.2 如果图 $\mathscr{G}$ 是二分图，则图 $\mathscr{G}$ 一定没有环边。

备注 2.3 当 $|\mathcal{V}_1|=M$，$|\mathcal{V}_2|=N$，对于 $\forall u\in\mathcal{V}_1$，$\forall v\in\mathcal{V}_2$，都满足 $(u,v)\in$ $\mathcal{E}$，则图 $\mathcal{G}$ 为完全二分图 $\mathcal{K}_{M,N}$。

当对两种类别的事物进行建模分析时，二分图是我们常常采用的一种工具。例如：

- 职业球员与职业俱乐部之间的联系就可以利用二分图来表示。当球员在某俱乐部效力时，球员与俱乐部之间则利用边相连接。这是二分图法用于社交网络分析的典型示例。

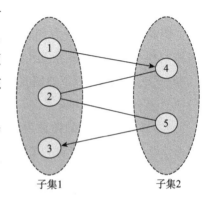

- 描述某公司工作分配情况的图也可以利用二分图来完成。公司中包含有 N 项工作和 M 位员工，每位员工可以胜任其中的某一项或某几项工作，当员工分配到某项工作时，该工作和该员工就利用边相连接。

图 2-6 所示的二分图中，节点数 $V=5$，其中 $\mathcal{V}_1=\{1,2,3\}$，$\mathcal{V}_2=\{4,5\}$。注意图中的边只存在于 $\mathcal{V}_1$ 和 $\mathcal{V}_2$ 集合之间。

图 2-6 无权重有向二分图示例

2.1.2 图的连通性

在这一节中，我们将介绍与图连通性相关的常用术语，它们贯穿于这本书中[8,13,21,32,35]。

定义 2.8 **节点相邻**：在图 $\mathcal{G}=(\mathcal{V},\mathcal{E})$ 中，若 $e=(u,v)\in\mathcal{V}$，则称节点 u 与节点 v 相邻。

备注 2.4 在无向图中，如果节点 u 与节点 v 相邻，则节点 v 也与节点 u 相邻。

备注 2.5 在有向图中，如果节点 u 与节点 v 相邻，则节点 v 不一定与节点 u 相邻。若 $(u,v)\in\mathcal{E}$，$(v,u)\notin\mathcal{E}$，则 u 与节点 v 相邻，节点 v 与节点 u 不相邻。

在图 2-7a 所示的无向图中，节点 1 和节点 3 相邻。节点 1 与节点 4 不相邻。在图 2-7b 所示的有向图中，节点 3 与节点 1 相邻，但反之不成立。

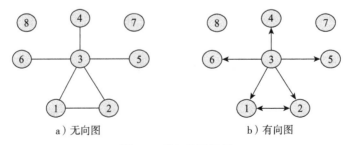

a）无向图   b）有向图

图 2-7 无权重图示例

定义 2.9　节点的邻域：在图 $\mathscr{G}=(\mathscr{V},\mathscr{E})$ 中，节点 $v\in\mathscr{V}$，$\mathscr{G}$ 中与 v 相邻的点的集合称为节点 v 的邻域，记为 $\mathscr{N}(v)$，即 $\mathscr{N}(v)=\{u: (v,u)\in\mathscr{E}\}$。

在图 2-7a 所示的无向图中，节点 1 的邻域 $\mathscr{N}(1)=\{2,3\}$。在图 2-7b 所示的有向图中，节点 1 的邻域 $\mathscr{N}(1)=\{2\}$。

备注 2.6　有的学者将节点的邻域进一步划分为开邻域和闭邻域。开邻域中节点 v 的邻域不包含节点 v 本身。闭邻域中节点 v 的邻域包含节点 v，即 $\mathscr{N}^{\text{closed}}(v)=\mathscr{N}(v)\bigcup\{v\}$。本书中我们不对此进行区分。因为在一些机器学习算法中，为了防止某些节点向其他节点的转换，允许自循环的存在。因此在本书中，如果 $v\in\mathscr{N}(v)$，那么 $(v,v)\in\mathscr{E}$，反之亦然。也就是说，节点 v 是否属于 $\mathscr{N}(v)$ 只取决于 v 自身有无环边。这种表示方法更加直观，同时与机器学习的实际应用情况更相符。

定义 2.10　节点的度：在无向图中，与节点 v 关联的边的数目称为节点 v 的度，记为 k_v。任意节点 v 的度与节点 v 邻域集合中元素的个数相等，记为 $k_v=|\mathscr{N}(v)|$，即

$$k_v = |\mathscr{N}(v)| = |\{u: (v,u)\in\mathscr{E}\}| = \sum_{u\in\mathscr{V}} \mathbb{1}_{[(v,u)\in\mathscr{E}]} \tag{2.1}$$

其中，$\mathbb{1}_{[K]}$ 为克罗内克函数或指示函数，当逻辑表达式 K 为真时，返回值为 1，否则，其返回值为 0。

备注 2.7　在无环边图中，节点度的取值范围为离散区间 $\{0,\cdots,V-1\}$；在有环边图中，取值范围为 $\{0,1,\cdots,V\}$。

备注 2.8　当节点 v 的度 $k_v=0$ 时，节点 v 为孤立节点。

备注 2.9　当节点 v 的度 k_v 比其他节点的度大时，则节点 v 为关键节点。

在图 2-7a 中，节点 7 和节点 8 的度 $k_7=k_8=0$，因此，节点 7 和节点 8 为孤立节点。节点 3 的度在图中所有节点中最大，因此，节点 3 为关键节点。

上面我们主要介绍的是关于无向图的相关定义。对于有向图，有向边包含有两个端点：起点和终点。为了考虑有向边端点的差异性，我们在传统的无向图连通性定义的基础上进行了适当的修改。本书中将对有向边的两个端点的情况分开定义。基于这一考虑，我们接下来介绍有向图中连通性的相关定义。

定义 2.11　入度和出度：在有向图中，以节点 v 为终点的边的数量称为节点 v 的入度，记为 $k_v^{(\text{in})}$；以节点 v 为起点的边的数量称为节点 v 的出度，记为 $k_v^{(\text{out})}$。

$$k_v^{(\text{in})} = \sum_{u\in\mathscr{V}} \mathbb{1}_{[v\in\mathscr{N}(u)]} = \sum_{u\in\mathscr{V}} \mathbb{1}_{[(u,v)\in\mathscr{E}]} \tag{2.2}$$

$$k_v^{(\text{out})} = \sum_{u\in\mathscr{V}} \mathbb{1}_{[u\in\mathscr{V}(u)]} = \sum_{u\in\mathscr{V}} \mathbb{1}_{[(v,u)\in\mathscr{E}]} \tag{2.3}$$

$$k_v = k_v^{(\text{in})} + k_v^{(\text{out})} \tag{2.4}$$

备注 2.10　在无环边图中，节点 v 的入度 $k_v^{(\text{in})}$ 和出度 $k_v^{(\text{out})}$ 的取值范围为离散区间 $\{0,1,\cdots,V-1\}$；在有环边图中，取值范围为 $\{0,1,\cdots,V\}$。所以，在无环边图中节

点 v 的度取值范围为离散区间 $\{0,1,\cdots,2(V-1)\}$，有环边图中节点 v 的度取值范围为离散区间 $\{0,1,\cdots,2V\}$。

备注 2.11 在有向图中，$k_v^{(\text{out})} = |\mathcal{N}(v)|$。

在图 2-7b 中节点 3 的出度 $k_3^{(\text{out})}=5$，入度 $k_3^{(\text{in})}=0$，度 $k_3=k_3^{(\text{out})}+k_3^{(\text{in})}=5$；节点 1 的出度 $k_1^{(\text{out})}=1$，入度 $k_1^{(\text{in})}=2$，度 $k_1=k_1^{(\text{out})}+k_1^{(\text{in})}=3$。

定义 2.12 平均度：所有节点的度的平均称为图的平均度。

$$\bar{k} = \frac{1}{V}\sum_{v\in\mathscr{V}} k_v = \frac{1}{V}\sum_{(v,u)\in\mathscr{V}^2} \mathbb{1}_{[(v,u\in\mathscr{E}]} \tag{2.5}$$

在图 2-7a 所示的无向图中，平均度：

$$\bar{k} = \frac{1}{8}(k_1 + \cdots + k_8)$$

$$= \frac{1}{8}(2+2+5+1+1+1+0+0) = 1.5$$

即平均而言，该图的节点有 1.5 条边。

定义 2.13 平均入度和平均出度：在有向图中，所有节点入度的平均值称为平均入度，所有节点出度的平均值称为平均出度，二者是相等的。

$$\bar{k}^{(\text{in})} = \bar{k}^{(\text{out})} = \frac{1}{V}\sum_{v\in\mathscr{V}} k_v^{(\text{in})} = \frac{1}{V}\sum_{v\in\mathscr{V}} k_v^{(\text{out})} \tag{2.6}$$

在图 2-7b 所示的有向图中，平均入度和平均出度分别为：

$$\bar{k}^{(\text{in})} = \frac{1}{8}(k_1^{(\text{in})} + \cdots + k_8^{(\text{in})}) = \frac{1}{8}(2+2+0+1+1+1+0+0) = \frac{7}{8}$$

$$\bar{k}^{(\text{out})} = \frac{1}{8}(k_1^{(\text{out})} + \cdots + k_8^{(\text{out})}) = \frac{1}{8}(1+1+5+0+0+0+0+0) = \frac{7}{8}$$

在本节的余下部分，我们将对带权图连通性的度量进行定义。

定义 2.14 强度：在无向图中的节点 $v\in\mathscr{V}$，我们把节点 v 邻域内全部权重值的和称为节点 v 的强度，记为 s_v。

$$s_v = \sum_{u\in\mathscr{V}} W_{vu} \tag{2.7}$$

式中，W_{vu} 是节点 v 到节点 u 的权重值，详见定义 2.6。

在图 2-8a 所示的无向图中，$s_1=3+2=5$，$s_2=3+5+10=18$。

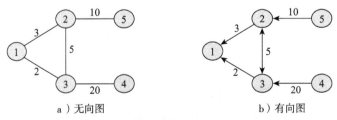

a）无向图　　　　　　　　　　b）有向图

图 2-8　带权图示例

定义 2.15　入强度和出强度：在有向图中，节点的强度可进一步分成入强度和出强度。节点 v 的入强度表示以节点 v 为终点的边所具有的权重值的和，记为 $s_v^{(\text{in})}$；节点 v 的出强度表示以节点 v 为起点的边所具有的权重值的和，记为 $s_v^{(\text{out})}$。入强度和出强度的和等于强度。

$$s_v^{(\text{in})} = \sum_{u \in \mathcal{V}} \mathbf{W}_{uv} \tag{2.8}$$

$$s_v^{(\text{out})} = \sum_{u \in \mathcal{V}} \mathbf{W}_{vu} \tag{2.9}$$

$$s_v = s_v^{(\text{in})} + s_v^{(\text{out})} \tag{2.10}$$

式中，$\mathbf{W}_{vu}$ 是节点 v 到节点 u 的权重值。

在图 2-8b 所示的有向图中，节点 1 的入强度 $s_1^{(\text{in})} = 3 + 2 = 5$，出强度 $s_1^{(\text{out})} = 0$。节点 2 的入强度 $s_2^{(\text{in})} = 5 + 10 = 15$，出强度 $s_2^{(\text{out})} = 3 + 5 = 8$。

在介绍有关图的连通性基本概念的基础上，我们介绍一个著名的拓扑图。

定义 2.16　正则图：在图 $\mathcal{G}$ 中，所有节点都具有相同数量的邻点，即每个节点具有相同的度 k，则称图 $\mathcal{G}$ 为正则图，图 $\mathcal{G}$ 也可称为 k-正则图。

备注 2.12　如果图 $\mathcal{G} = (\mathcal{V}, \mathcal{E})$ 为完全图，那么图 $\mathcal{G}$ 为 $(V-1)$-正则图。

图 2-2 所示是完全图为正则图的示例。图中包含 5 个节点，即为 4-正则图。

图 2-9 所示是非完全图为正则图的示例。其中，图 2-9a 所示的图包含 6 个节点，为 2-正则图；图 2-9b 所示的图包含 10 个节点，为 3-正则图。

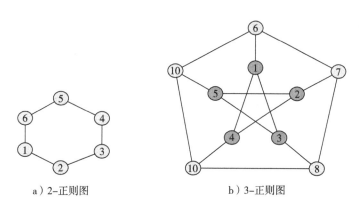

a）2-正则图　　　　　　　　　b）3-正则图

图 2-9　非完全图为正则图的示例

2.1.3　路径和环路

定义 2.17　路径/游走：令 $v_1, \cdots, v_K \in \mathcal{V}$，$K \geqslant 2$，若 $\forall k \in \{2, \cdots, K\}: (v_{k-1}, v_k) \in \mathcal{E}$，则我们把从 v_1 到 v_K 的有序的边序列 $\{(v_1, v_2), (v_2, v_3), \cdots, (v_{K-1}, v_K)\}$ 称为路径，记作 $\mathcal{W} = \{(v_1, v_2), (v_2, v_3), \cdots, (v_{K-1}, v_K)\}$。$v_1$ 称为路径的起点，v_k 称为路径的终

点。注意，节点可以在路径中重复出现。

备注 2.13 当起点和终点重合时，称路径为闭合路径，否则为开放路径。

备注 2.14 仅包含一个节点的路径称为环路径。

定义 2.18 **行迹**：如果路径中的边没有重复，则该路径称为行迹。当行迹的起点和终点重合时，称为闭合行迹，否则称为开放行迹。

定义 2.19 **回路**：起点和终点重合的行迹称为回路。闭合行迹即为回路。

定义 2.20 **路径长度**：指某条路径所穿过的边的数量。对于路径 $\mathscr{W}=\{(v_1,v_2),(v_2,v_3),\cdots,(v_{K-1},v_K)\}$，$K\geqslant 2$，路径长度 $|\mathscr{W}|=K-1\geqslant 1$。

图 2-10 所示的无向图中，路径 $\mathscr{W}_1=\{(1,3),(3,4),(4,6),(6,7),(7,4)\}$ 是一个开放路径，而路径 $\mathscr{W}_2=\{(1,3),(3,4),(4,6),(6,7),(7,4),(4,3),(3,1)\}$ 是一个闭合路径。本例中没有环边，因此不存在环路径。路径 $\mathscr{W}_3=\{(5,8),(8,7)\}$ 是一个开放行迹，路径 $\mathscr{W}_4=\{(5,8),(8,7),(7,5)\}$ 是一个闭合行迹或回路。这四个路径的长度分别是 $|\mathscr{W}_1|=5,|\mathscr{W}_2|=7,|\mathscr{W}_3|=2,|\mathscr{W}_4|=3$。本例中的节点 10 没有路径通过。

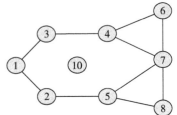

图 2-10 无向图示例

定义 2.21 **轨迹**：当路径不是环路径，且除起始点和结束点外各节点均不相同时，称该路径为轨迹。

备注 2.15 轨迹是路径的一种特殊形式。

定义 2.22 **环路**：起点和终点重合的轨迹称为环路。

图 2-10 所示的无向图中，$\mathscr{P}_1=\{(1,2),(2,5),(5,7)\}$ 为一条轨迹，$\mathscr{P}_2=\{(1,2),(2,5),(5,7),(7,4),(4,3),(3,1)\}$ 为环路。注意 $\mathscr{P}_3=\{(5,8),(8,7),(7,6),(6,4),(4,7),(7,5),(5,8)\}$ 是路径或回路，但不是环路，因为它甚至都不是轨迹。

定义 2.23 **路径/轨迹距离**：节点 u 和节点 v 的路径/轨迹距离是指以 u、v 为起止点的路径/轨迹的权重值的和。对于路径 $\mathscr{W}=\{(v_1,v_2),(v_2,v_3),\cdots,(v_{K-1},v_K)\}$，$K\geqslant 2$，距离定义为：

$$d(\mathscr{W})=\sum_{k=2}^{K}|(v_{k-1},v_k)|=\sum_{k=2}^{K}\mathbf{W}_{k-1,k} \tag{2.11}$$

其中，$|(v_{k-1},v_k)|$ 为节点 v_{k-1} 到节点 v_k 的权重值。

定义 2.24 **节点的最短路径距离**：图 $\mathscr{G}=(\mathscr{V},\mathscr{E})$ 中，节点 $u\in\mathscr{V}$，节点 $v\in\mathscr{V}$，节点 u 和 v 间的最短路径距离，记为 d_{uv}，数学表达式为：

$$d_{uv}=\min_{\mathscr{W}_{u\to v}}d(\mathscr{W}_{u\to v}) \tag{2.12}$$

其中，$\mathscr{W}_{u\to v}$ 表示 u 到 v 的所有可能路径。

备注 2.16 当计算节点间的最短路径距离时我们需要输入两个节点参数 u 和 v。

当用变量 u 和 v 表示节点时，距离记为 d_{uv} ；当用数字表示节点时，它们之间的距离记为 $d_{1,2}$。也就是说，我们保持尽可能简洁的符号，而当用数字表示节点时，节点间用逗号加以区分。

定义 2.25　节点的距离：图 $\mathscr{G} = (\mathscr{V}, \mathscr{E})$ 中，节点 $u \in \mathscr{V}$，节点 $v \in \mathscr{V}$，节点 u 和 v 间的距离即为两点间的最短路径距离，记为 d_{uv}。

备注 2.17　节点间的距离通过两点间的路径来计算，而不能根据两点间的行迹来计算。

备注 2.18　节点到自身的距离为常数 0。

备注 2.19　当两点间不存在路径时，它们间的距离为无穷大。

在图 2-10 所示的例子中，节点 1 和节点 3 间的最短路径为 $\{(1,3)\}$，因此它们间的距离 $d_{1,3} = 1$。节点 10 到节点 10 的距离 $d_{10,10} = 0$。节点 1 到节点 10 间不存在路径，因此它们间的距离 $d_{1,10} = \infty$。

2.1.4　子图

定义 2.26　可达性：图 $\mathscr{G} = (\mathscr{V}, \mathscr{E})$ 中，节点 $u \in \mathscr{V}$，节点 $v \in \mathscr{V}$，当两点间的距离 d_{uv} 为有限实数时，称节点 u 可以到达节点 v。即当两点间存在路径时，两点可达。

定义 2.27　可连通性：图 $\mathscr{G} = (\mathscr{V}, \mathscr{E})$ 中，任意节点 $u \in \mathscr{E}$，任意节点 $v \in \mathscr{V}$，当节点 u 可以到达节点 v 或节点 v 可以到达节点 u 时，称图 $\mathscr{G}$ 为连通图。

定义 2.28　强连通性：图 $\mathscr{G} = (\mathscr{V}, \mathscr{E})$ 中，任意节点 $u \in \mathscr{V}$，任意节点 $v \in \mathscr{V}$，当节点 u 可以到达节点 v，同时节点 v 可以到达节点 u 时，称图 $\mathscr{G}$ 为强连通图。

备注 2.20　强连通图一定为连通图。

备注 2.21　无向图为连通图，则该图一定为强连通图。因为在无向 $\mathscr{G} = (\mathscr{V}, \mathscr{E})$ 中，任意节点 $u \in \mathscr{V}$，任意节点 $v \in \mathscr{V}$，当节点 u 可以到达节点 v 时，节点 v 一定可以到达节点 u，因此得证。

备注 2.22　有向图为连通图，但不一定为强连通图。

图 2-11a 所示的无向图中，任意两个节点互相可达，故该图为强连通图。图 2-11b 所示的有向图为连通图，但不属于强连通图。因为节点 v_1 可以到达节点 v_6，但反之却不成立。图 2-11c 和图 2-11d 所示的图则为非连通图，两个图中节点 v_1 与节点 v_8 均不能互相到达。

定义 2.29　连通子图：当图 $\mathscr{G}$ 的子图 $\mathscr{G}c$ 满足条件：$\mathscr{G}c$ 为连通图且 $\mathscr{G}c$ 的任意子图均为非连通图时，称图 $\mathscr{G}c$ 为图 $\mathscr{G}$ 的一个连通子图。即，如果图 $\mathscr{G}c$ 的任意两个节点至少可以从一个到达另一个，且 $\mathscr{G}c$ 的节点与图 $\mathscr{G}$ 的其余部分不连通，则称图 $\mathscr{G}c$ 为图 $\mathscr{G}$ 的一个连通子图。

备注 2.23　连通图只有一个连通子图，即其自身。

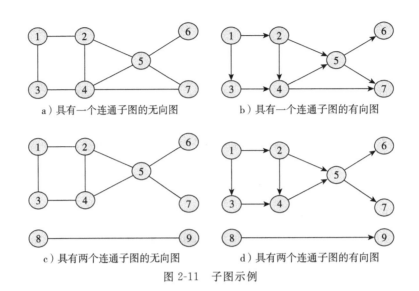

a）具有一个连通子图的无向图　　　b）具有一个连通子图的有向图

c）具有两个连通子图的无向图　　　d）具有两个连通子图的有向图

图 2-11　子图示例

图 2-11a 和图 2-11b 所示的图均只有一个连通子图，即它们自身。图 2-11c 和图 2-11d 则都有两个连通子图，分别为 $\mathscr{G}_1=\{1,2,3,4,5,6,7\}$ 和 $\mathscr{G}_2=\{8,9\}$。

定义 2.30　派系：在无向图中，对于节点的某个子集，满足子集中任意两个节点均有一条边相连，那么称该子集为图的派系。因此，派系一定是子图，并且为完全图。

在图 2-11a 所示的图中包含有两个派系，分别为 $\{4,5,7\}$ 和 $\{2,4,5\}$。

2.1.5　树和森林

定义 2.31　树：不含环路的连通图称为树。在树中，度为 1 的节点称为树叶。其他节点的度至少为 2。

定义 2.32　森林：当无向图的所有连通子图均为树时，这种图称为森林。

备注 2.24　森林是由不相交的树组成的图。

备注 2.25　所有的树均为森林，但反之不成立。

备注 2.26　一棵树以及只含有一个节点的图（空图）均为森林的特殊形式。

图 2-12a 所示的图为树，图 2-12b 所示的图为包含两棵树的森林。

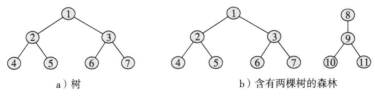

a）树　　　　　　　　　　b）含有两棵树的森林

图 2-12　树和森林示例

定义 2.33　生成树：图 $\mathscr{G}$ 为连通图，当包含图 $\mathscr{G}$ 所有节点的子图为树时，我们称该子图为图 $\mathscr{G}$ 的生成树。

在图 2-13 中，图 2-13b 为图 2-13a 的生成树的一种可行方案。在该例所示的转换过程中，我们去掉了边$(2,3),(2,4),(3,5),(4,5),(6,7)$。

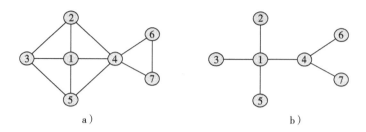

a）　　　　　　　　　　　b）

图 2-13　b 图为 a 图的一种生成树方案

2.1.6　图的矩阵表示

从数学上来看，无权重图或带权重图经常用节点和边集构建的邻接矩阵来表示。邻接矩阵的定义如下。

定义 2.34　邻接矩阵：带权重图 $\mathscr{G}=(\mathscr{V},\mathscr{E},\mathbf{W})$，图 $\mathscr{G}$ 的邻接矩阵 $\mathbf{A}$ 定义为：

- 矩阵 $\mathbf{A}$ 为 V 阶方阵，维数由节点数 $|\mathscr{V}|=V$ 确定。
- 矩阵 $\mathbf{A}$ 中各元素的初始值为边的权重值，如第 i 行 j 列元素 $\mathbf{A}_{ij}=a_{ij}=\mathbf{W}_{ij}$，其中 $\mathbf{W}_{ij}$ 为节点 i 到节点 j 的边的权重值。即，$\forall(i,j)\in\mathscr{E}:a_{ij}\neq0,\forall(i,j)\notin\mathscr{E}:a_{ij}=0$。

邻接矩阵 $\mathbf{A}$ 的一般形式是：

$$\mathbf{A}=\begin{bmatrix}a_{1,1}&a_{1,2}&\cdots&a_{1,V}\\a_{2,1}&a_{2,2}&\cdots&a_{2,V}\\\vdots&\vdots&&\vdots\\a_{V,1}&a_{V,2}&\cdots&a_{V,V}\end{bmatrix} \tag{2.13}$$

备注 2.27　无权重图邻接矩阵中元素的取值为 $\mathbf{A}_{ij}\in\{0,1\},\forall i,j\in\mathscr{V}$。

备注 2.28　如果图 $\mathscr{G}$ 为无向图，则其邻接矩阵 $\mathbf{A}$ 为对称矩阵。即在无向图的邻接矩阵中满足 $\mathbf{A}_{ij}=\mathbf{A}_{ji}$。

备注 2.29　如果图 $\mathscr{G}$ 为有向图，则其邻接矩阵 $\mathbf{A}$ 不一定为对称矩阵。因为在有向图中，如果节点 i 与节点 j 相邻，但节点 j 不一定与节点 i 相邻。

例如图 2-14a 所示的无向图，其邻接矩阵为：

$$\mathbf{A}=\mathbf{A}^{T}=\begin{bmatrix}0&1&1&1&0&0\\1&0&0&0&1&0\\1&0&0&0&1&0\\1&0&0&0&1&0\\0&1&1&1&0&1\\0&0&0&0&1&1\end{bmatrix} \tag{2.14}$$

其中，$\mathbf{A}^T$ 表示矩阵 $\mathbf{A}$ 的转置。

值得注意的是，在式（2.14）所示的矩阵为对称矩阵，即 $\mathbf{A} = \mathbf{A}^T$，因为图 2-14a 所示的图为无向图。

图 2-14b 所示的有向图的邻接矩阵如下：

$$\mathbf{A} = \begin{bmatrix} 0 & 1 & 1 & 1 & 0 & 0 \\ 0 & 0 & 0 & 0 & 1 & 0 \\ 0 & 0 & 0 & 0 & 1 & 0 \\ 0 & 0 & 0 & 0 & 1 & 0 \\ 0 & 0 & 0 & 0 & 0 & 1 \\ 0 & 0 & 0 & 0 & 0 & 1 \end{bmatrix} \tag{2.15}$$

此时，邻接矩阵如式（2.15）所示为非对称矩阵。

对于带权图的邻接矩阵，其单位可以假设为任意值。例如图 2-15 所示的无向带权图的邻接矩阵可以表示为：

$$\mathbf{A} = \mathbf{A}^T = \begin{bmatrix} 0 & 1 & 2 & 3 & 0 \\ 1 & 0 & 0 & 0 & 5 \\ 2 & 0 & 0 & 0 & 0 \\ 3 & 0 & 0 & 0 & 4 \\ 0 & 5 & 0 & 4 & 0 \end{bmatrix} \tag{2.16}$$

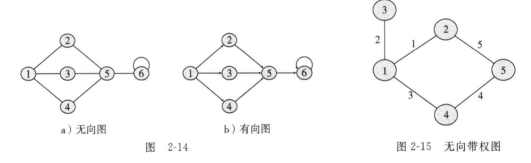

a）无向图　　　　　　　b）有向图

图　2-14　　　　　　　　　　　图 2-15　无向带权图

2.2　网络演化模型

为了研究真实网络的拓扑结构，学者们提出了许多网络模型。其中有一些网络模型由于其广泛的应用价值而得到了学者们十分深入的研究。这些重要的网络模型包括：随机网络、小世界网络、随机聚类网络、无标度网络和核心-边缘网络。下面分别对这些复杂网络模型进行介绍。

2.2.1　随机网络

1959 年，Erdös 和 Réyni[24] 两位学者首次提出了一种由 V 个节点和 E 条边组成的随机网络模型。一种描述方式是，给定网络中节点的个数 V，逐渐增加 L 条边，其中不存在自循环边。另一种描述方式是，给定网络中节点的个数 V，网络中任意两个点以概率 $p(p>0)$ 相连接。后者的模式是学者们公认的 Erdös 和 Réyni 的随机网络模型。图 2-16a 为一种随机网络的示例。注意在随机网络中，忽略节点之间的空间关系。在这种网络形成的过程中，边的创建以均匀概率的方式进行，不考虑节点之间的相似性。

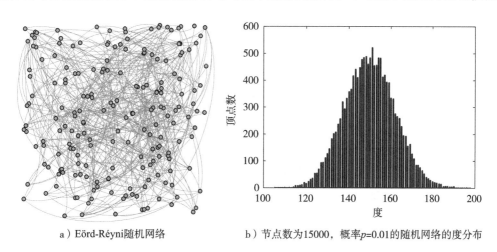

a）Eörd-Réyni随机网络　　　　　b）节点数为15000，概率p=0.01的随机网络的度分布

图 2-16　Erdös-Réyni 随机网络示例

　　因此，在随机网络中的任意节点 $i\in\mathcal{V}$，它都有 $V-1$ 种方案与其他节点相连接，其连接方案的数量与样本空间的基数大小相关，样本空间的大小决定了网络中边的最大理论值，记为 $|\Omega|$，其中：

$$|\Omega| = \frac{V(V-1)}{2} \tag{2.17}$$

式（2.17）中的分母 2 表示我们默认随机网络为无向图。两点之间连接的概率为 p，不连接的概率为 $1-p$，在 $V-1$ 种连接方案中选择 k 个节点相连接的方案有 $\binom{V-1}{k}$ 种，k 个节点与其他 k 个节点相连的联合概率[⊖]为 p^k，因此其期望值为 $\binom{V-1}{k}\cdot p^k$。此时，该图中 k 个节点之外没有边的存在，即对于 k 中的某一节点，余下的 $V-1-k$ 个节点不存在边，其概率为 $(1-p)^{(V-1)-k}$。即，此时节点的度服从二项分布$(V-1,p)$，其表达式为：

$$P(k) = \binom{V-1}{k} p^k (1-p)^{(V-1)-k} \tag{2.18}$$

⊖　在随机网络模型中，联合概率用于评价网络中边的连接是否相互独立。

当 $V \to \infty$，$p \ll 1$ 时，参数为（$V-1$，p）的二项分布，近似于服从参数为 λ 的泊松分布[52]，此时：

$$(V-1)p = \lambda \tag{2.19}$$

从概率论的角度来讲，参数为 λ 的泊松分布均值 μ 和方差 σ^2 满足 $\mu = \sigma^2 = \lambda$。对于节点数 $V = 15000$，连接概率 $p = 0.001$ 的随机网络，节点的度分布如图 2-16b 所示。从分布的结果我们可以看到，网络的度分布近似于服从均值（峰值）为 $\lambda = (V-1)p = (15000-1) \times 0.01 \approx 150$ 的泊松分布。

此外，随机网络中节点的平均最短轨道距离 $\langle d \rangle$ 很小，其大小与网络的大小呈对数关系，即 $\langle d \rangle \sim \dfrac{\ln(V)}{\ln(\langle k \rangle)}$，其中 $\langle k \rangle$ 为平均度。根据泊松分布可以计算得到，$\langle k \rangle = \lambda = (V-1)p$[20]。

Erdös 和 Réyni 发现，随机网络的很多重要属性都满足参数为（$V-1$，p）的二项分布。他们的研究还发现，对于连接概率 p 大于临界概率 p_c 的随机网络，即当 $p > p_c$ 时，则随机网络为一个连通图。当 $p \leqslant p_c$ 时，随机网络将不再是一个连通图，而是由几个不连通的子图构成。文献［55］对随机网络的许多有趣特性进行了研究。

2.2.2　小世界网络

一些现实世界的网络表现出网络的小世界性，即大多数节点可以经过少量的几步（边）到达另外一个节点。例如社交网络便具有明显的小世界性，世界上的每个人都可以通过一个很短的关联与其他任意一个人产生联系[73,74]。

为了构建一个具有小世界性的网络，我们可以采用文献［74］中介绍的网络形成方法：

- 第一步，形成包括 V 个节点的规则网络，如图 2-17 最左侧的网络所示。每个节点与其相邻的 k 个节点相连接，累计有 $2k$ 个连接。
- 第二步，每条边被随机重新连接，即对任意节点 $i \in \mathcal{V}$，我们随机选择一个连接替换它原来的连接。被选定的边，即连接节点 i 和节点 j（$j \in \mathcal{V}$）的边，以概率 p 任意重新连接到另一个节点 u（$u \in \mathcal{V}, j \neq u$），这样原来的边 (i,j) 便转换成了边 (i,u)。

当 $p = 0$ 时，网络没有重新连接，此时网络仍然保持为规则网络。当 $p \neq 0$ 时，所有的边将在概率 p 下进行重新连接[74]。图 2-17 为网络在重新连接概率 p 下转换的示意图。注意对于 $p = 0$，转换后的网络实际上是规则的。随着 p 值的增加，网络的小世界属性越来越显著。当 $p = 1$ 时，网络将转换为随机网络，此时网络中节点度数分布的峰值接近 $2k$[73,74]。

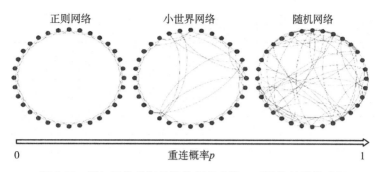

图 2-17 增加网络重新连接的概率参数 p 后网络的转换过程

网络的小世界特性最直接的理解是在这种网络上信息传播的速度非常迅速。例如，病毒传染网络具有小世界特性，由于这种网络拓扑结构有利于快速传播，假设某人感染了某种病毒，那么预计在很短的时间内许多人将受到这种病毒的感染。

2.2.3 无标度网络

1998 年，Barabási 和 Albert[5] 在进行一项研究时发现，某些网络中的极少数节点拥有很高的度数，而大部分节点只有很小的度数，即极少数节点与非常多的节点连接，而大部分节点只和很少节点连接。基于这一发现，1999 年，他们提出了一种新的网络模型，叫作无标度网络，网络中节点的度服从幂律分布，即：

$$P(k) \sim k^{-\gamma} \tag{2.20}$$

其中 γ 为幂指数。在无标度网络中，给定标度指数 γ，随着度数 k 值的增加，度数为 k 的节点个数急剧减少。根据节点的度分布函数表达式可以知道，当度数 k 值较小时其分布概率 $P(k)$ 较大，而当度数 k 值较大时，分布概率 $P(k)$ 较小，这与 Barabási 和 Albert 的发现相一致。

网络的无标度性与网络受到随机攻击的鲁棒性紧密相关。在无标度网络拓扑结构中，主要关键节点周围有大量度数相对较小的次要节点。而次要节点周围则连接着度数相对更小的节点，如此发展直至达到网络的边缘节点。这种层次结构具有一定的容错能力。如果网络受到随机攻击，由于网络中绝大多数节点度数都较小，那么关键节点受到影响的可能性几乎可以忽略不计。即使某一关键节点受到攻击，由于其他关键节点的存在，网络的连通性也不会完全丧失。另一方面，如果我们单独把几个关键节点从网络中提取出来，原始网络就转换成了一组相当简单的图。因此，少量关键节点的存在既是无标度网络的优点也是缺点。鉴于此，许多学者将无标度网络描述为对随机攻击具有鲁棒性，但是对蓄意攻击却极为脆弱。Cohen 等[16,17]学者和 Callaway 等[11]学者利用渗流理论对无标度网络的这一属性进行了详细研究。

无标度网络的形成是根据节点的优先连接法则而产生的。这种方式可以从网络增长的角度来理解。这种背景下网络的增长过程即网络中节点数量随时间的推移而增加的过程。优先连接意味着某节点的度越大，新加入网络的节点与其相连接的可能性就越大。因为度数更大的节点具有更强的网络连接能力。为了让大家更好地理解优先连接，我们以社交网络中人们的社交关系为例来进行解释。在某个群体组成的社交关系网络中，节点 A 和节点 B 的连接意味着某人 A "知道" 或 "熟悉" 另一个人 B，度数较大的节点代表与很多人有联系的知名人士。当某一个新人想要加入这个群体时，他更有可能与群体中的知名人士相结识，而不是其他的普通人。类似地，在网络上，新的网站会优先链接到网络中的重要节点，即非常知名的站点，如谷歌或维基百科等，而不是那些几乎没有人知道的站点。如果通过随机选择现有站点与一个新网站相链接，那么选中特定站点的概率与该网站的度数成正比。这就解释了优先连接法则。优先连接法则是正反馈循环的一种，在该法则下，随机变化会逐渐增强，因此个体间的差异会逐渐放大。

　　Barabási 和 Albert[5] 提出了利用这种优先连接法则生成无标度网络的算法。初始阶段，网络由 V_0 个节点相连接组成。每一步在网络中添加一个新节点。每个新节点与现有网络中的 V（$V \leqslant V_0$）个节点相连接，其连接概率与当前网络中节点的度数成比例。新节点与网络中节点 i 相连接的概率 p_i 为：

$$p_i = \frac{k_i}{\sum_{j \in \mathscr{V}} k_j} \tag{2.21}$$

其中 k_i 为节点 i 的度。因此，网络中的关键节点或度数较大的节点更容易与新节点相连，从而形成更多的连接；而度数较小的节点则很难与新节点相连接，新节点具有将自己与度数更高的节点相连接的 "偏好"。

　　图 2-18 为一种具有无标度性的网络示例。需要注意的是，网络中只有很少数节点的度数较大，绝大多数节点（边缘节点）的度数都很小。

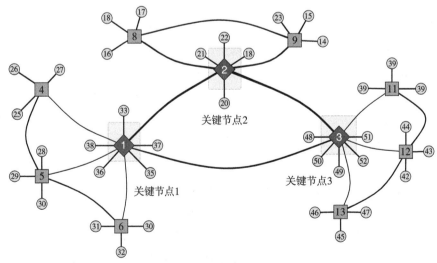

图 2-18　无标度网络示例，其中关键节点（度数最大的节点）已经给出。注意，网络中只有很少数节点的度数较大，绝大多数节点（边缘节点）的度数都很小

2.2.4　随机聚类网络

一些现实世界的网络，如社交网络和生物网络，呈现出模块化的结构特性，我们将其称为社团[31]。这些社团的节点集合满足一个简单的条件：属于同一个社团的节点有许多相互连接的边，而不同的社团由相对较少的边相连接。文献［31］对随机聚类网络的形成进行了详细介绍，V 个节点组成的网络最终形成了由 M 个社团组成的网络。在随机聚类网络的形成中，两个节点如果属于同一个社团，它们连接的概率为 p_{in}，如果属于不同的社团则连接的概率为 p_{out}。p_{in} 和 p_{out} 可以为任意值，它们主要用来控制网络平均度 $\langle k \rangle$ 下社团内的联系 Z_{in} 和社团间的联系 Z_{out}。

典型的随机聚类网络中，p_{in} 值较大，p_{out} 值较小，即社团之内的节点连接紧密，而社团之间的节点连接稀疏。反之，当 p_{in} 值较小，而 p_{out} 值较大时，网络中节点的聚类效果不显著。基于以上参数，我们定义 $Z_{in}/\langle k \rangle$ 表示社团内节点的联系程度。同样我们也采用 $Z_{out}/\langle k \rangle$ 定义不同社团之间联系的紧密程度。随着 $Z_{out}/\langle k \rangle$ 值的增大，社团间的联系将逐渐紧密，社团之间的界限也将越来越模糊。评价社团检测技术优劣程度的 Girvan-Newman 算法就是基于这里的两个定义，6.2.4 节中将做进一步介绍。

根据以上讨论，典型的随机聚类网络必须满足 $p_{out} \ll p_{in}$。图 2-19 为一个包含有 4 个社团的随机聚类网络示例。图中社团内的节点相连的边数量远大于社团间边的数量，因此它是一个典型的随机聚类网络。

2.2.5　核心-边缘网络

网络可以采用局部网络、全局网络和中等尺度网络的方法来描述。从这个角度来看，网络理论的一个主要目标是识别大型网络统计学意义上的主要结构，以便于分析和比较复杂网络的框架。在这个目标下，中等尺度网络结构的识别算法使得我们能够发现节点和边在局部网络以及全局网络中不明显的特征。

特别是针对一种特定类型的中等尺度结构——即社团结构——的算法识别已经进行了许多尝试。其中称为社团的部分由密集相连的节点组成，而不同社团中节点之间的连接相对稀疏。

虽然对社团结构的研究已经非常完善[28]，但对其他类型的中等尺度结构的识别，通常以不同形式的"块模型"来进行[26,28]，却很少有学者进行研究。本节我们主要探讨被称为核心-边缘结构的中等尺度网络结构。在社交网络中这种结构十分常见，在社会学[22,45]、国际关系学[12,70]和经济学[42]等学科的研究中很早便已提出。识别核心-边缘结构最常用的定量方法是由博尔加蒂和埃弗雷特于 1999 年提出[10]。

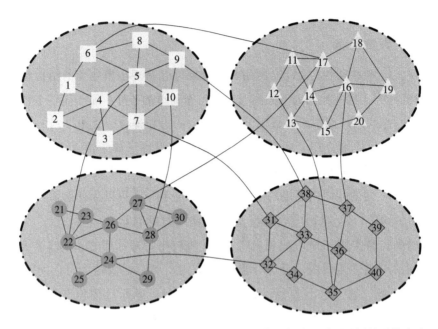

图 2-19　具有 4 个社团的随机聚类网络示例图。其中各社团采用不同的形状表示

博尔加蒂和埃弗雷特提出的方法通过计算确定核心-边缘网络的结构，划分哪些节点属于密集连接的核心节点，哪些节点属于外围稀疏连接的边缘节点。其中核心节点应该合理地与边缘节点相连接，而边缘节点不一定与核心节点或互相之间相连接。因此，某节点当且仅当它与其他核心节点以及边缘节点"连接良好"时，该节点才属于核心节点。所以我们说，网络中的核心结构不仅是紧密相连的，而且往往是网络的"中心"（例如网络的最短轨道）。对于各种网络"中心性"的量化，旨在衡量节点或其他网络结构的重要性[58,72]，同时有助于区分社团结构中的核心-边缘结构。此外，网络可以有嵌套的核心-边缘结构网络，以及核心-边缘结构和社团结构相结合的网络[46]。因此，开发一种能够同时检验两种中等尺度结构的算法是很有必要的。

关键节点是一种具有很大度数的节点，这种节点在现实世界网络中普遍存在。关键节点的存在常常会造成社团检测的失误，因为它们与网络中的许多节点相连接，它们与网络中几个不同的社团有很强的联系。当我们对某一网络进行聚类分析时，对于其中的关键节点，采用不同的社团检测算法可能使它们分配到不同的社团[69]。因此，如何判断它们与不同社团之间关系的强弱至关重要，即使用允许社团之间有重叠的算法[1]。在这种情况下，一般意义上的社团概念可能并不能很好地实现对中等尺度网络实际结构的理解，而若采用核心-边缘网络结构，将关键节点划分为核心结构来考虑可能更为合理[46]。比如，我们可以将单个社团看作网络核心结构的一部分，整个核心结构由多个社团组成，社团之间可以存在重叠[68,75]。

图 2-20 为一个典型的核心-边缘网络示意图。图中属于核心结构的节点相互紧密

地连接，同时与边缘结构中的节点有很大的联系。对于边缘结构的节点而言，它们只与少量属于核心结构的节点相连接。

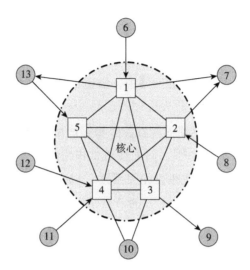

图 2-20　核心-边缘网络示意图。图中属于核心结构的节点用方形表示，属于边缘结构的节点用圆形表示

2.3　复杂网络的统计描述

2.3.1　度和度相关性

定义 2.35　密度： 网络的密度主要用来衡量网络中各节点间的连接强度。密度以分数的形式表示，它以实际的连接数为分子，所有可能的连接方案数为分母。

对于有向网络，密度 D 为：

$$D = \frac{E}{2\binom{V}{2}} = \frac{2E}{2V(V-1)} = \frac{E}{V(V-1)} \qquad (2.22)$$

式（2.22）中，$2\binom{V}{2}$ 表示在有向网络中节点所有可能的连接方案数。具体来说，它是从网络中所包含的 V 个节点中任意选择 2 个节点进行组合。乘以 2 表示在有向图中两个节点的连接方式交换（有向边的起点和终点交换）后，网络即成为另外一种形式。

对于无向网络，密度 D 为：

$$D = \frac{E}{\binom{V}{2}} = \frac{2E}{V(V-1)} \qquad (2.23)$$

在无向网络这种情况下，边的方向这一因素将不再被考虑。

网络密度的取值区间为 [0，1]。当密度 $D=0$ 时，此时的网络是一个零图。当密度 $D=1$ 时，此时的网络是一个完全图。

备注 2.30　我们将密度 D 接近于 0 的网络称为稀疏网络。判断是否为稀疏网络的经验法则是，当网络中边的数量与节点数量相当时，我们称该网络为稀疏网络。正如随后我们将进一步讨论的，网络密度对大多数机器学习算法的时间复杂度有着显著影响。因此，不管是在稀疏或者稠密的网络中，描述机器学习技术的时间复杂性都是一种常见的做法。

定义 2.36　**网络同配性**：网络同配性主要根据网络中节点的度，从网络结构的角度考虑网络中节点相连的可能性[54]。同配性通常作为网络中节点相关性的判断因素。同配系数 r 是一种基于"度"的皮尔森相关系数。r 为正值时，表示度大的节点倾向于连接度大的节点；r 为负值时，表示度大的节点倾向于连接度小的节点。通常来说，r 的值在 -1 到 $+1$ 之间。$r=+1$ 时，表示网络具有很好的同配性；$r=-1$ 时，表示网络具有很好的异配性。

学者们已经对此展开了很多研究，并且在现实世界网络的分析中进行了应用。例如，社交网络就表现出很明显的同配性。而科技网络、生物网络以及金融网络则表现出很强的异配性[53]。

在非零图 $\mathscr{G}=(\mathscr{V},\mathscr{E})$ 中，u_e 和 v_e 表示某条边 $e\in\mathscr{E}$ 两个节点的度，$E=|\mathscr{E}|$ 表示图 $\mathscr{G}$ 中边的数量，则网络的同配系数 r 为[53]：

$$r = \frac{E^{-1}\sum_{e\in\mathscr{E}}u_ev_e - \left[\dfrac{E^{-1}}{2}\sum_{e\in\mathscr{E}}(u_e+v_e)\right]^2}{\dfrac{E^{-1}}{2}\sum_{e\in\mathscr{E}}(u_e^2+v_e^2) - \left[\dfrac{E^{-1}}{2}\sum_{e\in\mathscr{E}}(u_e+v_e)\right]^2} \tag{2.24}$$

定义 2.37　**局部同配性**：局部同配性主要用于分析局部范围内的同配性或异配性[65]。局部同配性为每个节点在整个网络同配性中所占的比例，记作 r_{local}。节点 u 的度数为 $j+1$ 的局部同配性系数为[65,66]：

$$r_{\text{local}}(u) = \frac{(j+1)(j\bar{k}-\mu_q^2)}{2E\sigma_q^2} \tag{2.25}$$

其中，$\bar{k}$ 为节点 u 邻域内的点的平均度数，E 为网络中边的数量，μ_q 和 σ_q 分别为该网络内除节点 u 以外节点的度数分布的均值和标准差。节点同配性系数 r_{local} 和网络同配性系数 r 的关系为：

$$r = \sum_{u\in\mathscr{V}}r_{\text{local}}(u) \tag{2.26}$$

定义 2.38　**非归一化富人俱乐部系数**：富人俱乐部系数最初被提出时是作为节点度数的不成比例度量参数[82]。现在，该系数主要以参数化的形式表示节点的度数 k，限定节点度数的取值范围。富人俱乐部系数衡量复杂网络的"富人俱乐部"现象的结构属性。这种性质是指度数较大的节点（关键节点）之间具有紧密相连的趋势，从而形成团状结构或近似团状的结构。这一现象在社会科学和计算机科学中已有过许多讨论。从本质上讲，当节点具有较多的连接时，通常称其为"富有"节点，与度数较小的节点相比，这种节点更容易形成紧密的相互连接的子图（俱乐部）。对于给定的阈值 k，$N_{>k}$ 表示度数大于 k 的节点数量，$E_{>k}$ 表示与 $N_{>k}$ 个节点相关的边的数量，那么该网络的富人俱乐部系数的表示形式为：

$$\phi(k) = \frac{2E_{>k}}{N_{>k}(N_{>k}-1)} \tag{2.27}$$

其中，$N_{>k}(N_{>k}-1)/2$ 表示 $N_{>k}$ 个节点可能存在的最大边数。需要注意的是，虽然网络同配性系数同样用于衡量度数类似的节点连接的可能性，但富人俱乐部系数可以看作是衡量其相连的一个更具体的系数，因为对于富人俱乐部系数，我们只关注节点与超过一定度数的节点相连的可能性。例如，对于一个由若干关键节点和边缘节点组成的网络，关键节点之间不直接相连，这样的网络将被视为具有异配性。然而，由于网络中的中心节点紧密连接，该网络将表现出很强的富人俱乐部效应。

定义 2.39　归一化富人俱乐部系数：对于非归一化富人俱乐部系数最大的争议是其并没有很好地反映富人俱乐部效应，即便是对于随机网络而言，该系数也是单调增加的。这个缺点确实存在，因为度数更大的节点自然更可能比度数较小的节点更密集地连接，因为它们的连接有更多的边。事实上，对于某种特定分布，节点不可避免会优先与度数较大的关键节点相连。因此，为了正确评价这一现象，就必须把这一因素归一化。这一观点首先在文献［19］中提出，并提出了度数较大的无关联网络的富人俱乐部系数的求解表达式。为了说明这一点，有必要将某网络的非归一化富人俱乐部系数与该网络的随机网络形式的度分布进行比较。由此得到归一化富人俱乐部系数，其计算公式为[19,51,61]：

$$\phi_{\text{norm}}(k) = \frac{\phi(k)}{\phi_{\text{rand}}(k)} \tag{2.28}$$

其中，$\phi(k)$ 为网络的非归一化富人俱乐部系数，$\phi_{\text{rand}}(k)$ 为具有相同度分布的最大随机网络的非归一化富人俱乐部系数。归一化富人俱乐部系数消除了相同度分布下由结构所引起的差异，更能体现富人俱乐部效应的重要性。对于某一特定阈值 k，如果归一化富人俱乐部系数 $\phi_{\text{norm}}(k)>1$，那么表示该网络中存在富人俱乐部效应。

备注 2.31　具有富人俱乐部区域的强异质性的网络由较大度数节点的核心-边缘结构（参见 2.2.5 节）组成。在这种网络中，核心区域的数目即为富人俱乐部数目。

2.3.2　距离和路径

定义 2.40　直径：在网络 $\mathscr{G}=(\mathscr{V},\mathscr{E})$ 中，节点间的最大路径长度称为网络 $\mathscr{G}$ 的直

径，记为 T。数学表达式为：

$$T = \max_{u,v \in \mathscr{V}} d_{uv} \tag{2.29}$$

对于无向网络而言，直径 T 的取值范围为 $[0, V-1]$。网络的直径可以理解为网络中的最大的关系链。

定义 2.41 节点偏心率： 在网络 $\mathscr{G} = (\mathscr{V}, \mathscr{E})$ 中，节点 u，$v \in \mathscr{V}$，节点 u 的偏心率表示网络中其他节点与其距离最长的路径，记为 e_u。数学表达式为：

$$e_u = \max_{v \in \mathscr{V} \setminus \{u\}} d_{uv} \tag{2.30}$$

定义 2.42 半径： 在网络 $\mathscr{G} = (\mathscr{V}, \mathscr{E})$ 中，偏心率最小的节点间的距离称为半径，记为 ζ。数学表达式为：

$$\zeta = \min_{u \in \mathscr{V}} e_u \tag{2.31}$$

定义 2.43 维纳指数： 在网络 $\mathscr{G} = (\mathscr{V}, \mathscr{E})$ 中，所有节点间距离的和称为维纳指数，记为 λ。数学表达式为：

$$\lambda = \frac{1}{2} \sum_{u,v \in \mathscr{V}, u \neq v} d_{uv} \tag{2.32}$$

对于不连通网络应用维纳指数是存在较大偏差的，因为在不连通图中，至少有两个节点，它们间的距离是无穷大的。这个问题可以通过只计算相连节点间的距离来避免。然而，如果网络中存在许多断开的节点，维纳指数失真严重。下面介绍的网络全局效率和网络平均一致估计的引入就是为了解决这个问题。

定义 2.44 网络全局效率： 在网络 $\mathscr{G} = (\mathscr{V}, \mathscr{E})$ 中，节点 u，$v \in \mathscr{V}$，网络中信息传播的效率记为 GE，它与网络中节点间的距离成反比[2]，即：

$$GE = \frac{1}{V(V-1)} \sum_{u,v \in \mathscr{V}, u \neq v} \frac{1}{d_{uv}} \tag{2.33}$$

定义 2.45 网络平均一致估计： 在网络 $\mathscr{G} = (\mathscr{V}, \mathscr{E})$ 中，网络全局效率的倒数称为网络的平均一致估计，记为 h。数学表达式为：

$$h = \frac{1}{GE} \tag{2.34}$$

网络平均一致估计很好地避免了维纳指数在不连通网络中的偏差问题，适合应用在不连通的网络中[20]。

2.3.3　网络结构

定义 2.46 局部聚类系数： 聚类系数是度量网络中节点聚集程度的系数。在许多现实世界的网络中，尤其是社交网络中，节点倾向于创建紧密联系的群体，这些群体以节点间相对较高的连接密度为主要特征[74]。文献 [44，60] 已经对网络聚类情况的度量方法进行了较为完整的总结和概括。这里我们主要介绍由 Watts 和 Strogatz 提出的方法[74]。网络的局部聚集系数量化了局部积聚的能力。从数学上来讲，节点 i 的局部聚类系数表示为：

$$CC_i = \frac{2|e_i|}{k_i(k_i-1)} \tag{2.35}$$

上式中 $|e_i|$ 表示节点 i 的邻域内节点间的连接边数（即由节点 i 以及其邻域内的两个节点形成的三角形数量），k_i 是节点 i 的度数。CC_i 的取值范围为：$CC_i \in [0,1]$。

定义 2.47　网络聚类系数：在局部聚类系数类似，网络的聚类系数用于度量网络的积聚情况，其数学表达式为：

$$CC = \frac{1}{V}\sum_{i \in \mathscr{V}} CC_i \tag{2.36}$$

式中 V 为网络中节点的数目，$CC \in [0,1]$。网络的聚类系数量化了网络中节点互相之间的连接情况。如果 $CC=1$，说明网络中所有点都是相连的，而如果 CC 趋近于 0，说明网络的连接较为松散。

定义 2.48　循环系数：循环系数描述了复杂网络中的流通度，它考虑了从 3 到无穷大的所有的圈[39]。节点 i 的循环系数 θ_i 是连接该节点和它的两个相邻节点的最小圈数倒数的平均值，数学表达式如下[39]：

$$\theta_i = \frac{2}{k_i(k_i-1)}\sum_{j,k \in \mathscr{N}(i)} \frac{1}{S_{jk}^i} \tag{2.37}$$

式中 S_{jk}^i 是连接节点 i 及其相邻节点 j 和 k 的最小圈数。注意节点 i 的所有邻域节点对 (j,k) 都包含在内。如果节点 j 和 k 直接相连，那么节点 i、j 和 k 形成一个三角形圈，此时圈数为 3，$S_{jk}^i=3$ 为其最小圈数。如果连接节点 i、j、k 的路径只有一条，且不能形成圈，那么这条路径称为树，此时 $S_{jk}^i=\infty$。

定义 2.49　网络全局循环系数：网络中所有节点的循环系数的平均值称为网络的全局循环系数，数学表达式如下[39]：

$$\theta = \frac{1}{V}\sum_{i \in \mathscr{V}} \theta_i \tag{2.38}$$

全局循环系数的取值区间为 $\left[0, \frac{1}{3}\right]$。当 $\theta=0$ 时，网络为树形结构，网络中不存在圈；当 $\theta=\frac{1}{3}$ 时，网络的局部聚类系数为 1，网络中所有的节点对均相连。

定义 2.50　模块化系数：模块化系数用于度量网络中某一特定聚类的可能性[15,57]，即度量网络中聚类（也称为组、团、社团等）的强度。一般来说，模块化系数的取值区间为 [0,1]。当模块性接近 0 时，表明网络中不存在社团结构，即网络中的节点是随意相连的。随着模块化系数的增加，社团结构越来越清晰，即社团之间的混合变得更小，此时社团内边的比例比社团间边的比例要大。

除了对网络聚类的度量外，模块化系数定义了每个节点属于某一社团的可能性，在网络形成时根据模块化系数确定节点是否属于某一社团。无权重网络的模块化系数的数学表达式为：

$$Q = \frac{1}{2E} \sum_{i,j \in \mathscr{V}} \left(\mathbf{A}_{ij} - \frac{k_i k_j}{2E} \right) \mathbb{1}_{[c_i = c_j]} \tag{2.39}$$

式中 E 表示网络中边的数量，k_i 表示节点 i 的度数；c_i 为节点 i 所属的社团；$\mathbf{A}_{ij}$ 表示从点 i 到点 j 的距离。求和项由两个元素组成，由于指示函数的存在，两个元素都只针对同一个社团的节点计算。也就是说，多个社团对网络的模块化系数没有影响。式中第一项 $\frac{\mathbf{A}_{ij}}{2E}$，计算在一个社团中两个节点间连接的分数。然后减去 $\frac{k_i k_j}{(2E)^2}$，即第二项，表示减去社团中节点间由于网络随机性（详见 2.2.1 节）而产生的连接。非零的模块化系数表示网络偏离随机性的程度，当数值大于等于 0.3 时，表示网络具有良好的分离性。

将式（2.39）中的度数 k_i 替换为强度 s_i（详见定义 2.14），我们就可以对带权网络的模块化系数进行计算[56]，其数学表达式为：

$$E = \frac{1}{2} \sum_{i \in \mathscr{V}} s_i \tag{2.40}$$

模块化系数的计算是用给定的范围内节点连接的分数减去节点随机连接的分数。对于某些模型中给定的网络节点的划分，模块化系数反映了模块中节点的集中程度，而不是所有模块之间的随机分布。

定义 2.51 拓扑重叠指数：拓扑重叠指数度量网络中大致处于相同社团的两个节点的连接程度。本质上，拓扑重叠评价两个直接或间接相邻的节点的相似性。计算一对节点的拓扑重叠指数，就是将它们与网络中其他节点的连接进行比较。如果两个节点具有相似的直接或间接邻域，那么它们具有较高的"拓扑重叠"。我们可以调整与其他节点比较时使用的邻域的深度。也就是说，我们仅比较两个节点的直接邻域，以及二阶邻域，等等。具体而言，m-阶拓扑重叠指数的构建步骤为：（i）计算一对节点 m-阶邻域内重叠的节点数量，（ii）设定一个 0 到 1 间的值将其量化。由此得到的节点相似性程度可以度量两个输入节点 m-阶邻域的一致性。这种度量方法可以在许多方面进行应用，例如相似性搜索、基于 k-近邻的预测、多维尺度化和基于聚类的模块识别。

假设 $\mathscr{N}_m(i), m > 0$ 表示一个（不包括 i 本身）在最短路径 m 内可达的节点集，即 $\mathscr{N}_m(i) = \{j \neq i \mid d_{ij} \leqslant m\}$，其中 d_{ij} 是 i 与 j 之间的测地距离（最短路径距离）。那么 m-阶拓扑重叠的数学表达式为：

$$t_{ij}^{[m]} = \begin{cases} \dfrac{|\mathscr{N}_m(i) \cap \mathscr{N}_m(j)| + \mathbf{A}_{ij}}{\min[|\mathscr{N}_m(i)|, |\mathscr{N}_m(j)|] + 1 - \mathbf{A}_{ij}}, & i \neq j \\ 1, & i = j \end{cases} \tag{2.41}$$

式中$\mathbf{A}_{ij}$表示网络的(i,j)-阶邻接矩阵。因此，m-阶拓扑重叠度量两个节点在m-阶邻域内的一致性。需要注意的是，即使两个节点具有相同的m-阶邻域，只有当两个节点直接相连，即$\mathbf{A}_{ij}=1$时，其拓扑重叠指数才为最大值。

2.3.4　网络中心性

网络中心性度量网络中节点或边的中心性或重要性。我们首先想到的网络中心性度量的指标应该是节点的度数。在这个指标下，我们很自然地会假设具有较大度数的节点是网络的中心，而较小度数的节点通常是外围或末端的节点。尽管原理很简单，但这种方法被广泛应用于网络中心性的度量。在许多现实网络中，度数较大的节点通常被称为关键节点。学者们也对网络中心性计算的方法进行了很多研究。学者们提出的每一种方法的定义都不尽相同，最终得到的网络中心性结论也不完全相同。

2.3.4.1　基于距离的网络中心性

根据计算中心距离的不同准则，我们将这种网络中心性计算的方法分为两类[41]。

定义 2.52　极小极大则：第一类由使用极小极大准则的问题组成，比如像医院等急救场所的选址问题。这样一个紧急场所的选址问题主要目标是在可能发生紧急情况的地点之间确定一个使最大反应时间最小化的位置。

在网络中，这类问题的目标是确定一个节点，从而最大限度地减少网络中其他位置节点与其之间的最大距离。假设医院位于节点 u 处，$u \in \mathscr{V}$，节点 u 的偏心率 e_u（$e_u = \max\limits_{v \in \mathscr{V} \setminus \{u\}} d_{uv}$，详见 2.3.2 节）表示节点 u 到网络中任意节点 v 的最大距离。寻找最佳位置的问题可以通过比较偏心距 e_u 值的大小解决。因此，基于偏心率的节点 u 的中心性为：

$$c_E(u) = \frac{1}{e_u} = \frac{1}{\max_{v \in \mathscr{V}} d_{uv}} \tag{2.42}$$

定义 2.53　极小求和准则：第二类关于选址问题最佳化的方法是极小求和准则，例如确定购物中心等服务设施的位置。这类方法的目标是尽量使总的路程时间最小。我们用 $\sum_{v \in \mathscr{V}} d_{uv}$ 表示从节点 u（$u \in \mathscr{V}$）到网络中任意节点的总行程距离之和。寻找最佳位置的问题可以通过比较节点到其他节点的距离的大小来解决：

$$c_C(u) = \frac{1}{\sum_{v \in \mathscr{V}} d_{uv}} \tag{2.43}$$

在社交网络分析中，基于这一概念的网络中心性指标称为亲密度。社交网络中分析的重点通常是一个人与网络中其他人的亲近程度。总路程较短的人常被认为比那些总路程更大的人更重要。

2.3.4.2　基于路径的网络中心性

基于路径的网络中心性，计算时不考虑节点到节点之间的距离，这种方法重点考虑通过节点的路径数量。因此从定义上来说，如果某节点有许多最短路径通过，该节点则被视为关键节点。

定义 2.54 介数中心性：介数中心性主要度量网络中每对节点位于最短路径上的程度[29,30,58]。假设我们有一个节点相互交换消息的网络。首先简单地假设网络中的每一对节点以相等的单位时间概率交换信息，而信息总是利用网络的最短路径（测地线）传播，或者随机选择多个最短路径中的任意一条传播。我们考虑这样一个问题：如果我们适当等待一段时间，直到多个信息在节点之间完成传递，在信息到达目的地的过程中每条信息平均会经过多少个节点？答案是：由于信息以相同的概率通过每一个节点，每条信息传播中通过的节点数量只与节点所处的最短路径的节点数量成比例。这一路径上节点的数量为网络的介数中心度。

根据定义我们可以得到，具有较高介数中心度的节点，其控制能力较强，在网络的信息传递过程中可能有更大的影响力。在信息传递方案中介数中心度最大的节点是消息传递最多的一个，如果在信息传递时这些节点发现待解决的问题，或者节点更多地参与传递信息，那么这些节点在网络中应该具有更高的重要性。当我们从网络中移除介数中心度最大的节点时，其他节点之间的信息传递将有很大可能性被破坏，因为这些节点位于多条信息传递的路径上。在现实世界中的网络上，节点交换信息的频率当然不尽相同，而且由于政治或物理等方面原因，大多数情况下信息的传递并不总是经过最短路径。

假设当节点 v 位于从节点 s 到节点 t 的最短路径上时，$\eta_{st}^v = 1$；当节点 v 不在最短路径上或者当它们位于网络中不同的部分而不存在最短路径时，$\eta_{st}^v = 0$。那么节点 v 的介数中心度 B_v 数学表达式为：

$$B_v = \sum_{s \neq v \in V} \sum_{t \neq v \in V} \frac{\eta_{st}^v}{\eta_{st}} \tag{2.44}$$

也就是说，节点 v 的介数中心度为从节点 s 到节点 t 的最短路径中经过节点 v 的最短路径数除以节点 s 到节点 t 的所有可能的最短路径数。

定义 2.55 连通度[25]：复杂网络的许多拓扑结构和动力学性质的基本假设是网络上的大部分信息传递沿着最短路径进行，例如网络中心性的计算。但是在某些情况下，使用非最短路径在网络传递信息的情况仍然存在。例如，在航空运输中，飞机可能要飞越两个目的地之间较远的航线，因为在它们之间最短的航线上可能存在战争区或禁飞区。因此，只考虑以最短路径传播信息的复杂网络模型不具有普适性。对于网络中的节点 $p \in \mathcal{V}$，节点 $q \in \mathcal{V}$，从节点 p 到节点 q 通过最短路径和不同长度的随机游走而进行信息传递的能力称为连通度。节点 p 到节点 q 的连通度计算的数学表达式为：

$$G_{pq}(\mathbf{M}) = \frac{1}{s!}\mathbf{P}_{pq} + \sum_{k>s}\frac{1}{k!}(\mathbf{A}^k)_{pq} = (e^{\mathbf{A}})_{pq} \tag{2.45}$$

式中 $\mathbf{P}_{pq}$ 表示从 p 到 q 最短长度的路径数量；s 表示最短路径长度；$\mathbf{A}$ 表示网络的二进制邻接矩阵。矩阵 $\mathbf{A}$ 的 k 次幂 $\mathbf{A}_{pq}^{(k)}$ 表示从节点 p 到节点 q 长度为 k 的路径数量，其中 $k>s$。在有向图中，G_{pq} 值与 G_{qp} 值可能不相等。当 G_{pq} 值较大时，说明从节点 p 到节点 q 有多条路径。反之，当 G_{pq} 值较小时，说明从节点 p 到节点 q 的可达路径较少。

2.3.4.3　活力指数

设 $\mathscr{Q}$ 为所有无权重无向图 $\mathscr{G} = \langle \mathscr{V}, \mathscr{E} \rangle$ 的集合，对于所有的实数函数 $\mathscr{G} \in \mathscr{Q}$，满足映射 $f: \mathscr{G} \to \mathbb{R}$。$\mathscr{G}$ 在映射 f 下的值与 $\mathscr{G}$ 去除节点 u 后在映射 f 下的值的差被称为活力指数 $V(\mathscr{G}, u)$，$u \in \mathscr{V}$，即 $V(\mathscr{G}, u) = f(\mathscr{G}) - f(\mathscr{G} \setminus \{u\})$ [41]。

定义 2.56　流介数中心性活力指数：节点 $u \in \mathscr{V}$ 的最大网络流介数中心性活力指数为：

$$BV(u) = \sum_{\substack{s,t \in \mathscr{V} \\ u \neq s, u \neq t}} \frac{f_{st}(u)}{f_{st}} \tag{2.46}$$

式中 $f_{st}(u)$ 是必须通过节点 u 的网络总流量，$f_{st}(u) = f_{st} - \tilde{f}_{st}$，其中 $\tilde{f}_{st}$ 为网络 $\mathscr{G} \setminus \{u\}$ 中经过节点 s 和 t 的最大网络流，即 $\tilde{f}_{st}$ 由网络 $\mathscr{G}$ 去除节点 u 后在映射 f 下经过节点 s 和 t 的最大网络流来确定。

定义 2.57　紧密中心性活力指数：假设从节点 s 到节点 t 的距离表示信息在两者之间传递的费用。那么从网络中删除节点 u 后网络全面通信将会增加的费用，称为节点 u 的紧密中心性活力指数，即：

$$CV(u) = I(\mathscr{G}) - I(\mathscr{G} \setminus \{u\}) \tag{2.47}$$

式中 $I(\mathscr{G}) = \sum_{v,w \in \mathscr{V}} d_{vw}$，即网络中的路径距离总和。

定义 2.58　动态活力指数 [67]：假设一个包含 V 个节点的有向图，满足 $\mathbf{A}u = \lambda u$，$v^T \mathbf{A} = \lambda v^T$，其中 $\mathbf{A}$ 为网络的邻接矩阵，λ 为矩阵 $\mathbf{A}$ 的最大特征值，u 和 v 分别为矩阵 $\mathbf{A}$ 的右特征向量和左特征向量。边 (i,j) 的动态活力指数 DI_{ij} 的数学表达式为：

$$DI_{ij} = -\frac{\Delta \lambda_{ij}}{\lambda} \tag{2.48}$$

也就是说，动态活力指数是网络中移除边 (i,j) 后特征值的变化值 $-\Delta \lambda_{ij}$ 与原始 λ 的比值。与此类似，节点 k 的动态活力指数 DI_k 为网络中移除节点 k 后特征值的变化值 $-\Delta \lambda_{ij}$ 与原始特征值 λ 的比值，数学表达式为：

$$DI_k = -\frac{\Delta \lambda_k}{\lambda} \tag{2.49}$$

当网络中移除边 (i,j) 后，我们可以得到 $(\mathbf{A} + \Delta \mathbf{A})(u + \Delta u) = (\lambda + \Delta \lambda)(u + \Delta u)$。如果两

边同时乘以 v^T，忽略二阶项 $v^T \Delta \mathbf{A} \Delta u$ 和 $\Delta \lambda v^T \Delta u$，我们可以得到 $\Delta \lambda = \dfrac{v^T \Delta \mathbf{A} u}{v^T u}$。在去除边缘 (i, j) 时，矩阵摄动为 $(\Delta \mathbf{A})_{lm} = -A_{ij} \delta_{il} \delta_{jm}$，因此：

$$\widehat{DI}_{ij} = -\frac{\mathbf{A}_{ij} v_i u_j}{\lambda v^T u} \tag{2.50}$$

当网络中移除节点 k 时，矩阵摄动为 $(\Delta \mathbf{A})_{lm} = -\mathbf{A}_{ij}(\delta_{il} + \delta_{jm})$，由于 $\Delta u_k = -u_k^{\ominus}$，因此我们设 $\Delta u = \delta u - u_k e_k$，其中 e_k 是第 k 个分量为 1 的单位向量，δu 趋近于 0。同时乘以 v^T，忽略二阶项 $v^T \Delta \mathbf{A} \delta u$ 和 $\Delta \lambda v^T \delta u$，我们可以得到 $\Delta \lambda = \dfrac{(v^T \Delta \mathbf{A} u - u_k v^T \Delta \mathbf{A} e_k)}{(v^T u - v_k u_k)}$。使用 $\Delta \mathbf{A}$ 的表达式，我们进一步得到 $v^T \Delta \mathbf{A} u = -2 \Delta u_k v^k$ 和 $u_k v^T \Delta \mathbf{A} e_k = \lambda u_k v_k$。当网络足够大时 $(V \gg 1)$，$u_k v_k < v^T u$。因此，我们得到：

$$\widehat{DI}_k = -\frac{v_k u_k}{\lambda v^T u} \tag{2.51}$$

2.3.4.4　基于特征向量的网络中心性

本节我们介绍基于特征向量的网络中心性的相关概念。在定义中，当某一节点具有较大的特征向量中心性指数时，它的邻域节点更重要，为关键节点[41]。

定义 2.59　Bonacich 特征向量中心性算法：1972 年，Phillip Bonacich[9] 提出了一种利用邻接矩阵特征向量计算网络中心性的方法。Bonacich 分别介绍了三种不同的方法来计算网络中心性，这三种方法得到的关键节点是相同的。这三种方法之间的区别是常量不同。首先我们假设图 $\mathscr{G}$ 无向、连通、无环边且无权重。对于无向无环边图 $\mathscr{G}$，邻接矩阵 $\mathbf{A}$ 对称且所有对角线元素均为零。这三种方法分别是：

- 因子分析法
- 无穷序列的收敛性法
- 线性方程组法

这里我们仅对第三种方法进行探讨。这种方法利用线性方程组的特征向量进行求解。我们定义网络中某节点的中心性指数是其相邻节点中心性指数的加权和，其中权重值由网络拓扑给出，那么我们可以得到如下方程组：

$$s_i = \sum_{j \in \mathscr{V}} \mathbf{A}_{ij} s_j \tag{2.52}$$

其中 s_i 称为 Bonacich 指标，即节点 i 的网络中心性指标值。其矩阵形式为：

$$s = \mathbf{A} s \tag{2.53}$$

当 $\det(\mathbf{A} - \mathbf{I}) = 0$ 时（$\mathbf{I}$ 为单位矩阵），式（2.53）有唯一解。我们也可以转换为求解邻接矩阵 $\mathbf{A}$ 的特征值的方式求解 s，即 $\lambda s = \mathbf{A} s$。

　⊖　移除节点 k 后网络的左特征向量和右特征向量不包含 k 阶项。

定义 2.60　Katz 指数：Katz 指数首次出现在社交网络的应用中，该指数用来确定个体在网络中的重要性或状态[38]。考虑网络中个体的数量，大于 0 的阻尼因子 α 对网络的影响是：节点之间的路径长度越长，末端节点的 Katz 指数值越小。在无权重无环边有向图 $\mathscr{G} = \langle \mathscr{V}, \mathscr{E} \rangle$ 中，邻接矩阵为 $\mathbf{A}$，$(\mathbf{A}^k)_{ji}$ 为节点 j 到节点 i 的路径，路径长度为 k，节点 i 的路径 Katz 指数为：

$$C_k(i) = \sum_{k=1}^{\infty} \sum_{j \in \mathscr{V}} \alpha^k (\mathbf{A}^k)_{ji} \tag{2.54}$$

在矩阵中，我们有：

$$C_K = \sum_{k=1}^{\infty} \alpha^k (\mathbf{A}^T)^k \mathbf{1}_V \tag{2.55}$$

其中 $\mathbf{1}_v$ 是所有元素都是 1 的 V 维向量。设 $\alpha \mid \lambda_0 \mid < 1$，$\lambda_0$ 为矩阵 $\mathbf{A}$ 的最大特征值，则无穷级数收敛。那么我们可以得到 Katz 指数的闭式表达式：

$$C_K = \sum_{k=1}^{\infty} \alpha^k (\mathbf{A}^T)^k \mathbf{1}_V = (\mathbf{I} - \alpha \mathbf{A}^T)^{-1} \mathbf{1}_V \tag{2.56}$$

或

$$(\mathbf{I} - \alpha \mathbf{A}^T) C_K = \mathbf{1}_V \tag{2.57}$$

这是一个非齐次线性方程组，强调网络的反馈性能：Katz 指数 $C_K(i)$ 取决于网络中节点 i 邻域内节点的中心性指标值 $C_K(i), j \neq i$。

定义 2.61　PageRank 算法：PageRank（PR）是谷歌用于网页排名的著名算法。该算法可以模拟用户浏览网页的行为。大多数情况下，用户都是通过当前浏览页面访问下一页面，即通过单击所在页面的超链接进行进一步浏览。其他的方式包括通过在浏览器上键入 URL 或点击书签跳转到另一个页面等。在网络中，这一过程可以通过结合简单、偶尔的随机游走跳转到随机选择的节点来进行模拟。这可以用一组简单的隐式关系来表示[64]：

$$p(i) = \frac{q}{V} + (1-q) \sum_{j \in \mathscr{V} : j \to i} \frac{p(j)}{k_j^{(\text{out})}} \tag{2.58}$$

上式中，V 为网络中节点的数量，$p(i)$ 为节点 i 的 PR 值，$k_j^{(\text{out})}$ 为节点 j 的出度值，求和项针对于与节点 i 直接相连的节点进行。阻尼因子 $q \in [0,1]$，主要用于确定随机游走和随机跳跃的概率。

对于任意 $q > 0$，随机游走和跳跃过程在到达某个节点时就实现稳定，就像人以一个有限（不管有多小）的概率从密室中逃脱。当 $q = 0$ 时，随机游走和跳跃过程可能不是静止的，PR 值可能是不确定的。当 $q = 1$ 时，随机游走和跳跃支配整个过程，所有节点具有相同的 PR 值 $1/V$。

PR 值与节点的入度值紧密相关。当节点的入度值较大，有很多节点与其相连并指向该节点时，该节点具有较大的 PR 值，同时，邻域内的节点具有较大 PR 值也与该节点 PR 值的大小呈正相关。因此，如果两个节点具有相同的入度值，两个节点中邻域节点 PR 值更大的节点将更为"重要"。

定义 2.62 特征向量中心性算法：特征向量中心性算法与 PageRank 算法基本假设相同，即节点的重要性取决于它的邻域节点的重要性[64]。特征向量中心性算法求解中心性指标比 PageRank 算法更直接：节点 i 的邻域节点的中心性指标值的代数和即为节点 i 的中心性指标 x_i。数学表达式为：

$$\lambda x_i = \sum_{j \in \mathcal{V}: j \to i} x_i = \sum_{j \in \mathcal{V}} \mathbf{A}_{ji} x_j = (\mathbf{A}^T x)_i \tag{2.59}$$

从上式可以看到，节点 i 的中心性指标 x_i 与特征值 λ 的积与邻接矩阵 $\mathbf{A}$ 的转置相等。我们发现所有分量为零的特征向量是式（2.59）的解。从式（2.59）中我们还可以发现单个节点的中心性指标为 0。一般来说，指向中心性指标为 0 的节点自身的中心性指标也为 0，这种效应会传播到其他节点，因此在许多情况下，这种算法无法给出大部分节点的中心性指标值。为了避免这种情况的产生，有必要进行如下修改：假设每个节点的初始中心性指标值为 $\mathscr{E}$。那么式（2.59）将变成：

$$x_i = \alpha (\mathbf{A}^T x)_i + \epsilon \tag{2.60}$$

参数 ϵ 的作用与 PageRank 算法中的阻尼因子 q 的作用相似。参数 α 度量与节点 i 相关的其他节点的相对重要性。

2.3.5 复杂网络度量方法的分类

正如我们所看到的，学者们根据复杂网络结构的不同方面提出了许多的网络度量方法。我们所介绍的仅是其中的很小一部分。还有很多新的网络度量方法被引入到我们日常问题的解决中。其中一些新方法可能与原有算法相关，也可能需要其他信息来支撑。在前面的小节中，我们根据网络度量方法的功能性角色对其进行了分类介绍。本节我们利用元信息方法对其重新进行分类。我们根据它们在计算中使用信息的类型对其进行分类。我们定义了三类网络度量方法，具体如下：

- **严格局部计算法**：这类方法仅仅根据节点自身的信息来进行计算。
- **混合计算法**：这类方法除了根据节点信息外，还利用其直接和间接邻域内节点的拓扑信息进行计算。这些信息可以是最简单的局部拓扑，如邻域中的三角形数，也可以是网络的全局信息，如最远的两个节点之间的最短路径。
- **全局计算法**：这类方法根据整个网络结构进行计算。

图 2-21 描绘了这三类网络度量方法的相互关系。严格的局部计算法和混合计算法都是依据节点信息进行计算，而全局计算法是依据网络的信息进行计算。表 2-1 列出了本章所介绍的网络度量方法的分类。

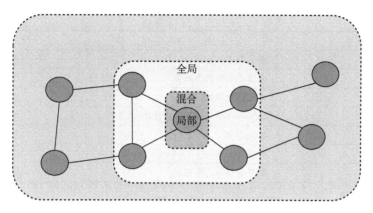

图 2-21　网络统计度量方法的分类示意图

表 2-1　网络度量方法分类

定义编号	名　称	分　类
2.10	度	严格局部
2.11	入度和出度	严格局部
2.12	平均度	全局
2.13	平均入度和平均出度	全局
2.14	强度	严格局部
2.15	入强度和出强度	严格局部
2.35	密度	全局
2.36	网络同配性	全局
2.37	局部同配性	混合
2.38	非归一化富人俱乐部系数	全局
2.39	归一化富人俱乐部系数	全局
2.40	直径	全局
2.41	节点偏心率	混合
2.42	半径	全局
2.43	维纳指数	全局
2.44	网络全局效率	全局
2.45	网络平均一致估计	全局
2.46	局部聚类系数	混合
2.47	网络聚类系数	全局
2.48	循环系数	混合
2.49	网络全局循环系数	全局
2.50	模块化系数	全局
2.51	拓扑重叠指数	混合
2.52	极小极大准则	混合
2.53	极小求和准则	混合
2.54	介数中心性	混合
2.55	连通度	混合

（续）

定 义 编 号	名 称	分 类
2.56	流介数中心性活力指数	混合
2.57	紧密中心性活力指数	混合
2.58	动态活力指数	混合
2.59	Bonacich 特征向量中心性算法	混合
2.60	Katz 指数	混合
2.61	PageRank 算法	混合
2.62	特征向量中心性算法	混合

2.4 复杂网络上的动力学过程

图论与复杂网络的根本区别在于后者不仅研究网络的静态结构，而且还关注网络的动力学特性。因此，本节将讨论网络的五种动态过程：随机游走、惰性随机游走、自避行走、游客漫步和流行病传播。除了这些，还有一些其他的动力学过程，如信息传播、规则网络和复杂网络上的渗流和振荡器（节点）同步。不过，后面这些并不是本书的研究重点。

2.4.1 随机游走

随机游走是一系列由连续随机步组成的轨迹的数学表示[63]。它常被用来描述很多自然现象，也被用于解决众多工程问题。例如，图形匹配和模式识别[33]、图像分割[34]、神经网络模型[37,47]、网络中心性度量[59]、网络划分[81]、通信网络构建与分析[78,80]。

给定一个网络 $\mathscr{G}=\langle\mathscr{V},\mathscr{E}\rangle$ 和一个起始节点 $v\in\mathscr{V}$，我们随机选择一个邻居节点，将其移动到该邻居；然后，再次随机选择这个新节点的邻居，移动它，以此类推。以这种方式选择的节点的随机序列就是网络上的随机游走。虽然有限长度 $t>0$ 的随机游走拥有相同的形式，但是在 $t-1$ 随机步后停止计算。如果网络是加权网络，我们可以以与边权重 A_{vu} 成正比的概率过渡到邻居 u。

本质上，网络上的随机游走算法和有限离散马尔可夫链理论基本是相同的，所以图上的每个离散马尔可夫链可以被认为是随机游走。离散马尔可夫链是随机过程，其未来状态在条件上独立于过去的状态，因此只要知道当前状态即可。在图论中，图的节点表示状态。在该背景下，考虑步行者在节点 v，马尔可夫链特性决定了其移动到邻居节点的概率独立于步行者过去的轨迹。

定义 2.63　离散时间马尔可夫链：离散时间马尔可夫链是一个随机过程 $\{X_t:t\in\mathbb{N}\}$，其中，假设随机变量 X 在任何给定的时间 t 都取可数集合 $\mathscr{N}$ 中的值。转移到状态

$q \in \mathcal{N}$ 的概率为:

$$P[X_t = q \mid X_{t-1}, X_{t-2}, \cdots, X_0] = P[X_t = q \mid X_{t-1}] \tag{2.61}$$

即,下一个输出的概率只取决于该过程的最后一个值。所以,与过去的轨迹是不相关的。

备注 2.32 在图论中,可数集合由节点组成,即 $\mathcal{N} = \mathcal{V}$。

备注 2.33 在马尔可夫过程中,可数集合 $\mathcal{V}$ 中的任意可能值称为状态。

定义 2.64 转移概率: 从状态(节点)q 到 u 的转移概率用 $\mathbf{P}_{qu}(t)$ 表示,其中 $q, u \in \mathcal{V}$,这是 $\mathbf{P}_{qu}(t) = P[X_t = u \mid X_{t-1} = q]$ 的缩写。数学上,转移概率根据网络拓扑结构来定义,即:

$$\mathbf{P}_{qu} = \frac{\mathbf{A}_{qu}}{\sum_{i \in \mathcal{V}} \mathbf{A}_{qi}} \tag{2.62}$$

也就是说,q 到 u 的边权重越大,就越有可能在两点之间产生转移。

备注 2.34 式(2.62)可以改写为:

$$\mathbf{P}_{qu} = \frac{\mathbf{A}_{qu}}{K(q)} \tag{2.63}$$

其中,$K(q) = \sum_{i \in \mathcal{V}} \mathbf{A}_{qi}$。

- 网络为无向无权重网络,则 $K(q) = k_q$,其中 k_q 为节点 q 的度。
- 网络为有向无权重网络,则 $K(q) = k_q^{(\text{out})}$,其中 $k_q^{(\text{out})}$ 为节点 q 的出度。
- 网络为无向加权网络,则 $K(q) = s_q$,其中 s_q 为节点 q 的强度。
- 网络为有向加权网络,则 $K(q) = s_q^{(\text{out})}$,其中 $s_q^{(\text{out})}$ 为节点 q 的加权出度。

定义 2.65 转移矩阵: 在马尔可夫过程中,我们可以使用转移矩阵 $\mathbf{P}(t)$ 来映射所有可行的转移:

$$\mathbf{P}(t) = \begin{bmatrix} \mathbf{P}_{1,1}(t) & \mathbf{P}_{1,2}(t) \cdots & \mathbf{P}_{1,V}(t) \\ \mathbf{P}_{2,1}(t) & \mathbf{P}_{2,2}(t) \cdots & \mathbf{P}_{2,V}(t) \\ \vdots & \vdots & \vdots \\ \mathbf{P}_{V,1}(t) & \mathbf{P}_{V,2}(t) \cdots & \mathbf{P}_{V,V}(t) \end{bmatrix} \tag{2.64}$$

转移矩阵完全表征了马尔可夫过程,因为未来状态 $X(t+1)$ 仅由当前状态 $X(t)$ 确定,与过去的轨迹无关。

备注 2.35 如果 $\mathbf{P}(t)$ 对于所有 $t \in \mathbb{N}$ 都是不变的,那么马尔可夫过程被认为是时间齐次的。从图论的角度来看,这相当于图拓扑结构在游走中不会改变。为方便起见,如果马尔可夫过程(或随机游走)是时间齐次的,则我们可以去掉转移矩阵的时间索引。

定义 2.66 m 步转移矩阵: 对于一个时间齐次的马尔可夫过程,我们可以将 $m(m>0)$ 步转移矩阵定义为 $\mathbf{P}^m$。因此,$\mathbf{P}_{qu}^m$ 表示从状态或节点 q 经过 m 步转以后到达状态或节点 u 的概率。

备注 2.36 式（2.64）定义的原始转移矩阵是一个 1 步转移矩阵。

对于马尔可夫过程 $\omega \in \Omega$ 的每一步，以 $\mathrm{pt}(j)$ 表示随机游走 $X_0(\omega), X_1(\omega), X_2(\omega), \cdots$ 中访问 j 的次数，换句话说，$\mathrm{pt}(j)$ 为随机过程 X 在步 ω 时状态 j 被访问的总次数。如果 $\mathrm{pt}(j)$ 是有限的，则 X 最终永远不返回状态 j。在数学上，必存在一个整数 n 使得 $X_n(\omega) = j$ 且 $X_m(\omega) \neq j, \forall m > n$。相反，对于步 ω，如果 $\mathrm{pt}(j) = \infty$，则 X 保持访问 j 一次又一次。从实际的角度来看，j 的这两个状态是重要的[14]。接下来，根据这些观点我们把注意力转向正式的分类技术。

在随机游走过程中，采用传代时间函数来计算给定节点被访问的次数。下面将这个概念形式化。

定义 2.67 **传代时间**：传代时间是一个函数 $\mathrm{pt}: \mathcal{V} \to \mathbb{N}$，$\mathrm{pt}(q)$ 为马尔可夫过程访问状态 q 的次数。

$$\mathrm{pt}(q) = |\{t \in \mathbb{N} \mid X_t = q\}| = \sum_{t=0}^{\infty} \mathbb{1}_{[X_t(\omega) = q]} \tag{2.65}$$

其中，$\mathbb{1}_{[A]}$ 为指示函数，当逻辑表达式 A 为真时结果为 1，其他情况下为 0。本质上，每当随机过程 X 访问状态或节点 q 时，我们增加 $\mathrm{pt}(q)$ 的值。

接下来，我们给出马尔可夫过程 X 的势能矩阵。

定义 2.68 **势能矩阵**：势能矩阵 $\mathbf{R}$ 表示当我们从任何给定的其他节点开始，每个节点被访问的预期次数。数学上，可表示为：

$$\mathbf{R}_{ij} = \mathbb{E}[\mathrm{pt}(j) \mid X(0) = i] \tag{2.66}$$

这可以看作是从节点 i 开始的游走到达 j 的平均传代时间。

把式（2.65）代入式（2.66），利用单调收敛定理，得到：

$$\mathbf{R}_{ij} = \mathbb{E}\Big[\sum_{t=0}^{\infty} \mathbb{1}_{[X_n = j]} \mid X(0) = i\Big] = \sum_{n=0}^{\infty} \mathbb{E}[\mathbb{1}_{[X_n = j]} \mid X(0) = i]$$

$$= \sum_{n=0}^{\infty} P(X_n = j \mid X(0) = i) = \sum_{n=0}^{\infty} \mathbf{P}_{ij}^m \tag{2.67}$$

设 T 是状态或节点 j 首次被马尔可夫过程实现访问的时刻。

定义 2.69 **循环状态**：满足以下条件时，状态 j 具有周期性：

$$P(T < \infty \mid X(0) = j) = 1 \tag{2.68}$$

因此，循环状态的出现次数总是无限的，所以有：

$$\mathbf{R}_{jj} = \mathbb{E}[\mathrm{pt}(j) \mid X(0) = j] = \infty \tag{2.69}$$

定义 2.70 **过渡状态**：满足以下条件时，状态 j 具有短暂性：

$$P(T = +\infty \mid X(0) = j) > 0 \tag{2.70}$$

因此，过渡状态的出现次数总是有限的，所以有：

$$\mathbf{R}_{jj} = \mathbb{E}[\mathrm{pt}(j) \mid X(0) = j] < \infty \tag{2.71}$$

备注 2.37　这里仅存在两种状态：循环状态和过渡状态。此种情况下，如果 j 不是周期性的，那么它一定是短暂性的。

备注 2.38　设 j 为循环状态，如果满足以下条件，则可将其分类为空循环：

$$\mathbb{E}\big[T \mid X(0) = j\big] = \infty \tag{2.72}$$

否则，我们称之为非空循环。

备注 2.39　假设 j 为循环状态，对于以下条件，如果 $\delta \geqslant 2$ 是最大整数，则可将其看作周期性的：

$$P(T = n\delta, n \geqslant 1) = 1 \tag{2.73}$$

否则，我们将其称为非周期性的。

定义 2.71　**封闭状态集**：如果没有任何外部状态可以从其内部的任何状态得到，则这组状态被认为是封闭的。

定义 2.72　**吸收状态**：自身形成封闭集的状态被称为吸收状态。如果从 q 到它自身存在一个概率为 1 的转换，则状态 q 是吸收的。换句话说，一旦在随机游走过程中达到吸收状态，则游走者将永远处于这种状态。

定义 2.73　**不可约封闭集合**：如果没有真子集是封闭的，则称此集合是不可约的。

定义 2.74　**不可约马尔可夫链**：如果一个马尔可夫链的唯一闭集是所有状态的集合，那么称之为不可约马尔可夫链。因此，当且仅当所有的状态都可以相互到达时，马尔可夫链不可约。

马尔可夫链过程的状态集可以分为吸收状态集 $\mathcal{V}_A$ 及其补集，即过渡状态集 $\mathcal{V}_T = \mathcal{V} \setminus \mathcal{V}_A$。

备注 2.40　过渡状态的平均传代时间可以通过势能矩阵来获得，其中过渡状态 $\mathbf{R}^{[\text{transient}]}$ 为：

$$\mathbf{R}^{(\text{transient})} = (\mathbf{I} - \mathbf{P}_T)^{-1} \tag{2.74}$$

其中，$\mathbf{I}$ 为 $|\mathcal{V}_T| \times |\mathcal{V}_T|$ 单位矩阵，$\mathbf{P}_T$ 是受限于过渡状态的转移概率矩阵。$\mathbf{R}^{(\text{transient})}_{q'q}$ 表示的是从状态 q' 到状态 $q \in \mathcal{V}_T$ 的随机游走过程中的传代时间。则有：

$$\mathbb{E}\big[\text{pt}(q)\big] = \big[p'^{(\text{transient})}\,\mathbf{R}^{(\text{transient})}\big]_q \tag{2.75}$$

其中，$p'^{(\text{transient})}$ 为仅考虑过渡状态时初始概率向量的转置。

给定一个概率分布 $p(t)$，$\dim(p(t)) = 1 \times V$，其中第 v 项表示系统处于节点 $v \in \mathcal{V}$ 的概率，因而，$p_v(t)$ 的演变则为：

$$p_v(t+1) = \sum_{(u,v) \in \mathcal{E}} \mathbf{P}(t)_{uv}\, p_u(t) \tag{2.76}$$

类似地，概率分布 $p(t)$ 的演变为：

$$p(t+1) = p(t)\mathbf{P}(t) \tag{2.77}$$

直观地说，作为 t 的概率分布 $p(t)$ 函数可以被用于描述底层图的扩散过程。另外，一旦知道初始分布 $p(0)$ 和过渡矩阵 $\mathbf{P}(t)$，扩散过程将被准确表示。

定义 2.75　平稳分布：如果网络 $\mathscr{G}$ 是一个有限的、不可约的、齐次的和非周期的马尔可夫链，那么它具有唯一的可以从任意初始分布 $p(0)$ 导出的平稳分布 $\pi=[\pi_1,\cdots,\pi_V]$。在动态方程中，当以下条件成立时达到平稳：

$$\pi = \pi \mathbf{P} \tag{2.78}$$

平稳分布的每一项都呈现以下形式：

$$\pi_i = \frac{1}{\mathbb{E}[T \mid X(0)=i]} \tag{2.79}$$

其中，$\mathbb{E}[T \mid X(0)=i]$ 为从节点 i 开始再次回到节点 i 的预期时间。

对于无向网络，有：

$$\mathbb{E}[T \mid X(0)=i] = \frac{\sum_{j\in\mathscr{V}}k_j}{k_i} = = \frac{2E}{k_i} \tag{2.80}$$

其中，E 为网络中边的数目，k_i 为节点 i 的度。

把式（2.80）代入式（2.79），得：

$$\pi_i = \frac{k_i}{2E} \tag{2.81}$$

2.4.2　惰性随机游走

定义 2.75 中的平稳分布只适用于非周期网络。或许，如果网络具有周期性，那么通过引入惰性随机游走就可以很容易地解决周期性问题。在 t 时刻，游走者面临两个不同的选择：

- 它可以根据转移矩阵以 $1/2$ 的概率过渡到相邻节点。
- 它可以以 $1/2$ 的概率停留在当前节点。

备注 2.41　惰性随机游走算法可以被看作是网络中经典随机游走算法的改进版，我们仅向网络 $\mathscr{G}$ 中的每个节点 u 添加自身环边即可。

从形式上看，惰性随机游走的概率分布 $p(t)$ 的演化由下式给出：

$$p(t+1) = \frac{1}{2}p(t) + \frac{1}{2}p(t)\mathbf{P}(t)$$

$$= p(t)\frac{1}{2}[\mathbf{I}+\mathbf{P}(t)] = p(t)\mathbf{P}'(t) \tag{2.82}$$

其中，$\mathbf{P}'(t)$ 为惰性随机游走算法的转移矩阵。

$$\mathbf{P}'(t) = \frac{1}{2}[\mathbf{I}+\mathbf{P}(t)] \tag{2.83}$$

还需要注意的是，惰性随机游走的平稳分布与定义 2.75（经典随机游走）中的平稳分布是完全相同的。同样，$\mathbf{P}'(t)$ 也是一个有效的转移矩阵，就像原始的 $\mathbf{P}(t)$。另外，只要网络 $\mathscr{G}$ 是有限的、不可约的、齐次的和非周期的，唯一的平稳分布总是会存在。

2.4.3　自避行走

网络$\mathscr{G}$上的自避行走是这样一种路径，其上的节点仅被访问一次。自避行走最早在聚合物化学理论中被引入[27]，此后它们的关键特性也引起了数学家和物理学家的广泛关注[49]。

从广义的角度看，自避行走通常被考虑为无限栅格上的算法，所以每一次移动只允许在离散的方向上并且具有一定的步长。自避行走不是马尔可夫过程，因此我们需要利用过去的轨迹以计算出其可能出现的未来状态。文献［49］对于自避行走问题进行了详细讨论。

2.4.4　游客漫步

游客漫步可以被概念化为一个游客在P维地图中游览景点（数据项）的问题。在每个离散的时间步，游客遵循一个简单的确定性规则，即他游览最近的景点，但该景点在之前的μ步没有被游览过。换句话说，游客在数据集上完成部分自避行走确定性步骤，其中这个自避行走因素被限制在记忆步骤或窗口$\mu-1$上。这个变量可以被理解为这些记忆步骤中的排斥力，阻止了游客在此时间间隔内游览它们。因此，可以禁止轨迹在这个记忆窗口内相交。尽管这是一个简单的规则，但已经表明，这种运动具有复杂的行为[48]。需要注意的是，游客漫步不同于自避行走，前者是一个确定性过程，而后者是一个随机过程。

游客的行为在很大程度上取决于景点（数据集）的配置和起始景点。在计算方面，游客的行动完全通过邻域表来实现。该表是通过对与特定景点相关的所有数据项进行排序而构建的。该算法在数据集上的每个数据项进行计算。

每个游览路径都可以分为两个阶段：（1）长度t的初始瞬态部分；（2）周期为c的循环（吸引子）。图 2-22 给出了一个$\mu=1$的游客漫步示意图。可以看出，瞬态长度$t=3$，循环长度$c=6$。

考虑到吸引子或周期时间作为漫步路径在同一景点的开始和结束部分，我们可能会认为一旦游客到访一个特定的景点，

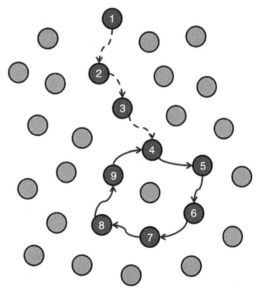

图 2-22　游客漫步示意图。$\mu=1$；深色和浅色分别表示访问和没有访问过的景点；虚线表示瞬态部分，实线表示吸引子

他的出现将配置一个吸引子。或许，这是一个较简单并可能失败的吸引子检测方法。事实上，在漫步过程中，一个景点可能会被重新访问而不需要配置吸引子。此外，游客的有限记忆允许重复一些步骤，而不需要配置吸引子。例如图 2-22 中，如果我们选择 $\mu=6$，那么游客在景点 4 上完成的重新访问将不再配置吸引子，因为景点 5 仍然被禁止再次访问。因此，游客将被迫访问另一个景点。这个特征使得数据集上的漫步轨迹变得复杂，增加了检测吸引子的难度。

在大多数与游客漫步相关的文献[40,48,71]中，游客可以访问记忆窗口以外的其他景点。随着 μ 增加，游客有可能在数据集上进行长距离跳跃，因为在时间范围 μ 内邻居有可能已经被完全访问。在分类任务上，可以通过采用网络表示的方法来避免这个问题。通过这种方式，游客仅被允许访问与其相连的节点或景点。基于这种改进方法，当 μ 值大时，游客很可能被困在节点上，而不能进一步访问其他邻居节点。此时，漫步仅仅只有一个瞬态部分，而循环周期为空（$c=0$）。

2.4.5 流行病传播

复杂网络上的流行病传播已经引起了众多研究者的关注。流行病传播属于网络的动力学过程，大家主要关心的是网络结构如何减弱或放大疾病传播。由于流行病传播过程可以看作是信息传播，因此对于机器学习来说非常有用。例如，疫情的扩展可能与半监督学习中的数据标签传播直接相关。虽然目前还没有相关文献出现，但是我们愿意与读者分享其研究热点，对这个方向感兴趣的读者可以进行更深层次的思考。基于上述目的，我们这里讨论两种复杂网络上的流行病传播模型。关于其详细综述，请参阅文献[23,62,83]。另外，对于一些复杂网络上信息传播的研究进展，见文献[18,50,76,77,79]。

目前，流行病模型应用最广泛的是 SIR 和 SIS 模型[3,4,36]，接下来进行简要介绍。

2.4.5.1 SIR 模型

SIR 模型中，每个人都有三种状态：易感染（不会感染其他人，但可能被感染），感染，恢复（不会再受影响）。在每一个时间步，假设一个易感染者以概率 α 被另外一个感染者感染，而感染者的恢复概率为 β。那么，SIR 模型的动力学过程可以描述为：

$$\frac{dx}{dt} = -\alpha y x \tag{2.84}$$

$$\frac{dy}{dt} = \alpha y x - \beta y \tag{2.85}$$

$$\frac{dz}{dt} = \beta y \tag{2.86}$$

其中，x, y, z 分别为全部群体中易感染者、感染者和免疫者所占的比例。在网络背景下，每个人都由节点表示，当任意两个个体存在某种接触关系时表示为边。因此，在这个网络中，易感染个体至少有一个邻居为感染个体时才可能被感染。

2.4.5.2 SIS 模型

对于一些疾病，如流感和肺结核，恢复的个体可以被再次感染，这种情况在 SIR 模型中不被考虑。出于这种原因，SIS 模型被引入。它们唯一的区别是，在 SIS 模型中，感染者在恢复之后可能会再次回到易感染状态。SIS 模型的动力学过程定义为：

$$\frac{dx}{dt} = -\alpha yx + \beta y \tag{2.87}$$

$$\frac{dy}{dt} = \alpha yx - \beta y \tag{2.88}$$

2.4.5.3 复杂网络中的流行病传播

在文献 [43] 中，作者在 Watts 和 Strogatz 的小世界网络（见 2.2.2 节）上研究了 SIS 模型。他们发现，即使重连概率 p 非常小（例如，$p=0.01$），该疾病也可以以非常小的传染概率永久存在，并且在人口比例上保持平稳。相反，当 p 变得足够大时（例如，$p=0.9$），感染者数量的周期性振荡开始出现。

对于随机网络中的 SIS 模型，假设 λ 表示传播速度。在文献 [6，7] 中，作者发现了传播阈值 λ_c。如果 λ 的值高于阈值，即 $\lambda > \lambda_c$，疾病开始传播并持续存在；如果 λ 的值低于阈值，感染消失。这样的结果意味着只有感染足够多的个体时，疾病才能保持长期存在。然而，在实际情况下，很多疾病长期存在，但只有一小部分人受到感染，如计算机病毒和麻疹等。在文献 [6，7] 中，作者发现了一般网络中 SIS 模型的动力学阈值：

$$\lambda_c = \frac{\langle k \rangle}{\langle k^2 \rangle} \tag{2.89}$$

其中，$\langle . \rangle$ 表示所有网络节点的平均算子，k 表示节点度，$\langle k \rangle = \bar{k}$ 为网络连通度。在无标度网络中，当网络规模无穷大时，则有 $\lambda_c = 0$。无标度网络中缺少传播阈值的现象为经验数据提供了很好的解释[6,7]。

2.5　本章小结

在本章中，我们首先讨论了图的基本概念以及复杂网络研究领域常见的一些网络拓扑结构。之后，我们研究了有关网络度量的一些概念，它们能够系统地提取数据关系中的结构信息。最后，我们讨论了经典的动力学过程，如随机游走、自避行走、游客漫步以及复杂网络上的流行病传播等。

参考文献

1. Ahn, Y.Y., Bagrow, J.P., Lehmann, S.: Link communities reveal multiscale complexity in networks. Nature **466**, 761–764 (2010)
2. Albert, R., Jeong, H., Barabási, A.L.: Diameter of the world wide web. Nature **401**, 130–131 (1999)
3. Anderson, R.M., May, R.M.: Infectious Diseases of Humans: Dynamics and Control. Oxford University Press, Oxford, NY (1992)
4. Bailey, N.: The Mathematical Theory of Infectious Diseases and Its Applications. Griffin, London (1975)
5. Barabási, A.L., Albert, R.: Emergence of scaling in random networks. Science - New York **286**(5439), 509–512 (1999)
6. Boguñá, M., Pastor-Satorras, R.: Epidemic spreading in correlated complex networks. Phys. Rev. E **66**, 047104 (2002)
7. Boguñá, M., Pastor-Satorras, R., Vespignani, A.: Absence of epidemic threshold in scale-free networks with connectivity correlations. Phys. Rev. Lett. **90**, 028701 (2003)
8. Bollobas, B.: Modern Graph Theory. Springer, Berlin (1998)
9. Bonacich, P.: Factoring and weighting approaches to status scores and clique identification. J. Math. Sociol. **2**(1), 113–120 (1972)
10. Borgatti, S.P., Everett, M.G.: Models of core/periphery structures. Soc. Netw. **21**(4), 375–395 (2000)
11. Callaway, D.S., Newman, M.E.J., Strogatz, S.H., Watts, D.J.: Network robustness and fragility: Percolation on random graphs. Phys. Rev. Lett. **85**, 5468–5471 (2000)
12. Chase-Dunn, C.K.: Global Formation: Structures of the World-Economy. Blackwell, Oxford (1989)
13. Chung, F.R.K.: Spectral Graph Theory. CBMS Regional Conference Series in Mathematics, vol. 92. American Mathematical Society, Philadelphia (1997)
14. Çinlar, E.: Introduction to Stochastic Processes. Prentice-Hall, Englewood Cliffs, NJ (1975)
15. Clauset, A., Newman, M.E.J., Moore, C.: Finding community structure in very large networks. Phys. Rev. E **70**(6), 066111+ (2004)
16. Cohen, R., Erez, K., ben Avraham, D., Havlin, S.: Resilience of the internet to random breakdowns. Phys. Rev. Lett. **85**, 4626–4628 (2000)
17. Cohen, R., Erez, K., ben Avraham, D., Havlin, S.: Breakdown of the internet under intentional attack. Phys. Rev. Lett. **86**, 3682–3685 (2001)
18. Cohen, R., Havlin, S., ben Avraham, D.: Efficient immunization strategies for computer networks and populations. Phys. Rev. Lett. **91**, 247901 (2003)
19. Colizza, V., Flammini, A., Serrano, M.A., Vespignani, A.: Detecting rich-club ordering in complex networks. Nat. Phys. **2**(2), 110–115 (2006)
20. Costa, L.F., Rodrigues, F.A., Travieso, G., Villas Boas, P.R.: Characterization of complex networks: a survey of measurements. Adv. Phys. **56**(1), 167–242 (2007)
21. Diestel, R.: Graph Theory. Graduate Texts in Mathematics. Springer, Berlin (2006)
22. Doreian, P.: Structural equivalence in a psychology journal network. J. Am. Soc. Inf. Sci. **36**(6), 411–417 (1985)
23. Draief, M., Massouli, L.: Epidemics and Rumours in Complex Networks. Cambridge University Press, New York, NY (2010)
24. Erdös, P., Rényi, A.: On random graphs I. Publ. Math. (Debrecen) **6**, 290–297 (1959)
25. Estrada, E., Hatano, N.: Communicability in complex networks. Phys. Rev. E **77**, 036111 (2008)
26. Everett, M., Borgatti, S.: Regular equivalence: general theory. J. Math. Sociol. **18**(1), 29–52 (1994)
27. Flory, P.: Principles of Polymer Chemistry. Cornell University Press, Ithaca (1953)
28. Fortunato, S.: Community detection in graphs. Phys. Rep. **486**, 75–174 (2010)
29. Freeman, L.C.: A set of measures of centrality based upon betweenness. Sociometry **40**, 35–41 (1977)
30. Freeman, L.C. (ed.): The Development of Social Network Analysis. Adaptive Computation and Machine Learning. Empirical Press, Vancouver (2004)

31. Girvan, M., Newman, M.E.J.: Community structure in social and biological networks. Proc. Natl. Acad. Sci. USA **99**(12), 7821–7826 (2002)
32. Godsil, C.D., Royle, G.: Algebraic Graph Theory. Graduate Texts in Mathematics. Springer, Berlin (2001)
33. Gori, M., Maggini, M., Sarti, L.: Exact and approximate graph matching using random walks. IEEE Trans. Pattern Anal. Mach. Intell. **27**(7), 167–256 (2005)
34. Grady, L.: Random walks for image segmentation. IEEE Trans. Pattern Anal. Mach. Intell. **28**(11), 1768–1783 (2006)
35. Gross, J., Yellen, J.: Graph Theory and Its Applications. CRC Press Inc., Boca Raton, FL (1999)
36. Hethcote, H.W.: The mathematics of infectious diseases. SIAM Rev. **42**(4), 599–653 (2000)
37. Jiang, D., Wang, J.: On-line learning of dynamical systems in the presence of model mismatch and disturbances. IEEE Trans. Neural Netw. **11**(6), 1272–1283 (2000)
38. Katz, L.: A new status index derived from sociometric analysis. Psychometrika **18**(1), 39–43 (1953)
39. Kim, H.J., Kim, J.M.: Cyclic topology in complex networks. Phys. Rev. E **72**(3), 036109+ (2005)
40. Kinouchi, O., Martinez, A.S., Lima, G.F., Lourenço, G.M., Risau-Gusman, S.: Deterministic walks in random networks: an application to thesaurus graphs. Physica A **315**, 665–676 (2002)
41. Koschützki, D., Lehmann, K.A., Peeters, L., Richter, S., Tenfelde-Podehl, D., Zlotowski, O.: Centrality indices. In: Brandes, U., Erlebach, T. (eds.) Network Analysis: Methodological Foundations. Lecture Notes in Computer Science, vol. 3418, pp. 16–61. Springer, Berlin (2005)
42. Krugman, P.: The Self-Organizing Economy. Oxford University Press, Oxford (1996)
43. Kuperman, M., Abramson, G.: Small world effect in an epidemiological model. Phys. Rev. Lett. **86**(13), 2909–2912 (2001)
44. Latapy, M., Magnien, C., Vecchio, N.D.: Basic notions for the analysis of large two-mode networks. Soc.Netw. **30**(1), 31–48 (2008)
45. Laumann, E.O., Pappi, F.U.: Networks of Collective Action: A Perspective on Community Influence Systems. Academic Press, New York, NY (1976)
46. Leskovec, J., Lang, K.J., Dasgupta, A., Mahoney, M.W.: Community structure in large networks: natural cluster sizes and the absence of large well-defined clusters. Internet Math. **6**(1), 29–123 (2009)
47. Liang, J., Wang, Z., Liu, X.: State estimation for coupled uncertain stochastic networks with missing measurements and time-varying delays: the discrete-time case. IEEE Trans. Neural Netw. **20**(5), 781–793 (2009)
48. Lima, G.F., Martinez, A.S., Kinouchi, O.: Deterministic walks in random media. Phys. Rev. Lett. **87**, 010603 (2001)
49. Madras, N., Slade, G.: The Self-Avoiding Walk. Birkhäuser, Boston (1996)
50. May, R.M., Lloyd, A.L.: Infection dynamics on scale-free networks. Phys. Rev. E **64**, 066112 (2001)
51. McAuley, J.J., Costa, Caetano, T.S.: Rich-club phenomenon across complex network hierarchies. Appl. Phys. Lett. **91**, 084103 (2007)
52. Meyn, S.P., Tweedie, R.L.: Markov Chains and Stochastic Stability. Cambridge University Press, Cambridge (2009)
53. Newman, M.E.J.: Assortative mixing in networks. Phys. Rev. Lett. **89**(20), 208701 (2002)
54. Newman, M.E.J.: Mixing patterns in networks. Phys. Rev. E **67**(2), 026126 (2003)
55. Newman, M.E.J.: The structure and function of complex networks. SIAM Rev. **45**(2), 167–256 (2003)
56. Newman, M.E.J.: Analysis of weighted networks. Phys. Rev. E **70**, 056131 (2004)
57. Newman, M.E.J.: Modularity and community structure in networks. Proc. Natl. Acad. Sci. **103**(23), 8577–8582 (2006)
58. Newman, M.E.J.: Networks: An Introduction. Oxford University Press, Oxford (2010)
59. Noh, J.D., Rieger, H.: Random walks on complex networks. Phys. Rev. Lett. **92**, 118701 (2004)
60. Opsahl, T., Panzarasa, P.: Clustering in weighted networks. Soc. Netw. **31**(2), 155–163 (2009)
61. Opsahl, T., Colizza, V., Panzarasa, P., Ramasco, J.J.: Prominence and control: The weighted rich-club effect. Phys. Rev. Lett. **101**, 168702 (2008)
62. Pastor-Satorras, R., Castellano, C., Mieghem, P.V., Vespignani, A.: Epidemic processes in complex networks. Rev. Mod. Phys. **87**, 925 (2015)
63. Pearson, K.: The problem of the random walk. Nature **72**(1867), 294 (1905)

64. Perra, N., Fortunato, S.: Spectral centrality measures in complex networks. Phys. Rev. E **78**, 036107 (2008)

65. Piraveenan, M., Prokopenko, M., Zomaya, A.Y.: Local assortativeness in scale-free networks. Europhys. Lett. **84**(2), 28002 (2008)

66. Piraveenan, M., Prokopenko, M., Zomaya, A.: Local assortativity and growth of Internet. Eur. Phys. J. B **70**, 275–285 (2009)

67. Restrepo, J.G., Ott, E., Hunt, B.R.: Characterizing the dynamical importance of network nodes and links. Phys. Rev. Lett. **97**, 094102 (2006)

68. Rombach, M.P., Porter, M.A., Fowler, J.H., Mucha, P.J.: Core-periphery structure in networks. SIAM J. Appl. Math. **74**(1), 167–190 (2014)

69. Silva, T.C., Zhao, L.: Uncovering overlapping cluster structures via stochastic competitive learning. Inf. Sci. **247**, 40–61 (2013)

70. Smith, D.A., White, D.R.: Structure and dynamics of the global economy: network analysis of international trade. Soc. Forces **70**(4), 857–893 (1992)

71. Stanley, H.E., Buldyrev, S.V.: Statistical physics – the salesman and the tourist. Nature **413**, 373–374 (2001)

72. Wasserman, S., Faust, K.: Social Network Analysis: Methods and Applications, vol. 8. Cambridge University Press, Cambridge (1994)

73. Watts, D.J.: Small Worlds: The Dynamics of Networks Between Order and Randomness. Princeton Studies in Complexity. Princeton University Press, Princeton (2003)

74. Watts, D.J., Strogatz, S.H.: Collective dynamics of 'small-world' networks. Nature **393**(6684), 440–442 (1998)

75. Yang, J., Leskovec, J.: Overlapping communities explain core-periphery organization of networks. Proc. IEEE **102**(12), 1892–1902 (2014)

76. Yang, H.X., Wang, W.X., Lai, Y.C., Xie, Y.B., Wang, B.H.: Control of epidemic spreading on complex networks by local traffic dynamics. Phys. Rev. E **84**, 045101+ (2011)

77. Yang, H.X., Tang, M., Lai, Y.C.: Traffic-driven epidemic spreading in correlated networks. Phys. Rev. E **91**, 062817 (2015)

78. Zeng, Y., Cao, J., Zhang, S., Guo, S., Xie, L.: Random-walk based approach to detect clone attacks in wireless sensor networks. IEEE J. Sel. Areas Commun. **28**(5), 677–691 (2010)

79. Zhang, H.F., Xie, J.R., Tang, M., Lai, Y.C.: Suppression of epidemic spreading in complex networks by local information based behavioral responses. Chaos **24**(4), 043106 (2014)

80. Zhong, M., Shen, K., Seiferas, J.: The convergence-guaranteed random walk and its applications in peer-to-peer networks. IEEE Trans. Comput. **57**(5), 619–633 (2008)

81. Zhou, H.: Distance, dissimilarity index, and network community structure. Phys. Rev. E **67**(6), 061901 (2003)

82. Zhou, S., Mondragon, R.J.: The rich-club phenomenon in the Internet topology. IEEE Commun. Lett. **8**(3), 180–182 (2004)

83. Zhou, T., Fu, Z.Q., Wang, B.H.: Epidemic dynamics on complex networks. Progress Nat. Sci. **16**(5), 452–457 (2006)

机 器 学 习

摘要 机器学习是研究利用计算机模拟和实现人类学习行为的领域。机器学习技术是通用的，它可以在各种情况下应用。要利用这类算法，首先需要将所研究的问题转化为机器可学习的范畴，通常是一组特征、一个理想的输出或分组准则等。在这一章中，我们将介绍三种机器学习方法：监督学习、无监督学习和半监督学习。这三种类别也是在相关研究中最常采用的。其中，监督学习算法利用已标记的样本数据进行学习和模型训练。与监督学习对应的是无监督学习，其输入样本没有标签也没有确定的结果，由机器自己学习并发现样本的内在结构。半监督学习介于二者之间，同时利用有标签的样本和没有标签的样本来得到合适的函数或模型。本章主要讨论机器学习传统方法及其代表性算法的优缺点和适用条件。本章不探讨传统机器学习技术的细节，这不是本书关注的重点。

3.1 引言

机器学习的目标是开发一种能够通过积累的经验"学习"的计算方法[9,19,36,43-45]。机器学习的传统方法有两种：第一种叫无监督学习，其主要任务是学习和发现样本的内在联系。这种方法的学习过程完全由所提供的样本决定，因为样本没有标签，所以也没有确定结果[38,44,46]。本质上，无监督学习的典型问题是分析样本分布的概率密度函数[10]。无监督学习的主要任务可以归纳为：聚类[23,33,48,49]、异常检测[40,41]、降维[39]和关联分析[53]。聚类是按照个体或样品的特征将它们分类，使同一类别内的个体具有尽可能高的同质性，而类别之间则具有尽可能高的异质性。为了达到这个目的，通常假设一个相似函数来判断样本之间的同质性或异质性[44]。异常检测的目标是找出原始样本分布中与其他样本项不同或有很大可能性不同的样本项[40]。降维是指采用某种映射方法，将原本属于高维空间中的样本点映射到低维空间中，从而简化样本之间的关系[39]。关联分析是寻找样本数据间的隐含关系[53]。

第二种机器学习的方法叫监督学习，它通过已标记的训练样本（即已知数据以及其对应的输出）进行训练，从而得到一个数学模型，再利用这个模型对未知样本数据的输出结果进行预测[1,26,31,36]。通常我们利用这种方法来预测无标签样本的类型标签。其中，对离散值进行预测称为分类，而对连续值进行预测称为回归[9]。

监督学习和无监督学习的主要区别是：监督学习利用外部信息进行训练，得到训练函数。例如在分类任务中，监督学习利用包含外部信息的样本数据得到分类函数，然后应用于未知样本（测试集）的分类。评估分类器分类正确率的指标称为泛化能力。与此不同的是，无监督学习没有任何训练样本，直接对样本进行建模寻找样本中的行为或趋势，尝试将某种属性相似的样本聚集在一起分成一组，而不同的样本被分隔成不同的组。注意，在这一学习过程中，没有任何外部信息被使用。

除了这两种方法之外，学者们提出了一种新的机器学习的方法，称为半监督学习。半监督学习是监督学习和无监督学习相结合的一种方法[10,64,65]。在一个典型的半监督学习中，少量的样本数据是被标记的，而大多数样本数据是未标记的。这非常符合当前的应用背景，因为成千上万的数据产生很快，只有少量数据可以被有效地处理和标记。半监督学习方法的提出是非常有意义的，因为在一般情况下，样本的标记需要消耗大量的金钱和时间，并且标记很容易出错。这种方法的基本思想就是利用少量已标记的样本建立数学模型，然后对其他未标记样本进行标记。因此，半监督学习同时使用未标记数据和已标记数据来进行模式识别工作。

图 3-1a 是无监督学习方法用于聚类分析的原理图。此时，样本数据没有任何标记信息，聚类主要利用样本的相似性或拓扑结构来进行。图 3-1b 是利用半监督学习方法进行分类的示意图。请注意，部分样本已经利用外部信息标记，而其中大部分样本是未标记的。学习过程就是利用少量已标记的样本对其他未标记样本进行标记和分类。图 3-1c 是监督学习进行分类的示意图。第一步，分类器利用已标记的样本数据进行训练形成模型。第二步也称为分类阶段，分类器利用第一步得到的模型预测无标签样本的类型标签。

值得一提的是，机器学习还有一个新的研究领域——深度学习，但本书不对其进行深入研究。深度学习是机器学习的一个分支，它是庞大的机器学习方法中的一种，其算法主要利用由多个非线性变换构建的高阶数学模型来表达样本数据间的联系。例如一个场景（或一幅图）的表示方式有多种：我们可以利用每个像素的强度值向量来表示，也可以用一组边和特定形状区域等更为抽象的方式来表示。深度学习的一个重要作用是利用高效的无监督或半监督算法进行特征学习和分层特征提取来替代人工作业。从面部识别或面部表情识别等实例中来看，深度学习的一些方法将使机器学习任务变得更为容易。

接下来，我们将分别对监督学习、无监督学习和半监督学习进行介绍。

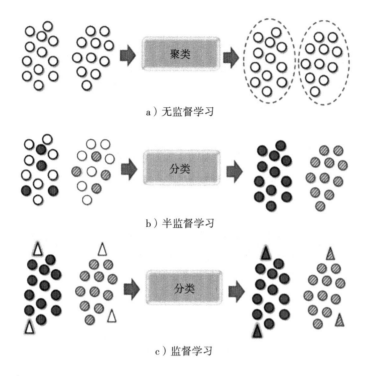

a）无监督学习

b）半监督学习

c）监督学习

图 3-1　三种机器学习方法示意图

3.2　监督学习

仅利用具有标记信息的样本数据进行训练和建模的算法称为监督学习。本节我们将对传统监督学习算法进行总结，同时给出监督学习的定义。在第 5 章中，我们将着重对基于网络的监督学习方法进行探讨。

3.2.1　数学表达式和基本假设

监督学习的数学定义如下[9,38,44,62]。假设 $\mathscr{X}_{\text{training}} = \{(x_1, y_1), \cdots, (x_L, y_L)\}$ 表示训练样本集合，集合中的第 i 个元素的第一个分量 $x_i = (x_i, \cdots, x_{ip})$，该分量是 P 维向量，它表示样本的属性。元素 i 的第二个分量 $y_i \in \mathscr{Y}$，表示该样本的标签。训练集中样本的数量 $L = |\mathscr{X}_{\text{training}}|$。训练的目的是利用训练集 $\mathscr{X}_{\text{training}}$ 得到一个 $x \mapsto y$ 的映射函数模型，该函数模型表达了训练数据分布及其相关标签的关系。为测试模型的泛化能力，构造的分类器对一组没有标签的测试集 $\mathscr{X}_{\text{test}} = \{x_{L+1}, \cdots, x_{L+U}\}$ 进行分类。其中，测试集中包含 U 项数据，每项数据都被称为测试样本。在无偏学习中，训练集和测试

集是不相交的，即 $\mathcal{X}_{\text{training}} \bigcap \mathcal{X}_{\text{test}} = \varnothing$。通常，$N = L + U$ 表示学习过程中的数据项的总数。

监督学习主要分为两个阶段，第一阶段是训练阶段，第二阶段是分类阶段[9,26,31,38]。在训练阶段，利用带有标签的训练样本集合 $\mathcal{X}_{\text{training}}$ 进行训练得到分类函数。在分类阶段，利用上一步得到的分类函数对未标记的测试集 $\mathcal{X}_{\text{test}}$ 进行标记分类。

在学习过程中，我们需要验证模型的有效性。如果关于数据属性没有另外的假设条件，那么这个问题将无法完全解决，因为"看不见的情况"可能导致输出结果难以预料。基于此，对目标函数的基本假设构成了分类器的归纳偏置。监督学习算法中常见的归纳偏置如下：

- **最大条件独立**：符合贝叶斯定理的基本条件，且目标函数是最大化条件独立。朴素贝叶斯模型采用的就是这种归纳偏置[45,47]。

- **最大边缘法**：当求解两个类的边界时，试图最大化边界的宽度，即数据项的距离。支持向量机就是采用的这种归纳偏置，其基本假设是：不同的数据类型往往被很宽的低密度边界分开。

- **最小描述长度**：当形成一个假设时，尝试尽量缩短假设的描述长度。假设的内容是：简单的假设更符合实际情况，更准确。由于复杂的假设很可能含有来自训练样本的噪声，从而导致模型对训练样本的过度拟合，使得模型的泛化能力将在一定程度上受到损害。采用这种类型归纳偏置最经典的算法是奥卡姆剃刀，其基本假设是：最简单的目标函数是最优的。

- **最小特征数**：除非有证据表明某个特征是有用的，否则它应该被删除。这是特征选择算法的基本假设。注意，如果不同特征之间存在相关性，那么只需要相应地增加模型的方差。如果明确指出了结果或目标变量之间存在交集，那么就只需要增加特性函数。

- **最近邻法**：基于平滑性或连续性原则，在大多数情况下，小邻域中的数据项往往非常相似。给定一个标签未知的测试样本集合，我们推断它的标签与邻域中大多数数据项相同。k-近邻算法就是采用的这种归纳偏置，其基本假设是相互靠近的数据项属于同一类。

在机器学习中，根据所选择算法的性质和归纳偏置，同一个样本数据集可以形成不同的模型或假说。由此引发的问题是分类器如何评价未知数据的分类执行效果。对此，我们提出误差估计技术。其基本思路是将训练样本分为两个子集，其中一个子集用于训练分类器，第二个子集用于验证分类器的性能，而不是利用整个样本来训练分类器。验证中模型处理的数据原本属于训练样本，其标签是已知的，因此我们可以通过比较模型的输出值和其实际的样本标签来评价模型的性能。k 倍交叉检验的方法是最常用的误差估计的方法[⊖]。当我们在不同的模型中进行选择时，我们选择交叉检验错误率最小的模型。尽管交叉检验的方法看起来是没有偏差的，但"没有免费的午餐定理"表明交叉验证一定是有偏差的。在交叉检验中，我们将数据集分成 k 个大小相等的不重叠的子集 $\mathscr{F}$。交叉检验的过程是从 k 个子集中任意选择一个子集作为测试数据集，剩下的 $k-1$ 个子集当作训练数据进行训练，实验重复次 k 次，保证 k 个子集的数据都分别做过测试数据，最后把得到的 k 个实验结果平均得到平均误差。k 倍交叉检验的一种特殊方法称为留一法交叉检验，该方法的 $k=L-1$，其中 L 为训练集样本数量，即把 $L-1$ 个样本作为训练集，剩下一个样本作为预测集。虽然评估模型的测试样本没有重叠，但是当 $k>2$ 时训练样本存在重叠。对于留一法交叉验证，训练样本的重叠率是最大的。这意味着所学的模型是相互关联的，即模型是不独立的，相关变量总体方差随协方差的增加而增加。因此，具有最小 k 值的留一法交叉验证，相对而言其方差最大。然而，当训练集只有原始样本的一半大小时，两个交叉检验没有训练集的重叠问题，但它通常也有很大的方差。折中的选择是采用十折交叉验证，此时模型误差趋于稳定，很多文献中也都采用这一方法。关于这一问题的详细研究，可参见文献 [3，7，31]。

对于训练集和测试集的特性，监督学习算法常用的基本假设有[9,44]：

- 一个有效的学习过程，测试集与训练集必须属于同一分布。这一假设清楚地表明，由于分类器是根据训练集的分布进行训练的，所以它只能有效判断来自相同数据分布的样本。但是在具体的操作中，常常会一定程度地违反本原则。显然，严重违反这条原则将导致模型准确率的大幅下降。
- 样本数据必须能够反映实际的数据分布情况。因为分类器的训练完全基于训练集，如果样本数据不能代表数据的真实分布，所得到的分类器模型将很可能误差较大，因为此时模型的训练是完全根据另一种分布进行的。

3.2.2 主要算法

监督学习的主要算法有以下几种：

- **决策树**：决策树由节点和分支组成，其目的是将一组样本分解成一组包含决策规则的树形结构。在初始阶段，每个节点根据样本的不同特征属性进行分割。起始节点通常称为根节点。其每个分支表示一个特征属性的测试，每个叶子节点存放一个类别。每个节点的主要任务是选择合适的特征属性并合理划分训练

⊖ k 倍交叉检验通常也将模型的选择考虑在误差计算中。主要过程如下：
- 模型训练阶段，利用一个内部循环过程对算法参数的取值进行网格搜索计算。例如，在 k-近邻算法中，对参数 k 的不同取值进行计算。
- 模型验证阶段，利用一个外部循环来评估模型的有效性，并选择在训练集余下的检测子集中误差率最小的模型。

样本的类别[55]。

- **规则归纳法**：学习假设中表达最容易和最容易被理解的表示是 IF-THEN 规则。其中，IF 语句由逻辑"与"和"或"组成，它描述样本的可能属性，THEN 语句包含了满足 IF 语句的样本的标签[54]。

- **人工神经网络**：神经网络是相互连接的神经元群，基于联结主义法，使用数学或计算模型进行信息处理。在大多数情况下，人工神经网络是一种自适应系统，它通过网络中的外部或内部信息来改变两个神经元之间的权重从而改变结构。神经网络是非线性统计数据建模或决策工具，因而具有更大的实用价值。它们可以用来模拟输入变量和输出变量之间的复杂关系，或者发现数据的结构模式。神经网络在样本数据较小时不太有效，通过不断的、重复的"学习"过程，它可以成为描述变量和目标之间关系的一种准确模型。开发神经网络的关键是选择一个合适的体系结构（如神经元的层数、阈值等）和改进学习算法（如反向传播等)[27]。

- **贝叶斯网络**：贝叶斯网络是一个基于不确定性条件的概率框架。从另一个角度来看，贝叶斯网络是一个有向无环图，其中节点是随机变量，边指定了不同随机变量之间必须保持的相互关系的假设。贝叶斯网络的基本条件是变量之间的条件独立性。当贝叶斯网络构建起来以后，便可以用来准确地进行概率推理。这种网络内的概率推理可以用精确的方法进行，也可以用近似的方法进行[37]。贝叶斯网络的一个特殊情况是：目标值相互独立。这种情况下的分类器被称为朴素贝叶斯算法[47]。

- **统计学习理论**：关于这类理论最著名的算法是基于结构风险最小化原则的支持向量机（SVM）。最初这种方法被用来对两个数据类别进行线性分类，它按照分离面到最近数据点间的最小距离进行。支持向量机寻找一个最优的分离面，分离面的边缘是最大的。这种方法的一个重要且独特的特性是：分离面的计算结果仅仅基于位于边缘的数据点。这些点称为支持向量。利用一组非线性基函数将问题转化为特征空间时，线性支持向量机可以扩展到非线性支持向量机。特征空间可以有很高的维度，数据点可以线性地被分开。支持向量机的一个重要优点是，它不需要实现这种转换就可以确定也许是非常高维的特征空间中的分离面。支持向量只需通过对某个核函数的加权值计算从而对其进行评估和分类[59]。

- **基于案例的学习**：基于案例的学习是最近邻算法的理论基础。最简单或者最常见的最近邻算法——k-近邻算法（k-NN）将训练案例存储，并认为测试样本与其特征空间最接近案例或 k 个最接近案例中的绝大多数具有相同的类别，据此来进行测试样本的分类。这种学习方法的本质是利用相似函数计算测试样本与案例的距离[15]。

- 基于网络的方法：通过构造训练数据集的网络结构得到映射模型。到目前为止，基于网络的监督学习算法仍然很少[25]。在第 5 章中，我们对基于网络的具有代表性的监督学习技术进行探讨。

3.3　无监督学习

无监督学习方法完全由样本数据的内在结构来引导，样本不含有任何外部信息。本节我们将对无监督学习定义和传统算法进行综述。在第 6 章中，我们将着重对基于网络的无监督学习方法进行探讨。

3.3.1　数学表达式和基本假设

无监督学习方法的数学定义如下[2,9,21,30,44,45]。假设 $\mathscr{X}=\{x_1,\cdots,x_N\}$ 是一个样本数据集合，集合中有 N 个元素。其中，每个元素 x_i 是一个 p 维向量，每个分量表示一个特征或者标签，它定性或定量描述该样本数据。通常，我们假设样本数据是独立同分布的。在无监督学习的情况下，没有外部信息，即学习过程没有提供标签。因此，我们可以认为在这种学习方法中没有训练阶段。在这种情况下，学习得到的用于推断样本标签或趋势的算法，完全由数据分布本身所决定。例如，聚类或社团检测的目标是找到样本数据中具有相似类型的样本归属于同一集合。聚类是基于所有的样本数据，如存在集合 $\{\mathscr{X}_1,\cdots,\mathscr{X}_k\}$，此时 $\bigcup_{i=1}^{k}\mathscr{X}_i=\mathscr{X}$。

聚类分析是数据挖掘中的一个发现过程。它尽可能地将同质数据分成一个集簇，而不同集簇之间保持尽可能高的异质性。这些发现的集簇有助于解释潜在数据分布的特性，同时也可作为其他的数据挖掘和分析技术的基础。对于利用顾客的采购模式描述客户群体特征、分类 Web 文档、基于功能对基因和蛋白质分组、基于地震数据对易发生地震的空间位置分组等问题，聚类分析是十分有效的。

现有的大多数聚类算法通过静态模型拟合的方式进行聚类。虽然在某些情况下有效，但是如果静态模型参数的选择不恰当，这些算法可能会崩溃。或者，有时也会出现模型无法充分捕捉集簇特性的情况。当样本数据包含的形状、密度和尺寸较大时，大多数算法都会崩溃。图 3-2 是一些根据图形形状进行聚类的实例。

根据数据的基本假设的不同，聚类的结果也有所不同。其基本假设包括[9,21]：

- 分析样本数据潜在的产生过程：这类方法偏向于采用预先定义的方式查找集簇（类似于估计）。例如，著名的 k-均值算法寻找圆形集簇的方法[42]。这种归纳偏置对无监督学习的最终结果影响很大，因此其检测能力受到了限制。一方面，如果它们真的反映了数据属性，这些数据假设可以增强分类器的检测能力。另一方面，如果这些数据假设无效，它们会严重影响分类器的检测能力。

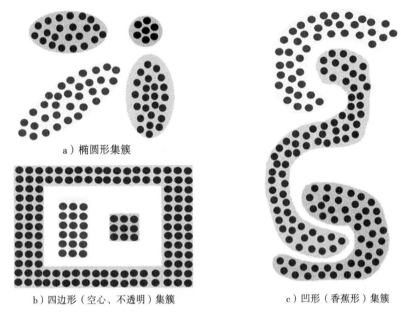

a）椭圆形集簇

b）四边形（空心、不透明）集簇   c）凹形（香蕉形）集簇

图 3-2   根据形状聚类

- 邻域的样本数据具有相同的数据特征：这类算法利用数据的局部信息进行推断。例如对于一组给定的样本数据，利用 k-近邻算法（k-NN 聚类，通过函数计算数据之间的距离，属于邻域内的样本数据则聚为一类[26,31]。

- 样本数据由不同的结构分层产生：这类层次聚类算法，主要包括分裂算法和凝聚算法。对于分裂算法，社团检测主要基于样本的最大连续性[50]，二分 k-均值算法[34] 就属于这一类算法。对于凝聚算法，典型的算法包括：最短距离法[30,44]、最长距离法[2,30] 以及模块化优化贪婪算法[13]。

- 样本数据在不同方向上聚类：这种类型的算法将原始数据转换到一个新的空间中，通常与原始数据空间具有不同的维数。典型的算法包括：主成分分析（PCA）[32]、独立成分分析（ICA）[32] 以及图谱论[11]。

3.3.2   主要算法

无监督学习最常见的任务是数据聚类。数据聚类旨在发现自然的集簇或社团，这些集簇可以是某一种形状、某一种类型的点或对象，所有集簇都具有一定程度的相似性[9,21,29,30,63]。每个集簇包含了所有相似样本数据的集合，不同的集簇之间相似度很小。在模式探索分析、分组、决策和机器学习等几种情况中，数据聚类至关重要。例如在数据挖掘、文献检索、图像分割、生物分析、模式分类[12,20,28-30]等任务中，大多数情况下我们仅仅掌握很少量的先验信息。因此，形成这样一套方法论，可以提高数据的自动理解、处理和总结的效率。如今，随着数据量和数据种类的指数增长，这一点变得尤为关键[29,63]。在这种情况下，决策者必须尽可能少地对数据进行假设。正是在这些实际的限制下，聚类过程十分适合于探索数据点之间的相互关系，以便对它们的结构进行评估（初步评估）[29,30]。数据聚类算法一般分为两种类型：层次聚类算法或分割聚类算法[8,20,29]。层次聚类算法使用先前建立的集簇发现连续集簇，而分割聚类算法则立即确定所有集簇。层次聚类算法包括凝聚算法（自下而上）和分裂算法（自上而下）。凝聚算法开始时以每个元素作为一个单独的集簇随后通过逐步合并得到大的连续集簇，直到满足某一条件终止。分裂算法从整个集簇开始，逐步将其分解成几个较小的连续集簇，直到满足某一条件终止。双向集簇、协同集簇、二集簇这些方法不仅对样本数据本身进行聚类，而且也对样本数据的特征向量进行聚类。如果样本数据以矩阵的形式表示，那么其行向量和列向量则同时进行聚类[9,21,63]。层次聚类算法又可以进一步划分为基于网络的算法和不基于网络的算法。

对于分割聚类算法的具体实现手段，学者们也进行了很多探索性研究[1,26,35,63]。其中，最著名、最早被研究的算法是 k-均值算法[42]。尽管这种方法有许多缺陷，如对系统初始条件有较强的依赖性、倾向于寻找圆形集簇等，但是直到现在，仍然有很多学者在对其进行算法改进和相关研究。一些基于 k-均值算法的改进算法被提出，如 k-中心点算法和模糊 c-均值算法等[2,21,30]。CLARANS 算法[51]聚类的策略与 k-均值算法相似，它也试图将数据集划分为 k 个集簇，利用给定的标准确定最佳的集簇分类方式，但它同样假设集簇是凸状或类似球形的边界。因此，CLARANS 算法对其他形状的数据集聚类准确率较低。

噪声中基于密度的聚类算法（DBScan）[56]是比较有代表性的空间数据聚类算法，它可以对任意形状的数据聚类。DBScan 定义集簇是一个最大的密度连接点，即集簇中的核心点在给定半径内必须至少包含一定数量的其他样本点。DBScan 假设集簇可以通过样本分布的紧密程度决定，属于同一类别的样本之间是紧密相连的。DBScan 可以对预先确定集簇密度且集簇密度均匀的任意形状的数据进行聚类[33]。

关于层次聚类算法最有代表性的算法是最短距离法和最长距离法[1,2]。其他传统算法还包括平均距离法和离差平方和法[44]。这些算法在评估集簇相似性的方式上有所不同。例如最短距离法，它通过两个集簇之间的最小距离来衡量两者的相似度。而最长距离法则通过两个集簇之间的最大距离来衡量相似性，而不是最小距离[21]。

抽样聚类（CURE）[24]从每一个集簇中抽取一定数量、分布较好的点作为描述该集簇的代表点，并将这些点乘以一个适当的收缩因子，使它们更靠近集簇的中心点。CURE 算法根据两个集簇间最接近点的相似性来判断两个集簇的相似性。与基于质心点或中心点的聚类方法不同，CURE 算法可以对任意形状、任意规模的样本数据进行聚类分析，因为它通过抽取集簇中具有代表性的点来表示一个集簇。CURE 算法提取的代表点一般会向中心点收缩，这可以有效避免噪点和离群点的影响。然而，这种方法不能很好地表达集簇的特殊特征。因此，当样本数据与假设模型不相符或者存在噪点时，该方法可能做出错误的聚类决策[33]。

一般来说，层次聚类算法比分割聚类算法需要更多的外部信息[30]。例如，虽然受到离群值的影响很大，但最短距离法能够很容易地找到相距可能很远的集簇、同心集簇和链状集簇等 k-均值算法不能实现的聚类。然而，层次聚类算法处理数据时间较长，对于样本容量较大的数据集，这种方法可操作性不强。

3.4 半监督学习

仅使用少量标记样本就能学习的算法引起了人工智能界的兴趣。半监督学习与前述两种方法的不同之处是该方法还有另外一个目的，那就是减少我们标记样本数据的工作量。特别是当数据标记成本高昂且耗费时间时，这个方法将十分有价值。其应用领域包括：视频索引、音频信号分类、自然语言处理、医学诊断、基因数据处理等[10,65]。本节我们将对半监督学习和传统算法进行总结。在第 7 章中，我们将着重对基于网络的半监督学习方法进行探讨。

3.4.1 研究目的

半监督学习是一种将无监督学习和监督学习的优点相结合的新方法。我们首先介绍一下该方法产生的原因。从实际工程应用的角度来看，很显然我们需要加强已标记数据的搜集工作，这显然也会花费更多的代价。但是半监督学习不仅仅只是专注于成为功利的工程应用工具。人和动物在自然界中的许多学习过程，实际发生在半监督学习的状态下。在我们生活的自然界中，生物本身也在不断揭露我们受到自然界不断的刺激而发生改变的过程。这些自然界的刺激包括许多很容易被注意到的未标记数据。比如，婴儿通过听到声音到学习说话的过程。期初，婴儿并不了解听到的那许多种声音，婴儿的反应仅是记住这些声音，这些声音便是被标记的数据。通过不断的刺激和学习，婴儿实现了从听到说这样一个过程[5,6]。

人类有无监督学习（聚类和分类信息）的能力，这表明未标记数据可以很好地用于自然界中信息的学习，构造分类器，进而对信息进行分类。在许多模式识别任务中，我们只了解少量的标记数据。因此，在自然界中，人类利用大样本数据中标签信息很少的数据进行学习，毫无疑问是存在的并且具有良好的效果，而其中未标记数据的信息处理和提取，对于提高泛化能力是十分有用的。因此，如果要理解自然界中的学习是如何进行的，就需要了解半监督学习[4,6]。

　　半监督学习研究的另一个目的与提高计算模型的性能有关。前面已经提到对于有限容量样本数据的分析，如果样本数据的分布太过复杂而无法仅仅使用标记的数据（L）来学习，我们可以利用未标记的数据（U，$U \gg L$）来完善模型的性能，那么半监督学习就能够很好地改善学习效果[58]。对于图 3-3 所示的样本，其中编号的圆圈表示的已标记数据，没有编号的圆圈代表未标记数据。当采用监督学习对其进行聚类时，边界将最有可能位于图中垂直虚线的位置⊖。而采用半监督学习方法进行聚类时，边界最有可能位于图中实线的附近，因为实线所在的位置是一个远离未标记数据和标记数据的低密度区域。在本例中，监督学习算法不能有效地对未标记的数据进行聚类。相比之下，通过在训练中使用未标记数据的帮助，半监督学习的方法会表现得更好。

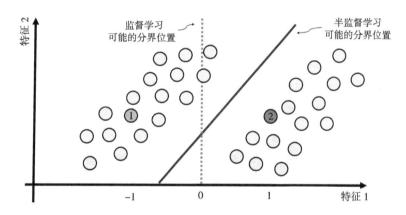

图 3-3　半监督学习比监督学习更强大的实例。样本数据包含两个特征属性，它们在图中的位置由其确定。带有编号的圆表示具有标记的样本，没有数字的圆表示未标记的样本。虚线表示监督学习最有可能得到的边界。实线表示半监督学习最有可能得到的边界

3.4.2　数学表达式和基本假设

　　半监督学习方法的数学定义如下[10,65]。假设 $\mathscr{X} = \{x_1, x_2, \cdots, x_{L+U}\}$ 是一个样本数据集合，它可以分成两个不相交的子集 $\mathscr{X}_L = \{x_1, x_2, \cdots, x_L\}$，$\mathscr{X}_U = \{x_{L+1}, x_{L+2}, \cdots, x_{L+U}\}$。$L$ 和 U 分别是标记样本子集和未标记样本子集中元素的个数，样本的容量 $N = L + U$。Y 是 $\mathscr{X}_L$ 的样本标签集合。假设标签集合是离散的，那么这种分类或回归

⊖　该例采用最大边缘法归纳偏置。其中，一个标记样本位于 −1，另一个标记样本位于 1，根据最大边缘法进行边界决策时，边界一定会穿过 0 所在的位置，如图 3-3 所示。

任务称为半监督学习。$\mathscr{X}_U$ 的样本标签初始阶段是未知的。一般情况下 $L \ll U$，即绝大多数样本数据项没有标签。正如之前我们强调的那样，这种情况经常存在，因为手工标记样本任务繁重，并且常常需要专家才能进行。半监督学习的目标是根据已标记样本数据的规律对未标记样本进行模式识别和标记。基于这个原理，半监督学习可以用于样本数据的分类以及聚类任务中。对于分类任务，对未标记样本数据进行标记的过程中使用了已标记的样本数据。对于聚类任务，已标记的样本数据对集群的形成起约束作。

值得一提的是，对于半监督学习，数据的一致性假设是前提。通常情况下，半监督学习中存在一个或多个基本假设，包括：

- 聚类假设：属于同一个高密度区域的数据点，即位于同一区域的点，是属于同一集群的合理候选点。

- 平滑假设：在属性空间中距离很近的数据点可能是属于同一个类的。这个假设使得分类边界在高密度区域比在低密度区域更为平滑。这个原则符合聚类假设，因此它们相互补充。

- 流形假设：这个假设的前提是高维空间的点可以通过非线性变换，将维度约减到一个低维空间中。这个假设通常用于样本数据空间的降维，因为样本空间的体积随着维度的增加呈指数增长，而此时为了构造具有同等精度的分类器，就需要指数倍数的样本数据。

这三类假设关注的重点不同，半监督学习对不同假设的选择表明了学习任务的侧重点。

半监督学习也包含直推学习和归纳学习。直推学习的目的仅仅是推断未标记样本数据 $\mathscr{X}_U$ 的标签，在未标记样本数据上取得最佳泛化能力。而归纳学习的目标是获得从数据到输出变量的映射。因此，直推学习是用来预测未标记样本数据 $\mathscr{X}_U$ 的标签，归纳学习不仅可以对未标记样本数据 $\mathscr{X}_U$ 的标签进行预测，而且也可以对其他未标记数据的标签进行预测。

3.4.3 主要算法

半监督学习的算法分为以下几类：

- 生成模型：由样本数据得到联合概率分布，然后利用条件概率分布作为预测的模型。这种算法中最著名的是最大期望算法。除此之外，文献[2,10,22,65]对这种类型的其他算法进行了归纳。

- 聚类和标记模型：根据已标记样本数据聚类的结果对其他数据进行标记。文献[16，17]中给出了一些具有代表性的方法。

- 低密度区域分离模型：分类边界尽可能在整个样本数据的低密度区域创建。这类算法中最著名的是直推式支持向量机算法。更多相关算法可以在参见文献[2,10,14,65]。

- 基于网络的模型：在网络模型中进行数据的聚类和标记。在第 7 章中，我们将详细探讨这种方法的技术细节。

3.5　基于网络的机器学习方法概述

下一章我们将对基于复杂网络的机器学习方法进行全面的综述，也包括基于复杂网络的三类机器学习方法的案例研究。

在进行基于网络的机器学习时，我们需要遵循一系列步骤来完成机器学习任务。图 3-4 所示为对向量数据进行基于网络的机器学习的步骤，具体如下。

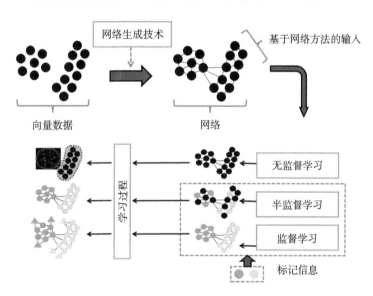

图 3-4　基于网络的机器学习步骤。首先，利用网络生成技术将数据转换成网络。该网络被用作机器学习的输入数据，然后根据需要得到相应的输出

1. 对向量数据集的收集和相应的预处理。预处理过程可能涉及对样本属性的转换（包括缩放、规范化、标准化、降维、组合、分解、聚合等）或删除、清洗（去除异常值，缺失数据属性填补等）、采样以及其他操作。我们所使用的机器学习工具影响预处理过程的类型。例如，如果我们有一个大的数据集和算法具有很高的时间复杂度，我们需要首先对该数据集执行一个采样过程，以便进一步对其进行学习。

2. 将向量数据转换为网络数据。主要利用网络生成技术进行操作。这是很关键的一步，生成的网络必须能够准确反映数据之间的关系。本书第 4 章将对此进行进一步探讨。

3. 利用向量数据所生成的网络数据进行机器学习。上一步生成的网络将作为机器学习的输入数据。基于网络的机器学习方法有三种类型，包括：

- 基于网络的无监督学习：学习过程中仅仅使用已生成的网络数据。第 6 章对相关研究中最先进的无监督学习算法进行了总结。第 9 章探讨了利用基于多个相互作用粒子网络的无监督学习方法进行聚类和社团检测的应用实例。

- 基于网络的监督学习：除了生成的网络数据，我们还提供所有数据的外部信息。第 5 章对有代表性的基于网络的监督学习算法进行了总结。此外，第 8 章探讨了利用基于高层分类框架网络的监督学习方法进行数据分类和手写数字识别的应用实例。

- 基于网络的半监督学习：除了生成的网络之外，我们还提供部分数据的外部信息。第 7 章对基于网络的半监督机器学习算法进行了总结。此外，第 10 章探讨了利用基于多个相互作用粒子的竞争和合作网络的半监督学习方法进行数据分类和特征缺失数据学习的应用实例。

3.6　本章小结

本章主要介绍了机器学习的三种方法：监督学习、无监督学习和半监督学习。机器学习是一个研究利用计算机模拟和实现人类学习行为的领域。

监督学习利用外部提供的数据标签或类信息来训练和改进模型。监督学习主要包含两个阶段：训练阶段和分类阶段。在训练阶段，使用样本数据（通常它们都是已标记数据）来训练分类器。在分类阶段，使用上一步形成的分类器对测试样本的标签进行预测。我们知道，完成模型训练之后，我们还需要验证模型的准确性。如果关于数据属性没有必要的假设，这个问题不能有效地解决，因为未知的情况可能会导致意想不到的输出结果。基于此，模型的归纳偏置被提出，它是对目标函数的基本假设。

无监督学习的样本数据不包含任何的外部信息，它完全根据样本数据的内在结构确定结果。无监督学习最常见的应用是数据聚类。根据数据之间某种程度的相似性，将它们划分成一个集簇，集簇可以是一种样式、某种点或某种对象。集簇内的数据具有一定的同质性，不同集簇之间具有一定的异质性。与监督学习相同，无监督学习也对样本数据的生成过程做出了许多不同的假设，每种假设都具有不同的优缺点和适用条件。

介于监督学习和无监督学习之间的是半监督学习。半监督学习中样本数据仅有一部分含有标记信息。半监督学习的另一个目的是减少样本数据标记的工作量。半监督和监督学习最大的区别是，监督学习在训练阶段仅使用标记的样本数据，而半监督学习同时使用标记样本和未标记的样本数据。在某些情况下，我们发现在训练阶段引入未标记的样本数据可以有效提高模型的综合性能。

　　本章的主要目的是概述机器学习任务中常用的基本假设和机器学习各种方法的适用条件。在接下来的 4 章中，我们将首先回顾网络生成技术，然后重点对基于网络的机器学习方法进行探讨。

参考文献

1. Aggarwal, C.C., Reddy, C.K.: Data Clustering: Algorithms and Applications. CRC, Boca Raton (2014)
2. Alpaydin, E.: Introduction to Machine Learning (Adaptive Computation and Machine Learning). MIT, Cambridge (2004)
3. Arlot, S., Celisse, A.: A survey of cross-validation procedures for model selection. Stat. Surv. **4**, 40–79 (2010)
4. Belkin, M., Matveeva, I., Niyogi, P.: Regularization and semi-supervised learning on large graphs. In: Shawe-Taylor, J., Singer, Y. (eds.) Learning Theory. Lecture Notes in Computer Science, vol. 3120, pp. 624–638. Springer, Berlin/Heidelberg (2004)
5. Belkin, M., Niyogi, P., Sindhwani, V.: On manifold regularization. In: Proceedings of the Tenth International Workshop on Artificial Intelligence and Statistics (AISTAT 2005), pp. 17–24. Society for Artificial Intelligence and Statistics, New Jersey (2005)
6. Belkin, M., Niyogi, P., Sindhwani, V.: Manifold regularization: a geometric framework for learning from labeled and unlabeled examples. J. Mach. Learn. Res. **7**, 2399–2434 (2006)
7. Bengio, Y., Grandvalet, Y.: No unbiased estimator of the variance of k-fold cross-validation. J. Mach. Learn. Res. **5**, 1089–1105 (2004)
8. Berkhin, P.: Survey of clustering data mining techniques. Technical Report, Accrue Software (2002)
9. Bishop, C.M.: Pattern Recognition and Machine Learning (Information Science and Statistics). Springer, New York (2007)
10. Chapelle, O., Schölkopf, B., Zien, A. (eds.): Semi-supervised learning. Adaptive Computation and Machine Learning. MIT, Cambridge (2006)
11. Chung, F.R.K.: Spectral graph theory. CBMS Regional Conference Series in Mathematics, vol. 92. American Mathematical Society, Providence (1997)
12. Cinque, L., Foresti, G.L., Lombardi, L.: A clustering fuzzy approach for image segmentation. Pattern Recogn. **37**, 1797–1807 (2004)
13. Clauset, A., Newman, M.E.J., Moore, C.: Finding community structure in very large networks. Phys. Rev. E **70**(6), 066111+ (2004)
14. Cortes, C., Vapnik, V.: Support-vector networks. Mach. Learn. **20**, 273–297 (1995)
15. Cover, T.M., Hart, P.: Nearest neighbor pattern classification. IEEE Trans. Inf. Theory **13**, 21–27 (1967)
16. Dara, R., Kremer, S.C., Stacey, D.A.: Clustering unlabeled data with SOMs improves classification of labeled real-world data. In: Proceedings of the World Congress on Computational Intelligence (WCCI), pp. 2237–2242 (2002)
17. Demiriz, A., Bennett, K.P., Embrechts, M.J.: Semi-supervised clustering using genetic algorithms. In: Proceedings of Artificial Neural Networks in Engineering (ANNIE-99), pp. 809–814. ASME (1999)
18. Deng, L., Yu, D.: Deep learning: Methods and applications. Founda. Trends Signal Process. **7**(3), 197–387 (2014)
19. Duda, R.O., Hart, P.E., Stork, D.G.: Pattern Classification. Wiley-Interscience, Chichester (2000)
20. Duda, R.O., Hart, P.E., Stork, D.G.: Pattern Classification. Wiley, New York (2001)
21. Gan, G.: Data Clustering: Theory, Algorithms, and Applications. Society for Industrial and Applied Mathematics, Philadelphia (2007)
22. Gärtner, T.: Kernels for Structured Data, vol. 72. World Scientific Publishing, Singapore (2008)

23. Girvan, M., Newman, M.E.J.: Community structure in social and biological networks. Proc. Natl. Acad. Sci. U.S.A. **99**(12), 7821–7826 (2002)
24. Guha, S., Rastogi, R., Shim, K.: CURE: an efficient clustering algorithm for large databases. Inf. Syst. **26**(1), 35–58 (2001)
25. Hasan, M.A., Chaoji, V., Salem, S., Zaki, M.: Link prediction using supervised learning. In: Proceedings of SDM 06 workshop on Link Analysis, Counterterrorism and Security (2006)
26. Hastie, T., Tibshirani, R., Friedman, J.: The Elements of Statistical Learning: Data Mining, Inference, and Prediction. Springer, New York (2011)
27. Haykin, S.S.: Neural Networks and Learning Machines. Prentice Hall, Englewood Cliffs (2008)
28. Husek, D., Pokorny, J., Rezanková, H., Snášel, V.: Data clustering: from documents to the web. In: Web Data Management Practices: Emerging Techniques and Technologies, pp. 1–33. IGI Global, Hershey, PA (2006)
29. Jain, A.K.: Data clustering: 50 years beyond K-means. Pattern Recogn. Lett. **31**, 651–666 (2010)
30. Jain, A.K., Murty, M.N., Flynn, P.J.: Data clustering: A review. ACM Comput. Surv. **31**(3), 264–323 (1999)
31. James, G., Witten, D., Hastie, T., Tibshirani, R.: An Introduction to Statistical Learning: with Applications in R. Springer, New York (2013)
32. Jolliffe, I.T.: Principal Component Analysis. Springer Series in Statistics. Springer, New York (2002)
33. Karypis, G., Han, E.H., Kumar, V.: Chameleon: hierarchical clustering using dynamic modeling. Computer **32**(8), 68–75 (1999)
34. Kashef, R., Kamel, M.S.: Enhanced bisecting K-Means clustering using intermediate cooperation. Pattern Recogn. **42**(11), 2557–2569 (2009)
35. Kaufman, L., Rousseeuw, P.J.: Finding Groups in Data: An Introduction to Cluster Analysis. Wiley, New York (2005)
36. Kodratoff, Y., Michalski, R.S.: Machine Learning: An Artificial Intelligence Approach, vol. 3. Morgan Kaufmann, San Mateo (2014)
37. Korb, K.B., Nicholson, A.E.: Bayesian Artificial Intelligence. Chapman and Hall, Boca Raton (2010)
38. Kuhn, M., Johnson, K.: Applied Predictive Modeling. Springer, New York (2013)
39. Lim, G., Park, C.H.: Semi-supervised dimension reduction using graph-based discriminant analysis. In: Computer and Information Technology (CIT), vol. 1, pp. 9–13. IEEE Computer Society, Xiamen (2009)
40. Liu, H., Shah, S., Jiang, W.: On-line outlier detection and data cleaning. Comput. Chem. Eng. **28**, 1635–1647 (2004)
41. Lu, C.T., Chen, D., Kou, Y.: Algorithms for spatial outlier detection. In: Proceedings of the 3rd IEEE International Conference on Data Mining (ICDM 2003). IEEE Computer Society (2003)
42. MacQueen, J.B.: Some methods for classification and analysis of multivariate observations. In: Proceedings of the fifth Berkeley Symposium on Mathematical Statistics and Probability, vol. 1, pp. 281–297. University of California Press (1967)
43. Marsland, S.: Machine Learning: An Algorithmic Perspective. CRC, Boca Raton (2014)
44. Mitchell, T.M.: Machine Learning. McGraw-Hill Science/Engineering/Math, New York, NY (1997)
45. Müller, P., Quintana, F.A., Jara, A., Hanson, T.: Bayesian Nonparametric Data Analysis. Springer, New York (2015)
46. Murphy, K.P.: Machine Learning: A Probabilistic Perspective. MIT, Cambridge (2012)
47. Neapolitan, R.E.: Learning Bayesian Networks. Prentice Hall, Upper Saddle River (2003)
48. Newman, M.E.J.: Finding community structure in networks using the eigenvectors of matrices. Phys. Rev. E **74**(3), 036104 (2006)
49. Newman, M.E.J.: Modularity and community structure in networks. Proc. Natl. Acad. Sci. **103**(23), 8577–8582 (2006)
50. Newman, M.E.J., Girvan, M.: Finding and evaluating community structure in networks. Phys. Rev. Lett. **69**, 026113 (2004)
51. Ng, R.T., Han, J.: CLARANS: A method for clustering objects for spatial data mining. IEEE Trans. Knowl. Data Eng. **14**(5), 1003–1016 (2002)
52. Nigam, K., McCallum, A.K., Thrun, S., Mitchell, T.: Text classification from labeled and unlabeled documents using EM. Mach. Learn. **39**(2–3), 103–134 (2000)

53. Piatetsky-Shapiro, G.: Discovery, Analysis, and Presentation of Strong Rules, chap. 12. AAAI/MIT, Cambridge (1991)
54. Quinlan, J.R.: Generating production rules from decision trees. In: Proceedings of the 10th International Joint Conference on Artificial Intelligence (IJCAI'87), vol. 1, pp. 304–307. Morgan Kaufmann, San Mateo (1987)
55. Quinlan, J.R.: C4.5: Programs for Machine Learning. Morgan Kaufmann Series in Machine Learning. Morgan Kaufmann, San Mateo (1992)
56. Sander, J., Ester, M., Kriegel, H.P., Xu, X.: Density-based clustering in spatial databases: the algorithm GDBSCAN and its applications. Data Min. Knowl. Disc. 2(2), 169–194 (1998)
57. Schmidhuber, J.: Deep learning in neural networks: an overview. Neural Netw. 61, 85–117 (2015)
58. Singh, A., Nowak, R.D., Zhu, X.: Unlabeled data: Now it helps, now it doesn't. In: The Conference on Neural Information Processing Systems NIPS, pp. 1513–1520 (2008)
59. Vapnik, V.N.: The Nature of Statistical Learning Theory. Springer, New York (1995)
60. Vapnik, V.N.: Statistical Learning Theory. Wiley-Interscience, New York (1998)
61. Wang, F., Li, T., Wang, G., Zhang, C.: Semi-supervised classification using local and global regularization. In: AAAI'08: Proceedings of the 23rd National Conference on Artificial Intelligence, pp. 726–731. AAAI (2008)
62. Witten, I.H., Frank, E.: Data Mining: Practical Machine Learning Tools and Techniques. Morgan Kauffman, San Mateo (2005)
63. Xu, R., II, D.W.: Survey of clustering algorithms. IEEE Trans. Neural Netw. 16(3), 645–678 (2005)
64. Zhu, X.: Semi-supervised learning literature survey. Technical Report 1530, Computer Sciences, University of Wisconsin-Madison (2005)
65. Zhu, X., Goldberg, A.B.: Introduction to Semi-Supervised Learning. Synthesis Lectures on Artificial Intelligence and Machine Learning. Morgan and Claypool Publishers, San Rafael (2009)

网络构建技术

摘要 在机器学习的很多领域，数据样本点之间的局部关系以及由局部信息衍生出的全局结构经常用网络来表示。在处理机器学习或者数据挖掘遇到的问题时，网络构建通常是一个非常有必要的步骤。当我们应用基于网络的机器学习方法处理向量表达的数据样本时，该步骤变得尤为关键，特别是需要使用一些网络构建标准把网络从输入的样本集中提取出来。在这一章，我们主要介绍利用非网络化数据构建网络的技术要素，特别是基于向量和时间序列的数据转换技术。

4.1 引言

网络对于信息编码至关重要，从计算生物学到计算机视觉，网络格式的数据越来越多。从非结构化数据到以网络表示的数据的转换总是能够以无损的方式进行，而其逆向的转换将带来数据失真。例如，万维网本身就是以网络格式表示的，页面即节点，边即页面之间的链接。假设我们想从网络中提取以向量表示的数据，在网络拓扑结构中进行循环建模是一项不容易完成的任务，页面关系中的局部和全局拓扑结构也很可能发生紊乱。此外，考虑到网络由多个社团组成，不同社团成员之间的最短路径长度在网络中将变得无穷大。以向量的格式对这种极端相异性进行建模是非常困难的，因为节点是否属于同一个社团的信息取决于数据关系的拓扑结构，而这同样也不容易以向量的方式展现。

从上述的例子可以清楚地看到，以网络表示的数据相比以向量表示的数据拥有更多的信息。这些附加信息由几个部分组成，其中最重要的就是样本之间的关系结构或者拓扑信息。以这种方式，网络拓扑结构能够以一种交互的方式对局部或者全局结构进行编码。然而，一个很自然的问题是我们如何从非结构化或者以向量表示的数据构建网络，从而使得网络能尽可能多地编码更多的信息？原则上，结构必须使用网络构建技术进行评估。在本章，我们讨论网络构建相关技术问题，它是非结构化数据与结构化数据之间的桥梁。

图 4-1 给出了基于网络的机器学习技术的示意图，针对的是半监督学习过程[⊖]。首

⊖ 半监督学习技术的目标是将标签从已标记样本传播到未标记样本。

先，我们看到$\mathscr{X}$和$\mathscr{V}$是一对一的对应关系，即数据集中的数据项是网络中的节点，边是数据项之间的相似性。注意到这些边的相似性仅在网络环境中有效。因此，它们是通过连接非结构化和结构化网络数据的网络形成过程来估计的。

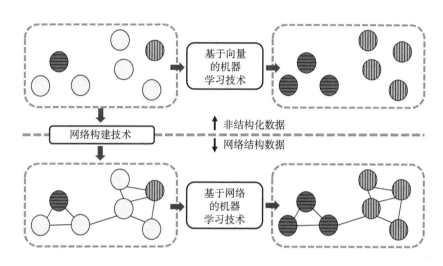

图 4-1　基于向量和网络的机器学习问题的区别。图中给出的是一个半监督学习分类问题。有线条覆盖的点表示有标签，无线条覆盖的点表示无标签。网络构建技术连接非结构化和结构化（网络）数据

按照通用的机器学习任务表示方法，N 个数据样本的集合 $\mathscr{X}=\{x_1,\cdots,x_N\}$（非网络结构数据），我们可以将其转换为网络结构 $\mathscr{G}$，它包含两个项：节点集合 $\mathscr{V}=\{v_1,\cdots,v_N\}$ 和边集合 $\mathscr{E}$，其中，$\mathscr{E}$ 是 $\mathscr{V}\times\mathscr{V}$ 的子集。转换过程形成一个映射：$\mathscr{X}\rightarrow\mathscr{G}=\langle\mathscr{V},\mathscr{E}\rangle$。接下来我们将讨论怎样获得网络中的节点集合和边集合。

对于大多数机器学习问题来说，数据样本中的每个数据项完全对应于网络中的节点。例如，在手写数字识别问题中，$\mathscr{X}$ 中的每个数字对应于 $\mathscr{V}$ 中的节点。或许，一些机器学习技术可能会使用缩减或者扩展的数据集。例如，我们可以把 $\mathscr{X}$ 中的相似数据项压缩成为一个超级节点，它表示的就是这些数据项的综合信息。

我们知道，N 用来表示 $\mathscr{X}$ 中数据样本的数量。在网络结构下，$\mathscr{V}$ 中的节点数目表示为 $V=|\mathscr{V}|$，正如我们之前讨论的一样，它不一定（但往往是）等于 N。

接下来讨论如何获得边集合 $\mathscr{E}$，一般情况下，我们根据下面两个因素来确定是否建立连边：

- 一个相似度函数 s：相似度函数 s：$\mathscr{V}\times\mathscr{V}\rightarrow\mathbb{R}$ 主要根据数据特征来量化两个样本之间的差异或相似性。也就是说，相似度函数将两个数据样本转换为标量[⊖]。将

⊖　术语"数据项"在广义上使用。它可以表示特征向量、时间序列、图对象以及其他类型的对象。

相似度函数应用于所有节点对，我们就可以构造相似矩阵 $\mathbf{S}$，其中 $\mathbf{S}_{ij} = s(v_i, v_j)$，$v_i, v_j \in \mathscr{V}$，或等价的相异矩阵 $\mathbf{D}_{ij} = d(v_i, v_j)$。

- **一种网络构建技术**：根据相似矩阵 $\mathbf{S}$ 或者相异矩阵 $\mathbf{D}$ 来决定是否在节点 v_i 与节点 v_j 之间添加连边。

在本章，我们将着重讨论这两个因素。首先，简单回顾一下有关相似性定义背后的基础理论以及一些常见实例；之后，重点讨论应用于向量形式数据的网络构建技术，其中数据样本是以特征向量的方式展现的⊖；最后，阐述有关时间序列的网络构建技术，对于此问题，时间数据的依赖关系会导致网络的复杂性，需引起重视。

4.2 相似性与相异性

相似性和相异性的概念被广泛应用于人工智能领域，特别是在数据挖掘、信息检索、模式匹配、遗传学、药物发现和模糊逻辑等方向[1,2,21,30,33,48]。一般意义上，相似性与相异性表示的是两个元素之间的对比，虽然比较直观，但在文献中也存在相似性与相异性几种不同的形式。另外一个突出特征是连接相似性和相异性的二元特性，这种特性也涉及数据样本的属性，如果应用恰当，可能会比较有用。因此，相似性的任一属性应该与相异性的一个属性一一对应，反之亦然。

很多研究都尝试将这些概念形式化，但相似性和相异性的主要特征仍需要讨论[13,40]。这两个名词缺乏统一的理论，导致它们的定义或者计算结果相悖。而且二元性经常被忽视，关于相似性到相异性的转换怎样改变其属性的研究也较少[40]。如果相似性函数 s 合理，一种计算其对应函数，即相异性函数 d 的公式如下：

$$d(x_i, x_j) = \sqrt{s(x_i, x_i) + s(x_j, x_j) - 2s(x_i, x_j)} \tag{4.1}$$

其中，x_i 和 x_j 为两个任意的数据项或样本。

相似性的度量标准是一些特殊指标，主要是描述性的系数，而不是一些统计参数的估计。对于大多数相似性的度量，难以给出可靠的置信区间，而且可能的误差只能通过某些类型的随机化来估计[28,49]。

4.2.1 定义

相似性和相异性表示的是在给定域内两个元素之间的相似或者相异程度。因此，将它们视为函数是合理的，因为其目标都是度量或计算给定域的任意两个元素之间的

⊖ 本质上，现实世界中数据以特征向量方式来表示广泛存在。例如，在基于图像的应用中，每个数据样本都可以符号化，总是可以从该图像中提取一些特征并构造一个特征向量。通常，面部识别系统和图像处理工具为了鲁棒性和计算效率而这样处理。

值。我们首先给出相似性函数的定义[38]。

定义 4.1 相似性函数：令 $\mathscr{X}$ 是一个非空集合，并定义了一个等价关系。如果 s 是一个相似性函数，且 s 有上界，其定义域和值域如下：

$$s: \mathscr{X} \times \mathscr{X} \mapsto I_s \subset \mathbb{R} \tag{4.2}$$

这里，I_s 有上限，因为我们假设 s 有上限，其中 $\max_{\mathbb{R}} I_s = s_{max}$。另外，相似性函数也需满足下面的性质：

1. 自反性：$s(x, x) = s_{max}$。

2. 强自反性：$s(x, y) = s_{max} \Leftrightarrow x = y$。

3. 对称性：$s(x, y) = s(y, x)$。

4. 有界性[⊖]：当 $\exists a \in \mathbb{R} : s(x,y) \geq a, \forall x, y \in \mathscr{X}$ 时，s 有下限，这相当于存在 $s = s_{min} = \min_{\mathbb{R}} I_s$。

5. 闭合性[⊖]：该性质确认下限的存在。特别是，闭合性要求存在 $x, y \in \mathscr{X}$：$s(x,y) = s_{min}$。

6. 传递性：如果 τ_s 为传递算子，下式成立：$s(x,y) \geq \tau_s(s(x,z), s(z,y)), \forall x, y, z \in \mathscr{X}$。

我们可以看到，函数 s 的输入为 $\mathscr{X}$ 中的两个数据样本，输出为有边界的实数。两个数据项越相似，其相似度值越大。接下来的内容，我们将给出相异性或距离函数的定义[38]。

定义 4.2 相异性函数：令 $\mathscr{X}$ 是一个非空集合，并定义了一个等价关系。如果 d 是一个相异性函数，则 d 有下界，其定义域和值域如下：

$$d: \mathscr{X} \times \mathscr{X} \mapsto I_d \subset \mathbb{R} \tag{4.3}$$

这里，I_d 有下限，因为我们假设 d 有下限，其中 $\min_{\mathbb{R}} I_d = d_{min}$。另外，相异性或者距离函数也满足下面的性质：

1. 自反性：$d(x, x) = d_{min}$。

2. 强自反性：$d(x, y) = d_{min} \Leftrightarrow x = y$。

3. 对称性：$d(x, y) = d(y, x)$。

4. 有界性：当 $\exists a \in \mathbb{R} : d(x, y) \leq a, \forall x, y \in \mathscr{X}$ 时，d 有上限，这相当于存在 $d = d_{max} = \max_{\mathbb{R}} I_d$。

5. 闭合性：该性质确认上限的存在。特别是，闭合性要求存在 $x, y \in \mathscr{X}$：$d(x,y) = d_{max}$。

⊖ 如果存在数字 B，使 $\|x\| \leq B, \forall x \in \mathscr{S}$，则集合 $\mathscr{S} \in \mathbb{R}^m$ （$m > 0$）是有界的。

⊖ 如果 $\{x_n\}_{n=1}^{\infty}$ 为完全包含在 $\mathscr{S}$ 中的收敛序列，其界限也包含在 $\mathscr{S}$ 中，则集合 $\mathscr{S} \in \mathbb{R}^m$ （$m > 0$）为闭合的。例如，集合 $\mathbb{R}^m$ 和 $\{(x, \bar{y}) \in \mathbb{R}^2 : xy = 1\}$ 是闭合的，而不是有界的。

6. 传递性：如果 τ_d 为传递算子，下式成立：$d(x,y) \leqslant \tau_d(d(x,z),d(z,y))$，$\forall x$, $y,z \in \mathscr{X}$。

同样，可以看到，函数 d 的输入为 $\mathscr{X}$ 中的两个数据样本，输出为有边界的实数。两个数据项越不相似，其相异度值越大。

除了上述的数学特性以外，所有的相似性度量方法还有两个常用性质。第一，度量方法与样本大小和类别无关；第二，随着数据项相似性的增加，度量应该从固定最小值向固定最大值平滑增加。关于相似性函数性质的更多内容请见文献[11,12,14,40,49,50]。

4.2.2 基于向量形式的相似性函数实例

在本节，我们将给出一些常用的相似性/相异性函数计算实例。假设我们有一个数据集 $\mathscr{X} = \{x_1, \cdots, x_N\}$，$N > 1$。另外，每个数据项存在一个特征向量 $x_i = [x_{i1}, \cdots, x_{iP}]$，$P > 0$。数据项 x_i 和 x_j 都属于样本集 $\mathscr{X}$。

在开始讨论相似性函数例子之前，首先给出关于特征类型的整体认识。任一特征可以隶属于以下特征类别的一类：

- 类别特征：类别特征是一类含有两个或更多类别且无固有顺序的特征。例如，性别是一个类别特征变量，它包含男性和女性两个类别，并且没有固有顺序。头发颜色也是一个类别特征变量，它包含若干类别（金色、棕色、黑色、红色等），并且也没有从高到低的顺序。类别特征变量可以被指定类别，但不能被排序。

- 顺序特征：顺序变量类似于类别变量。两者的区别在于顺序变量有明确的排序机制。例如，经济状态有三个类别：低、中、高。除了能把人分到这三类以外，也可以将类别排序为低、中、高。同样，对于教育经历这样一个变量，可以表示为小学毕业、高中毕业、本科毕业和研究生毕业。这些也可以被排序为小学、高中、本科和研究生。

- 数值特征：定量特征的值可以被度量和排序。例如，高度和重量就属于数值特征。

类别和顺序特征也被称为定性特征，因为我们不能对它们进行数学运算（比如，乘法和除法运算）。相反，数值特征属于定量特征，因为我们可以对这些类型的特征进行数学运算。

在下一节中，我们将给出一些具有代表性的相似性和距离度量公式。对于详细介绍，请见文献[33]。

4.2.2.1　数值数据

在本节中，我们假设 x_i 和 x_j 中的特征都是数值型的。它们被称为特征向量，并且具有 $P>0$ 的任意维度。符号 $x_i(k),k\in\{1,\cdots,P\}$ 表示特征向量 x_i 的第 k 个分量。并假定共有 N 个数据项。

定义 4.3　欧式距离：x_i 与 x_j 之间的欧式距离为：

$$d_{\text{Euclidean}}(x_i,x_j) \triangleq \sqrt{\sum_{k=1}^{P}\left[x_i(k)-x_j(k)\right]^2} \tag{4.4}$$

定义 4.4　加权欧式距离：x_i 与 x_j 之间的加权欧式距离为：

$$d_{\text{WEuclidean}}(x_i,x_j) \triangleq \sqrt{\sum_{k=1}^{P}W_k\left[x_i(k)-x_j(k)\right]^2} \tag{4.5}$$

其中，W_k 表示第 k 个特征分量的权重。

备注 4.1　如果对特征向量中所有分量赋予一个统一的权重，则加权欧式距离就变为常见的欧式距离。

定义 4.5　曼哈顿或者城市街区距离：x_i 与 x_j 之间的曼哈顿距离为：

$$d_{\text{Manhattan}}(x_i,x_j) \triangleq \sum_{k=1}^{P}\mid x_i(k)-x_j(k)\mid \tag{4.6}$$

定义 4.6　切比雪夫距离：x_i 与 x_j 之间的切比雪夫距离为：

$$d_{\text{Chebyshev}}(x_i,x_j) \triangleq \max\left(\mid x_i(1)-x_j(1)\mid,\cdots,\mid x_i(P)-x_j(P)\mid\right) \tag{4.7}$$

定义 4.7　闵可夫斯基距离（L_λ 测度）：x_i 与 x_j 之间的闵可夫斯基距离（$\lambda\geqslant1$）为：

$$d_{\text{Minkowski}}(x_i,x_j) \triangleq \left[\sum_{k=1}^{P}\mid x_i(k)-x_j(k)\mid^\lambda\right]^{\frac{1}{\lambda}} \tag{4.8}$$

备注 4.2　通过改变 λ 的取值（1 到无穷大），可获得闵可夫斯基函数族。闵可夫斯基距离是先前讨论的各类距离的一般形式，具体如下：

- L_1 测度：定义 4.5 的曼哈顿或者城市街区距离。
- L_2 测度：定义 4.3 的欧式距离。
- L_∞ 测度：定义 4.6 的切比雪夫距离。

定义 4.8　马式距离：x_i 与 x_j 之间的马式距离为：

$$d_{\text{Mahalanobis}}(x_i,x_j) \triangleq \sqrt{\sum_{i=1}^{P}(x_i-x_j)^T\boldsymbol{\Sigma}^{-1}(x_i-x_j)} \tag{4.9}$$

其中，$\boldsymbol{\Sigma}$ 为 $P\times P$ 样本的协方差矩阵，$\boldsymbol{\Sigma}_{ij}$ 定义为：

$$\boldsymbol{\Sigma}_{ij} \triangleq \frac{1}{N-1}\sum_{k=1}^{N}(x_i(k)-\bar{x}_i)(x_j(k)-\bar{x}_j) \tag{4.10}$$

其中，$\bar{x}_i$ 和 $\bar{x}_j$ 为样本均值，表示为：

$$\bar{x}_i \triangleq \frac{1}{N} \sum_{i=1}^{N} x_i(k) \tag{4.11}$$

在接下来的例子中，我们将讨论马式距离背后的逻辑。

例子 4.1　考虑欧式空间中一个测试样本点的概率估计问题，其欧式空间隶属于一个训练样本集。第一步自然是找到这些训练数据点的平均值或中心点。直观上，测试点越靠近这个训练集中心，就越有可能属于这个集合。

一个简单的思路是评估该样本集合的大小范围，以便我们确定是否可以通过给定的距离来评判测试点所处的位置，主要通过估计样本点与给定距离的标准差。如果测试点与训练集中心之间的距离小于一个标准差，那么我们会认为测试点属于该训练样本点集合。相反，距离越远，测试点越不属于该样本集合。

具体方法是首先定义测试点和训练样本集之间的归一化距离 $\frac{x - \mu}{\sigma}$，其中 μ 为样本均值，σ 为样本标准差。然后把这些数值放入正态分布序列，可以得到测试点属于样本集合的概率。

上述方法的缺点是需要假设训练数据集中的点以球状方式分布在中心点周围。如果处理的是非球形分布，例如椭球，我们期望测试点的成员概率不仅依赖于到中心点的距离，而且也取决于其方向。在椭球体的短轴方向上，如果测试点属于样本集，则在这个方向上更接近；如果在该方向上振幅较大，则测试点可以远离中心点。

在数学上，椭球即训练数据集的概率分布可以通过构造样本的协方差矩阵来估计。马氏距离则简洁地表达了测试点与样本中心之间的距离和测试点方向上椭球轴的长度，具体见公式（4.9）。

定义 4.9　高斯核相似度（径向基函数或热核）：x_i 与 x_j 之间的高斯核相似度为：

$$s_{\text{Gaussian}}(x_i, x_j) \triangleq a \exp\left(-\frac{\|x_i - x_j\|^2}{2\sigma^2}\right) \tag{4.12}$$

其中，σ 为高斯函数的带宽方差，a 为常数，$\|x_i - x_j\|$ 为 x_i 与 x_j 之间欧式范数。

定义 4.10　调和平均相似度：x_i 与 x_j 之间的调和平均相似度为：

$$s_{\text{Harmonic}}(x_i, x_j) \triangleq 2 \sum_{k=1}^{P} \frac{x_i(k)\, x_j(k)}{x_i(k) + x_j(k)} \tag{4.13}$$

定义 4.11　余弦相似度：x_i 与 x_j 之间的余弦相似度为：

$$s_{\text{Cosine}}(x_i, x_j) \triangleq \frac{\sum_{k=1}^{P} x_i(k)\, x_j(k)}{\|x_i\| \|x_j\|} = \frac{\langle x_i, x_j \rangle}{\|x_i\| \|x_j\|} \tag{4.14}$$

其中，$\langle \cdot, \cdot \rangle$ 表示内积算子，$\|.\|$ 表示欧式范数。

定义 4.12　皮尔森相似度：x_i 与 x_j 之间的皮尔森相似度为：

$$s_{\text{Pearson}}(x_i, x_j) \triangleq \frac{\sum_{k=1}^{P}(x_i(k) - \bar{x}_i)(x_j(k) - \bar{x}_j)}{\|x_i - \bar{x}_i\|\|x_j - \bar{x}_j\|}$$

$$= \frac{\langle x_i - \bar{x}_i, x_j - \bar{x}_j \rangle}{\|x_i - \bar{x}_i\|\|x_j - \bar{x}_j\|} = s_{\text{Cosine}}(x_i - \bar{x}_i, x_j - \bar{x}_j) \quad (4.15)$$

备注 4.3　余弦相似度可以用来解决文字和图像的相似性问题。但值得注意的是向量的转换会影响余弦相似度的准确度。皮尔森相似度通过加入平均过程消除向量转换来解决这一问题。另外，由于归一化过程，余弦和皮尔森相似度是尺度不变的。

定义 4.13　Dice 相似度[36]：x_i 与 x_j 之间的 Dice 相似度为：

$$s_{\text{Dice}}(x_i, x_j) \triangleq \frac{2\sum_{k=1}^{P} x_i(k)x_j(k)}{\sum_{k=1}^{P} x_i(k)^2 + x_j(k)^2} \quad (4.16)$$

定义 4.14　Kumar-Hassebrook 相似度[29]：x_i 与 x_j 之间的 Kumar-Hassebrook 相似度为：

$$s_{\text{KH}}(x_i, x_j) \triangleq \frac{\sum_{k=1}^{P} x_i(k)x_j(k)}{\sum_{k=1}^{P} x_i(k)^2 + x_j(k)^2 - x_i(k)x_j(k)} \quad (4.17)$$

4.2.2.2　类别数据

本节处理类别型数据。我们考虑用二元属性（出现或不出现）来刻画对象间的相似性。如果有多个类别，我们定义感兴趣的类别表示为出现状态，其他类别表示为不出现状态。因此，当比较向量 x_i 和 x_j 时，会有四种不同的情况（见表 4-1）：

- M_{11} 表示 x_i 和 x_j 同时出现的次数。
- M_{01} 表示 x_i 不出现和 x_j 出现的次数。
- M_{10} 表示 x_i 出现和 x_j 不出现的次数。
- M_{00} 表示 x_i 和 x_j 同时不出现的次数。

表 4-1　比较两个类别时可能的结果

		x_j	
		出现	不出现
x_i	出现	M_{11}	M_{10}
	不出现	M_{01}	M_{00}

定义 4.15　汉明距离：x_i 与 x_j 之间的汉明距离为：

$$d_{\text{Hamming}}(x_i, x_j) \triangleq \sum_{k=1}^{P} \mathbb{1}_{[x_i(k) \neq x_j(k)]} = M_{01} + M_{10} \quad (4.18)$$

定义 4.16　杰卡德相似度： x_i 与 x_j 之间的杰卡德相似度为：

$$s_{\text{Jaccard}}(x_i, x_j) \triangleq \frac{M_{11}}{M_{11} + M_{01} + M_{10}} \tag{4.19}$$

备注 4.4　对于汉明距离公式，其每个数值都同等重要。但在实际应用中，我们可能会对一些参数加大权重比例。鉴于此，假设有一个实际问题，我们有 P 部电影的特征向量，目标是计算两个人关于电影品味的相似度。在这种情况下，如果有几部他们没有看过的电影，我们不能简单地说两个人对电影的品味是相似的，因为他们中没有一个人看过任何电影。相反，如果这两个人看过一定数量的相同电影，我们可以说他们的品味在某种程度上是相似的，也就是说，我们更重视这两个人之间共有的特征。这是一种加权形式。

定义 4.17　Sørensen 相似度： x_i 与 x_j 之间的 Sørensen 相似度为：

$$s_{\text{Sørensen}}(x_i, x_j) \triangleq \frac{2M_{11}}{2\,M_{11} + M_{01} + M_{10}} \tag{4.20}$$

备注 4.5　相对于杰卡德（Jaccard）相似度，Sørensen 相似度更多关注匹配性。决定两者之间关系的是数据的基本类型。如果大部分特征在样本中出现而在采样中不出现，采用 Sørensen 相似度系数比 Jaccard 更有效。

定义 4.18　简单匹配相似度： x_i 与 x_j 之间的简单匹配相似度为：

$$s_{\text{SM}}(x_i, x_j) \triangleq \frac{M_{11} + M_{00}}{M_{11} + M_{00} + M_{01} + M_{10}} \tag{4.21}$$

备注 4.6　当特征出现状态与特征不出现状态次数一样时，简单匹配相似度是比较好的选择。

定义 4.19　Baroni Urbani 和 Buser 相似度[4]： x_i 与 x_j 之间的 Baroni Urbani 和 Buser 相似度为：

$$s_{\text{BUB}}(x_i, x_j) \triangleq \frac{\sqrt{M_{11}\,M_{00}} + M_{11}}{\sqrt{M_{11}\,M_{00}} + M_{11} + M_{01} + M_{10}} \tag{4.22}$$

备注 4.7　在式（4.22）中引入平方根项，主要是消除在其他相似度计算公式（杰卡德相似度）中常见的样本大小误差。

4.3　向量数据的网络转化

给定相似矩阵 **S** 或相异矩阵 **D**，构建网络的最直接方法是在两节点之间建立连边，而连边权重通过 S_{ij} 或者 D_{ij} 倒数的函数获得。这种方法生成的网络通常是完全网络。一般来说，一个好的网络要满足以下标准：（1）它应包含一个巨大的单元以维持节点之间的相互连接；（2）它应尽可能稀疏，以便更好地揭示节点之间的关系。在网络的算法下，如果连边的权重比较小，则可能会导致比较差的学习结果。因此，稀疏化准则非常重要，因为它能提高学习效率、增加准确率和鲁棒性。我们将权重小的连边看作影响学习的噪声，向机器学习算法提供误导性信息。所以，这些带噪声的连边会扭曲最终的网络拓扑结构，删掉这些连边将是提高网络机器学习算法效率的一个重要预处理步骤。

根据以上推理，可以稀疏化相似性和相异性矩阵的最近邻网络的两个传统类型有[5]：

- k-近邻网络（k-NN）：一般来说，这是一个有向网络。v_i 到 v_j 的边存在当且仅当 v_j 属于 v_i 的 k 个最相似元素之一。计算过程中，我们需要按照 $\mathbf{D}$ 的行进行升序排序。一旦排序完成，给定一个行 i，在节点 i 和对应的 $\mathbf{D}$ 中第 i 行样本的排序序列前 k 个项建立连边。

- ϵ-半径网络：这是一个无向网络，其边的集合由 (v_i, v_j) 节点对组成，其中 $\mathbf{D}_{ij} \leqslant \epsilon$，$\epsilon \in \mathbb{R}+$。

一般来说，k-近邻网络是一个有向网络，因为 v_j 是 v_i 的 k 个最近邻之一，而反过来则不成立。相比之下，ϵ-半径网络是由无向网络构建，因为 $\mathbf{D}_{ij} = \mathbf{D}_{ji}$，可以利用距离函数评估每一项的距离矩阵。以这种方式，如果 $\mathbf{D}_{ij} \leqslant \epsilon$，则 $\mathbf{D}_{ji} \leqslant \epsilon$。因此，连边总是存在于两个方向上。

k-近邻网络和 ϵ-半径网络被认为是静态网络构建技术。这是因为它们以统一的方式对待密集和稀疏区域中的数据项。下面我们给出一组采用自适应或者动态信息的网络构建技术：

- k-近邻和 ϵ-半径组合的网络构建技术[43,44]：我们可以设计一种基于一个或多个标准的启发式网络构建技术。例如，当处于稀疏区域时，k-近邻网络可以被激活；相反，当处于密集区域时，可以使用 ϵ-半径网络技术。

- b-匹配网络[27]：相对于 k-近邻网络，b-匹配网络确保在网络中的每一个节点都有相同的边数，因此产生一个平衡或者规则的网络。它主要依赖于一种优化过程。

- 线性邻域网络[47]：其思想是通过一系列重叠的线性邻域来近似表示整个网络，并利用标准二次规划方法确定每个邻域的边的权重。节点的初始邻域以静态方式设置，之后在给边赋权重的过程中进行动态调整。

- 松弛线性邻域网络[10]：通过一系列重叠的线性邻域来近似表示整个网络，并根据其周围的密集/稀疏程度来动态捕捉任意节点的邻域。此外，松弛线性邻域技术在重建过程中使用了邻域的度，而不采用固定赋值。因此，它不会受到离群点的影响，产生的网络更具鲁棒性。

- 聚类启发式网络[15]：通过使用聚类启发式算法来完成网络构建。具体而言，它采用单链路方法，该方法是一种聚类启发式技术，既能构建连接的、稀疏的网络，又能维持原来数据集的簇结构。
- 重叠直方图网络[42]：该技术使用重叠直方图方法来完成网络构建。由此产生的网络总是这样一个网络：同一个簇的节点紧密相连，而不同簇的节点稀疏连接。本质上，它是基于 k-近邻的方法，但其自适应的 k 值是从数据中学到的。

下面我们将详细讨论每一种网络构建技术。

4.3.1　k-近邻和ϵ-半径网络

图 4-2 分别给出了 k-近邻和 ϵ-半径网络技术的示意图。对于 k-近邻，一旦设置一个参考节点，我们就可以根据相应的距离函数对其他节点进行排序，然后对于选定的参数 k，只对低于阈值 k 的节点建立连边。例如，在图 4-2a 中，$k=2$。对于ϵ-半径网络技术，我们只连接半径阈值ϵ内与参考节点相似的节点。这两种方法的显著区别在于连边的数量。ϵ-半径网络技术中，连边的数量不是预先确定的，只要在ϵ半径范围内有节点，连边就会产生。关于这两种技术的优缺点，我们将进一步讨论。

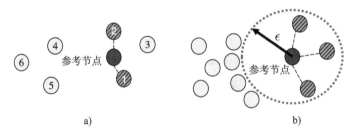

图 4-2　k-近邻技术（a）和ϵ-半径网络技术（b）

参数 k 和ϵ在网络转化过程中起着相当重要的作用，因为这两个参数对数据的局部结构非常敏感。因此，k 值和ϵ值的选择不同，所得到的网络拓扑可能不能正确地反映原始数据的分布特性。

我们首先讨论 k-近邻的缺点。当 k 太大时，它迫使不相似节点对也建立连边。例如在图 4-3a 中，以 $k=3$ 建立一个网络。明显可以看出，数据中两个比较接近的节点连接到参考节点，但是其他比较远的社群内节点被强制连接到该参考节点。相反，如果我们选择的 k 太小，属于参考节点社群内的节点连边会被忽略。例如在图 4-3b 中，以 $k=2$ 建立一个网络，则情况相反，因为 k 的值太小，一个本该属于该社群的节点被忽略。注意，当 $k>0$ 时，网络中不会出现单例。$^{\ominus}$

㊀　单例指那些没有与其他节点连接的节点。

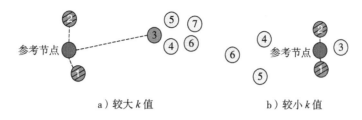

a) 较大 k 值　　　　　　　　b) 较小 k 值

图 4-3　k-近邻近邻网络构建技术的缺陷

正如我们指出的，参数 ϵ 也在原始数据网络构建转化过程中起着重要的作用。依据数据分布，ϵ 值小量增加可能会大范围增加网络的密度。因此，网络拓扑结构对 ϵ 值的选择非常敏感。例如图 4-4a 是我们使用较大的 ϵ 值构建的网络；如果我们稍微减小 ϵ 的值，得到的网络如图 4-2b。可以看出，ϵ 值的一个小量增加将导致参考节点连接边的爆炸性增加。相反，如果选择一个较小的 ϵ 值，我们可能会得到单节点网络，如图 4-4b 所示。在这两个极端条件下，由此产生的网络不能代表真实的原始数据分布。

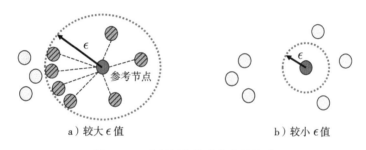

a) 较大 ϵ 值　　　　　　　　b) 较小 ϵ 值

图 4-4　ϵ-半径网络构建技术的缺陷

一些研究认为，利用 k-近邻和 ϵ-半径方法构建的网络对聚类技术有着巨大的影响[34]。k-近邻网络仍然是比较常用的方法，因为它对于数据规模和密度更灵活。

4.3.2　k-近邻和 ϵ-半径组合的网络构建技术

回想一下，如果两个节点在 ϵ 距离之内，ϵ-半径方法则会在这两个节点之间创建连边；而对于 k-近邻方法来说，如果节点 i 是节点 j 的 k 个近邻之一，则这两个节点会有边连接。当考虑到数据密集或者稀疏问题时，这两种方法都有其局限性。处于稀疏区域时，尽管它们相距较远，k-近邻方法仍会将一个节点连边到它的 k 个最近邻居节点。在这种情况下，这个节点的邻居节点可能会包含相异节点。同样，不合理的 ϵ 值也会导致非连接节点、子图或者单节点。

为了结合这两种方法的优点，提出一种组合技术。如果用 $\mathcal{N}(v_i)$ 表示 v_i 的邻域，则：

$$\mathcal{N}(v_i) = \begin{cases} \epsilon\text{-radius}(v_i), & |\epsilon\text{-radius}(v_i)| > k \\ k\text{-NN}(v_i), & \text{其他} \end{cases} \tag{4.23}$$

其中，$\epsilon\text{-radius}(v_i)$ 返回结果为集合 $\{v_j, j \in \mathscr{V}: \mathbf{D}_{ij} \leqslant \epsilon\}$，$k\text{-NN}(v_i)$ 返回结果为节点 v_i 的 k 个近邻的集合。ϵ-半径技术用于密集区域（$|\epsilon\text{-radius}(v_i)| > k$），而 k-近邻方法用于稀疏区域。

图 4-5 给出了使用 k-近邻和 ϵ-半径组合方法将向量数据转化为网络数据的示意图。图中的例子中，用 $k = 3$ 来评估有线条覆盖的节点的邻居节点。参数 k 通常被用作阈值来确定节点位于稀疏区域还是密集区域。给定的参考节点半径 ϵ 内的节点数目少于 k 时，我们使用 k-近邻，它能驱使参考节点寻找更远的邻居节点。当节点数目大于 k 时，则认为参考节点处于密集区域。在这种情况下，ϵ-半径方法起主要作用，它将连接 ϵ 半径范围内所有节点。这种组合形式的网络构建技术的优点在于它能根据数据样本的局部密度来自适应调整网络。由于在稀疏区域使用 k-近邻，因此 k-近邻和 ϵ-半径方法的结合作为一种网络形成技术，通常可防止许多网络结构单元的出现。⊖

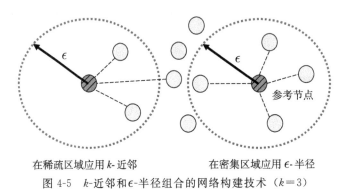

在稀疏区域应用 k-近邻　　　　　　在密集区域应用 ϵ-半径

图 4-5　k-近邻和 ϵ-半径组合的网络构建技术（$k = 3$）

4.3.3 b-匹配网络

关于 b-匹配方法的详细介绍见文献 [27]。相对于 k-近邻网络，b-匹配网络要求网络中每个节点的边数相同，因此最终产生的网络是规则网络。

对于一个无权重邻接矩阵 $\mathbf{A}$，b-匹配网络技术的核心是一个优化函数，即：

$$
\begin{aligned}
& \min_{\mathbf{A}} \sum_{i,j \in \mathscr{V}} \mathbf{A}_{ij} \mathbf{D}_{ij} \\
& \text{s. t.} \sum_{j \in \mathscr{V}} \mathbf{A}_{ij} = b \\
& \mathbf{A}_{ii} = 0 \\
& \mathbf{A}_{ij} = \mathbf{A}_{ji}
\end{aligned} \tag{4.24}
$$

$\forall i, j \in \mathscr{V}$。$\mathbf{D}$ 表示相异性矩阵，$\mathbf{D}_{ij}$ 表示第 i 个和第 j 个特征向量的相异度。4.2 节中的任意距离公式都可以用来构造 $\mathbf{D}$，但值得注意的是搜索空间是与矩阵 $\mathbf{A}$ 有相同维度

⊖　然后，当 k 很小时，可能会出现多个网络结构单元。

的二进制矩阵。第一个约束要求每个节点与其他节点有 b 条连边；第二个约束限制了自身环的出现；第三个约束确保生产的网络是对称的。

k-近邻网络构建技术也可以被描述为优化函数，除第三个约束以外，其他与式（4.24）类似。在网络构建过程的最后，k-近邻网络技术不需要建立对称矩阵。由于第一个约束存在，每个节点的出度与参数 k 对应，但是节点入度保持变化（至少是 k）。这种情况的产生是由于 k-近邻方法的非对称特性，即节点 j 可以为节点 i 的 k 个近邻之一，反之则不能实现。通过引入第三个约束，我们可以强制使邻接矩阵对称化。这样做的结果是出度和入度都等于 b（规则网络）。

另外，式（4.24）描述的优化函数可以通过循环信念传播算法实现[25]。

4.3.4　线性邻域网络

线性邻域网络首先是由文献［47］提出的。线性邻域网络的构造主要基于局部线性嵌入技术，在讨论网络构建技术之前首先对局部线性嵌入技术进行阐述。

局部线性嵌入（LLE）是一种降维技术[39]。接下来我们将详细讨论引入该方法的动机。我们对世界的心理表征是通过处理大量的感官输入完成的，例如图像的像素强度、声音的功率谱以及关节体的关节角。复杂的输入可以用高维向量空间中的节点表示，它们通常具有更紧凑的描述。相互耦合的结构导致输入之间的强相关性（例如图像中相邻的像素），产生的观察值依赖或接近低维流形。降维问题涉及将高维输入映射到低维空间，被广泛应用于实际应用中，如人脸图像的预处理、声音的频谱图以及其他多维信号。从本质上讲，它们能够在体积上压缩信号和发现它们变化的压缩表示。

局部线性嵌入算法是基于简单的几何思路。假设数据样本包含 V 个实值向量 $x_i^\ominus$，向量的维度为 P。如果有足够多的数据，我们期望每个数据节点及其邻居都位于或接近流形的局部线性部分。

k-近邻和 ϵ-半径网络构建技术依赖于数据样本之间的成对关系，而线性邻域网络技术[47]在网络构建阶段采用局部线性嵌入方法。因此，该算法在建立连边时使用数据样本的邻域信息，每个数据节点的优化重建依赖于邻点的线性组合[39]。通过这种简化，根据约束优化过程我们定义了网络构建程序，其目标是最小化如下的目标函数：

$$C(\mathbf{A}) = \sum_{i \in \mathscr{V}} \left\| x_i - \sum_{j \in \mathscr{N}(x_i)} \mathbf{A}_{ij} x_j \right\|^2 \tag{4.25}$$

其中，$\mathbf{A}_{ij}$ 表示网络加权邻接矩阵 $\mathbf{A}$ 中节点 x_j 到节点 x_i 的连边的权重，$\mathscr{N}(x_i)$ 表示节点 x_i 的邻域集合，$\|.\|$ 为欧式范数。所有节点的初始邻域以静态方式设置，如可以采用 k-近邻和 ϵ-半径技术。

　⊖　这里的每个数据样本都精确对应一个节点，所以 $N=V$。

根据每个节点对目标函数的权重改写式（4.25），如下：

$$C(\mathbf{A}) = \sum_{i \in \mathcal{V}} C_i(\mathbf{A}) \tag{4.26}$$

其中：

$$C_i(\mathbf{A}) = \left\| x_i - \sum_{j \in \mathcal{N}(x_i)} \mathbf{A}_{ij} x_j \right\|^2 \tag{4.27}$$

在优化函数中，我们采用以下约束条件：

$$\sum_{j \in \mathcal{N}(x_i)} \mathbf{A}_{ij} = 1, \forall\, i \in \mathcal{V}$$

$$\mathbf{A}_{ij} \geqslant 0, i, j \in \mathcal{V} \tag{4.28}$$

权重 $\mathbf{A}_{ij}$ 伴随着节点 x_j 和节点 x_i 的相似性增加而增加。在极端情况下，当 $x_i = x_k \in \mathcal{N}(x_i)$ 时，则 $\mathbf{A}_{ik} = 1$ 且 $\mathbf{A}_{ij} = 0$，$j \neq k$，$x_j \in \mathcal{N}(x_i)$ 为最优解。因此，我们可以利用 $\mathbf{A}_{ij}$ 来计算节点 x_j 和节点 x_i 的相似度。如果节点 x_j 的邻域和节点 x_i 的邻域不同，则 $\mathbf{A}_{ij} \neq \mathbf{A}_{ji}$ 在一般情况下成立。对式（4.27）进行代数运算，有：

$$
\begin{aligned}
C_i(\mathbf{A}) &= \left\| x_i - \sum_{j \in \mathcal{N}(x_i)} \mathbf{A}_{ij} x_j \right\|^2 \\
&= \left\| \sum_{j \in \mathcal{N}(x_i)} \mathbf{A}_{ij} (x_i - x_j) \right\|^2 \\
&= \sum_{j,k \in \mathcal{N}(x_i)} \mathbf{A}_{ij} \mathbf{A}_{ik} (x_i - x_j)^T (x_i - x_k) \\
&= \sum_{j,k \in \mathcal{N}(x_i)} \mathbf{A}_{ij} \mathbf{G}_{jk}^i \mathbf{A}_{ik}
\end{aligned} \tag{4.29}
$$

其中，$\mathbf{G}_{jk}^i$ 表示节点 x_i 局部 Gram 矩阵的第 (j, k) 项，即：

$$\mathbf{G}_{jk}^i = (x_i - x_j)^T (x_i - x_k) \tag{4.30}$$

因此，每个数据项的重建权重可以用下面的标准二次规划问题来求解：

$$\min_{\mathbf{A}} \sum_{j,k \in \mathcal{N}(x_i)} \mathbf{A}_{ij} \mathbf{G}_{jk}^i \mathbf{A}_{ik} \tag{4.31}$$

$$\text{s.t.} \sum_{j \in \mathcal{N}(x_i)} \mathbf{A}_{ij} = 1, \mathbf{A}_{ij} \geqslant 0, \forall\, i \in \mathcal{V}$$

直观地说，我们构建整个网络 $\mathbf{A}$ 的方法是首先将整个网络剪切成一系列重叠的线性模块，然后将它们粘贴在一起。

4.3.5 松弛线性邻域网络

该方法是由文献 [9] 提出的，其是上述线性邻域网络的一个扩展。这种方法的显著优点是它使用动态领域信息，而不是文献 [47] 中的固定的 k 个近邻。总之，该方法通过一系列重叠的线性邻域模块近似描述整个网络，其中邻域 $\mathcal{N}(x_i)$，$\forall\, x_i \in \mathcal{V}$ 是通过判断邻近的数据密度然后动态捕捉得到的。

为替代寻找每个节点x_i固定的k个近邻，松弛线性邻域方法基于邻域信息和被声明为边界内邻居节点的信息来捕捉每个节点的边界集合$\mathscr{B}(x_i)$。通过使用k-近邻和ϵ-半径的组合方法捕捉这种动态特征来定义任意节点x_i和节点x_j之间的邻域：

$$\mathscr{N}_{x_i,k,\in}(x_j)=\begin{cases}1,\left|\mathscr{N}_\in(x_i)\right|>k\\\mathscr{N}_{x_i,k}(x_j),其他\end{cases}\qquad(4.32)$$

其中，$\left|\mathscr{N}_\in(x_i)\right|$表示节点$x_i$在$\epsilon$-半径方法下邻居节点的数目；另外，如果$x_j$在$x_i$的$k$个近邻内，则$\mathscr{N}_{x_i,k}(x_j)\in\{0,1\}$返回1，否则为0。因此，如果在$\epsilon$-近邻（$>k$）内有足够多的节点，则边界就能够确定，否则，我们采用k-近邻方法。任意节点x_i的边界集合定义为：

$$\mathscr{B}(x_i)=\{j\in\mathscr{V}:\mathscr{N}_{x_i,k,\in}(x_j)=1\}\qquad(4.33)$$

必须指出的是，如果仅仅考虑邻域的半径和密度则问题无解。例如，如果我们给k和ϵ赋较大的值，位于密集区域的节点将包含更多的节点。相反，对于相对小的k值和ϵ值，稀疏区域内的节点则更少。所以，我们可以引入一种能够处理宽范围的自适应算法，它应该包含最近似相关节点的邻居节点信息，这可以更智能地考虑邻居节点关系。实现这一目标的方法是在式（4.32）和式（4.33）中扩展邻域的定义，并根据参数$k>0$来计算邻居节点不同距离下的数据敏感度。

$$N_{x_i}(x_j)=\max[1-k\frac{d(x_i,x_j)}{d_{max}},0]\qquad(4.34)$$

其中，d_{max}为网络直径，定义为：

$$d_{max}=\max_{x_i,x_j\in\mathscr{V}}d(x_i,x_j)\qquad(4.35)$$

$d(x_i,x_j)$是一个合适的相异或者距离函数，如在4.2节定义的那些函数。参数k在确定邻域半径方面起重要作用，并按如下方式进行调整：

$$1-k\frac{\epsilon}{d_{max}}=0\Rightarrow k=\frac{d_{max}}{\epsilon}\qquad(4.36)$$

任意给定的节点x_i的新边界集合包含：

$$\mathscr{B}(x_i)=\{x_j\in\mathscr{V}:\mathscr{N}_{x_i}(x_j)\in(0,1]\}\qquad(4.37)$$

用邻域信息来表征网络代替原有的节点相似性度量。类似于文献［39，47］中的研究成果，每个节点都是利用其动态邻点的线性组合来重构的。

$$\min_{\mathbf{A}}\sum_{i\in\mathscr{V}}\parallel x_i-\sum_{j:x_j\in\mathscr{N}(x_i)}N_{x_i}(x_j)\mathbf{A}_{ij}x_j\parallel^2\qquad(4.38)$$

$$s.t.\sum_{j\in\mathscr{V}}\mathbf{A}_{ij}=1,\mathbf{A}_{ij}\geqslant0,\forall i\in\mathscr{V}$$

其中，$N_{x_i}(x_j)\in[0,1]$是邻域到边界集$B(x_i)$的度，$\mathbf{A}_{ij}$为x_j到x_i连边的权重。当$N_{x_i}(x_j)=0$时，则无连边存在。

4.3.6 聚类启发式网络

该网络构建技术在文献 [15] 中有详细介绍。我们知道，k-近邻和 ϵ-半径网络构建方法产生稀疏连边或者密集连边的网络，或许，对于大多数数据挖掘和机器学习任务，这两种极端情况都不可取。例如，从图 4-6 中 300 个数据样本的集合及由不同 k 值的 k-近邻方法产生的网络可以看出，只有在 $k \geqslant 33$ 时，网络的节点才实现全连接。这就意味着我们需要一个非常大的 k 值来实现全连接网络。在这种情况下，生成的网络是密集的，反过来则可能导致在计算过程中效率不高、耗时长；同时由于网络的高均匀性，算法性能较差。

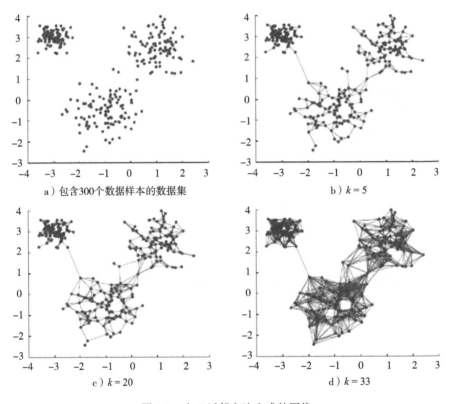

a）包含300个数据样本的数据集   b）$k = 5$

c）$k = 20$ d）$k = 33$

图 4-6 由 k-近邻方法生成的网络

作者在文献 [15] 中提出了一种基于数据聚类启发式的网络构建技术。具体地说，它采用单链路方法来克服上述传统网络构建方法产生的问题。网络构建的聚类启发式算法能够构造全连接和稀疏网络，同时也趋向于保持原始数据集的集群结构，该方法完成网络转化的步骤如下：

1. 首先生成一个完全没有连接的网络，每个节点代表一个数据样本，此过程会形成含有 V 个节点簇（每个节点都在一个孤立的簇中）的网络。

2. 利用距离公式（如欧式距离）构造一个相异矩阵来表示所有簇间的距离。根据单链路原则，两个簇间的相异性通过两个最近节点间的相异性来表示。

3. 识别两个最近的簇，分别用 G_1 和 G_2 表示。

4. 计算 G_1 和 G_2 内节点（数据样本）之间的平均相异度，分别用 D_1 和 D_2 表示。

5. 在 G_1 和 G_2 之间选择最相似的 k 对节点，并按照它们之间的相异度是否小于阈值 d_c（$d_c=\lambda\max(d_1,d_2),\lambda>0$），在 k 对节点之间建立连边。

6. 根据步骤 5 中的计算结果更新相异矩阵。

7. 如果簇的数目大于 1，返回步骤 3。

步骤 7 的目的是保证最终网络是连通的。

为了说明该方法的有效性，图 4-7 给出了采用聚类启发式算法生成的网络。该网络是由三个不同大小和密度的簇组成的人工数据集生成的。在计算中，k 的值分别取 3、5 和 20。可以发现，生成的网络是全连接的，且相对稀疏；同时，原来数据的聚类特性也得到了很好的保留。图 4-8 给出的是改变阈值 λ 后网络的构建情况，同样，生成的网络也非常好。

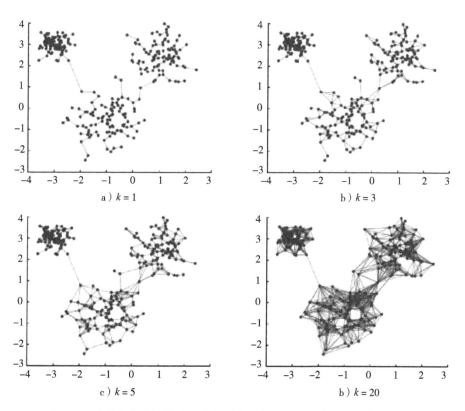

图 4-7　由聚类启发式算法生成的网络。基于图 4-6a 中的数据集，$\lambda=3$

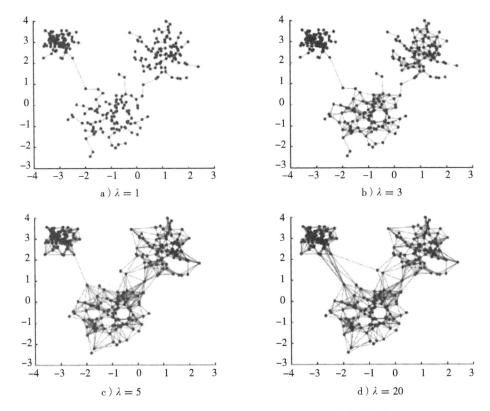

a）$\lambda = 1$

b）$\lambda = 3$

c）$\lambda = 5$

d）$\lambda = 20$

图 4-8 由聚类启发式算法生成的网络。基于图 4-6a 中的数据集，$k = 5$

4.3.7 重叠直方图网络

该网络构建技术在文献 [42] 中有详细介绍。使用重叠直方图技术构建的网络具有如下特性：同一个社团内的节点密集相连，而不同社团的节点稀疏连接。

正如我们已经讨论过的，k-近邻网络技术已经被广泛地应用于机器学习领域。然而，它也存在一些问题，主要如下：（1）所构建的网络不一定是连通网络；（2）所构建的网络不能有效地表达数据的分布状况。例如，考虑一个含有两个簇（一个大一个小）的数据集。如果选择较大的 k 值，这两个簇将高度互连，因为隶属于小簇的节点将被迫连接到大簇；相反，如果 k 值较小，大簇可能会分裂成多个小簇。这两种情况在数据挖掘中都是不可取的。由此文献 [42] 提出了重叠直方图网络构建技术。

定义一个映射函数 $h: \mathscr{X} \mapsto [0,1]$，以一个属性数为 $P > 0$ 的数据项作为输入，并将其转换成单位区间的标量值⊖。函数 h 应是平滑函数，即相似的数据项映射到近似的标量值。例如，在灰度图像中每个节点即是像素，当 $P = 1$ 时，h 仅仅是恒等函数；当 $P > 1$ 时，则可以在特征向量中使用特征的线性加权组合。

⊖ 为不失一般性，我们使用单一区间来描述。

一旦向量形式的数据被转化，根据定义我们可以在 $[0，1]$ 区间构造分布 h 的直方图。我们还定义了使用重叠的直方图分段构造重叠区间 $\mathscr{S}$ 集合，即：

$$\mathscr{S} = \{[0,d]；[d-k,2d]；\cdots；[(M-1)\times d-k,1]\} \tag{4.39}$$

其中，M 为区间数目，$d>0$ 为相邻区间上的非重叠窗口宽度，$k\geqslant 0$ 为重叠因子。另外，重叠因子对于网络的形成至关重要，其目的是不让所产生的网络断开连接。

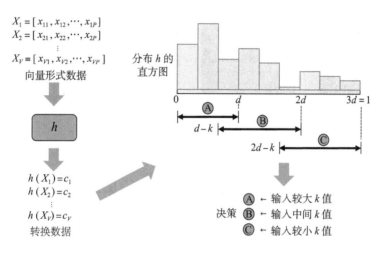

图 4-9　重叠直方图网络构建技术示意图。$d=3$，$k=1$

以 S_i 表示区间内 $i\in\mathscr{S}$ 的节点数目。网络的形成是通过连接 i 内每个节点到其 k_i 个最相似邻点实现的。也就是说，k_i 是自适应的，因为它从间隔到间隔变化。数学上，k_i 表示为：

$$k_i = S_{\max}^2 - (S_{\max} - S_i)^2 \tag{4.40}$$

其中，$S_{\max}=\max(S_1，S_2，\cdots，S_M)$。在先前的例子中，位于大型簇集的节点应有较大 k 值[⊖]，位于小型簇集的节点则有较小 k 值。对于网络生成来说，有两个特性：簇间的连边数目变少；大型簇集不易被分割。整个网络构建过程如图 4-9 所示。

这里我们运用文献 [42] 中的网络构建方法进行像素聚类。对于此类问题，每个像素对应于一个节点。我们使用灰度图像，所以映射函数 h 是恒等函数；而对于聚类问题，我们引入贪心模块化函数。[⊖]

接下来我们讨论利用重叠直方图方法构建网络处理像素聚类问题的潜力。图 4-10 给出了人类大脑的像素聚类结果。因为贪心模块化技术是层次技术，所以我们可以看到不同粒度层次的社团。图 4-10b～d 分别描述的是五个、四个和三个社团的聚类结

⊖　在 k-近邻的意义上读取 k，其中 k 是全局的且是静态的。
⊖　简言之，模块化衡量特定网络分区在社团方面的优势。它的范围是从 0 到 1。模块化越大，社团的定义就越好。详细讨论见第 6 章。

果。当存在五个社团时，网络的形成过程达到了 0.81 的最大模块，认为网络社团为最优状态。图 4-11 给出了人类大脑图像的直方图。为讨论重叠直方图技术与 k-近邻方法的差异，图 4-12 给出了节点数目与 k 值的关系。在 k-近邻方法中，k 值是静态的、全局的；相反，基于重叠直方图的网络构建技术具有自适应的 k 值。

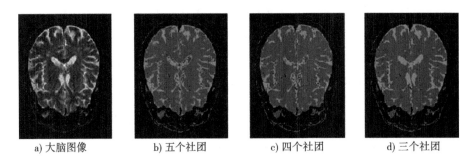

a) 大脑图像   b) 五个社团   c) 四个社团   d) 三个社团

图 4-10   人类大脑的像素聚类。图中的颜色表示聚类，$d=0.008$，$k=0.5d$

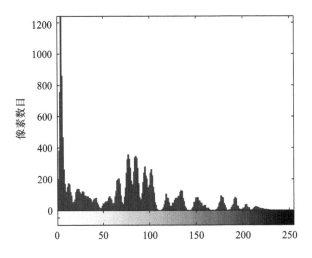

图 4-11   人类大脑图像的直方图。为方便理解灰度，映射函数 h 的像素间距重新调整为
[0，255]，例如，像素中的黑色表示为 0，白色则用 255 表示

图 4-13 给出了另外一个像素聚类示例，利用上述的灰度方法来模拟图中草地上的两只狗，像素的聚类结果如图 4-14a～d 所示。图中最大模块是 0.74，此时共有四个社团；另外，图 4-13 中的灰度直方图见图 4-15。同样，为理解网络如何形成，我们还给出了图 4-16 所示的 k 值和节点数目的关系。从图中可以看出，对应于狗的颜色和背景出现两个峰值。认为这种技术的最大优点是它可以根据社团的大小来自动调整 k 值。

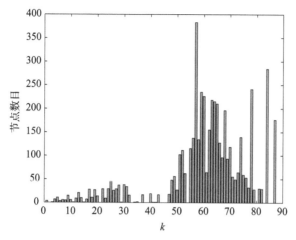

图 4-12　k 值与节点数目的关系，图 4-10a 中的人类大脑头像

图 4-13　示例图，草地上的两只狗

a) 簇 1　　　　　　　　　　　　　　　b) 簇 2

c) 簇 3　　　　　　　　　　　　　　　d) 簇 4

图 4-14　像素聚类结果。$d = 0.008$，$k = 0.5d$

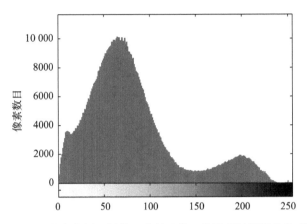

图 4-15   图 4-13 的直方图。同样，映射函数 h 的像素间距调整为 $[0, 255]$

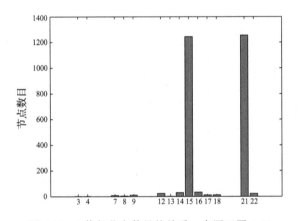

图 4-16 k 值与节点数目的关系。来源于图 4-13

4.3.8   其他网络构建技术

在上述章节中，我们讨论了 k-近邻、ϵ-半径和其他动态网络构建方法。在引入它们时都有一个共同的假设，除原始数据集本身之外，有关数据关系方面的信息没有利用到，该假设与无监督学习本身的内在原理是一致的。然而，半监督学习和监督学习方法提供了额外的信息，而不仅仅是数据样本本身。正如我们知道的，额外的（或者外部的）信息被称为标签或目标。每个数据样本都有一个对应的标签表明其所在的类别。当这些标签为离散数据类型时，则为半监督学习或者监督学习分类问题；当标签为连续数据类型时，学习过程称为半监督学习或监督学习回归问题。

在构建网络过程中，边的形成自然需要考虑数据样本的标签。例如，我们可能感兴趣的是连接属于同一类别的节点对。此约束将导致出现多个网络社团，每个社团都包含同一个类别的节点。另外，我们有时候希望属于不同类别的节点之间建立连接，在这种情况下，每个网络社团都可能包含来自于不同类别的节点。

我们在网络构建过程中采用不同的约束方式定义了网络的拓扑性质。另外，在进行半监督或者监督学习时关于约束的约定不限于样本的标签。例如，假设存在某种方法创建的多个网络社团，如果有一个新的节点满足所有的拓扑结构要求，则可以创建连边。其中拓扑结构要求可以是局部的、混合的和全局的信息。局部信息包括出入度或者出入强度等；混合信息包括聚类系数、紧密性或者介数中心性等；全局信息包括同配性、网络直径和富人俱乐部效应等$^\ominus$。在第 8 章，我们将讨论更多的高级网络构建技术，其方法是利用网络拓扑性质和数据样本的标签来构造网络。

4.4　时间序列数据的网络转化

文献［17］介绍了多种时间序列网络构建方法。时间序列是一列数据点，通常由一段时间内的连续观测所得[22]，例如海洋潮汐、太阳黑子数目和股市每日收盘值。时间序列已经应用在众多科学和工程领域，如统计分析、信号处理、模式识别、计量经济学、数理金融、气象预报、智能交通和轨迹预测、地震预测、脑电图科学、控制工程、天文学和通信工程等[6,7,19,22,32,46]。

时间序列分析中一个有趣的现象是状态循环。形式上，在时间序列动力系统中，不管什么时候当该系统在另一时刻 j 达到状态 x_j，此时的状态 x_j 与初始状态 x_i 足够相似时，表示系统存在循环状态 x_i。通常，时间序列数据是相空间 $\mathscr{S} = \{x_i \in \mathbb{R}^P\}_{i=0}^{\infty}$ 中的一个序列，其中相空间是在区间 Δi 周期性采样的结果，x_i 表示在任意 P 维相空间中时间序列的状态，集合 $\mathscr{S}$ 为时间序列的相空间轨迹。

假设在相空间中我们知道动力系统的轨迹，对应的循环图（RP）由以下循环矩阵表示

$$\mathbf{R}_{ij} = \begin{cases} 1, & \|x_i - x_j\| \leqslant \epsilon \\ 0, & \text{其他} \end{cases} \tag{4.41}$$

其中，$\epsilon > 0$ 表示设定的误差常数。从本质上讲，循环矩阵说明的是时刻 i 和 j 的系统状态对比。如果它们足够相似，则 $\mathbf{R}_{ij} = 1$；相反，当时刻 i 和时刻 j 的状态完全不同，在循环矩阵中对应的数据项为 0。因此，循环矩阵告诉我们系统状态相似发生的时间。

众多学者提出了各种各样的方法来将时间序列数据转化为复杂网络的形式，其中主要的方法为接近网络和转移网络[17]。前者是通过对比时间序列不同部分的相互近似程度来构建网络，而后者考虑的是离散状态间的转移概率。接近网络的网络连通度以数据自适应的局部方式定义，主要以相空间中以任意参考节点为中心的不同区域为考虑对象，其思想可以被理解为一种自适应 ϵ-半径方法（见 4.3 节内容）。而转移网络对应的区域为固定的，也就是说，它们由相空间中一个固定的粗粒化参数确定。相反，

　　$\ominus$　关于网络度量的更全面分类见 2.3.5 节。

接近网络的特点是利用时间序列轨迹的相似性。

在下面的内容中，我们简单介绍几种常用的时间序列数据网络转化技术。

4.4.1   周期网络

Zhang 和 Small[53]首先研究了伪周期时间序列的拓扑特征。他们认为，一个时间序列中的单个周期由无向网络中的节点确定，如果网络中各周期的行为相似，则在节点对之间建立连边。Zhang 等人[54]提出了一个通用的相关系数，适用于相空间中不同长度周期的周期近似度量化。当两个信号的最短时间相对于最长信号滑动时，相关指数被定义为两个信号间相互相关的最大值。假设我们有两个周期 $C_1 = \{x_1, x_2, \cdots, x_\alpha\}$ 和 $C_2 = \{y_1, y_2, \cdots, y_\beta\}$，其中 $\alpha \leqslant \beta^\ominus$，则：

$$\rho(C_1, C_2) = \max_{i=0, \cdots, \beta-\alpha} \langle (x_1, x_2, \cdots, x_\alpha), (y_{1+i}, y_{2+i}, \cdots, y_{\alpha+i}) \rangle \quad (4.42)$$

其中，$\langle .,. \rangle$ 表示两个 α 维向量的标准相关系数。此时，邻接矩阵 $\mathbf{A}$ 的第（i，j）项由下式计算得到：

$$\mathbf{A}_{ij} = \Theta(\rho(C_i, C_j) - \rho_{\max}) - \mathbb{1}_{[i=j]} \quad (4.43)$$

其中，$\Theta(.)$ 为 Heaviside 函数，如果输入参数为正，则输出 1，否则为 0。$\mathbb{1}_{[.]}$ 为 Kronecker delta 函数（或指示函数），当输入为真时，输出为 1，否则为 0。$\rho_{\max}$ 为任意两个给定周期（节点）之间的最大可达到的相关性。引入 Kronecker delta 函数的目的是防止网络节点的自循环。另外一种量化周期相近程度的方法是基于相空间距离的[53]，它表示为：

$$D(C_1, C_2) = \min_{i=0, \cdots, \beta-\alpha} \frac{1}{\alpha} \sum_{j=1}^{\alpha} \| x_j - y_{j+i} \| \quad (4.44)$$

利用相空间距离公式，可以计算得到邻接矩阵：

$$\mathbf{A}_{ij} = \Theta(D_{\max} - D(C_i, C_j)) - \mathbb{1}_{[i=j]} \quad (4.45)$$

周期网络对于相加性噪声具有鲁棒性，而且避免了显式时延嵌入。

4.4.2   相关网络

考虑时间序列由状态向量 x_i 表示，也就是说，有一个时间序列集合，我们想构建一个表征网络。皮尔森相关系数计算公式如下：

$$r_{ij} = \frac{\text{cov}(x_i, x_j)}{\sigma_{x_i} \sigma_{x_j}} \quad (4.46)$$

其中，$\text{cov}(x_i, x_j)$ 表示时间序列向量 x_i 和 x_j 之间的协方差，σ_{x_i} 为向量 x_i 的标准差。

因此，$1-r_{ij}$ 就可以表示为时间序列数据中的相似度。当 $1-r_{ij}$ 大于给定的阈值 r

⊖   为不失一般性，我们定义长度假设。如果不是这样，我们可以简单地重新定义 C_1 和 C_2。

时，在两个状态或节点 i 和 j 之间建立连边[20,51]，则可以形成网络，即：

$$\mathbf{A}_{ij} = \Theta(r - r_{ij}) - \mathbb{1}_{[i=j]} \tag{4.47}$$

4.4.3 循环网络

循环网络是一种复杂网络，其邻接矩阵由时间序列的循环矩阵给出，计算方法见式（4.48）。定义循环网络的邻接矩阵如下：

$$\mathbf{A}_{ij} = \mathbf{R}_{ij} - \mathbb{1}_{[i=j]} \tag{4.48}$$

由于循环矩阵可以用不同方式定义，因此存在多种循环网络类型，其特征主要源于网络结构特性，如 k-近邻网络和 ϵ-循环网络[18,20,35]。在 k-近邻网络中，考虑每一个观测向量作为一个节点 i，然后连接到它在相空间中的 k 个近邻。在 ϵ-循环网络中，节点（时间序列）的邻点都是在预定义相空间中距离 ϵ 内的时间序列。

4.4.4 转移网络

此方法主要用于构建单一时间序列网络。构建网络的第一步是找出时变信号的振幅。在此区间，将其离散成一个含有 K 个类别的集合 $\mathscr{S} = \{S_1, \cdots, S_K\}$。转移概率度量信号从一个类（区域）跳到另一个类的可能性[37,41]。数学上，可以用 $\pi_{\alpha\beta} = P(x_{i+1} = S_\beta | x_i = S_\alpha)$ 来表示信号由区域 S_α 转移到区域 S_β 的概率。这种方法与文献 [16] 提出的相空间中静态分组的符号离散化是等效的。

与邻近网络不同，转移网络主要利用观测数据的时间顺序，即它们的连接性代表观测系统动力学中的因果关系。通过在离散状态 S_α 和 S_β 之间引入截止因子 $p < 1$ 到转移概率 $\pi_{\alpha\beta}$，可以获得一个无权重有向网络来表征时间序列。

根据介数中心性和相关度量原则，转移概率方法非常适合用于识别对系统的因果演化过程有特殊重要性的状态。不过，其主要缺点是对于振幅变化较小的信号信息损失较大[16]。

4.5 网络构建方法分类

在本节，我们主要根据在网络构建过程中使用的信息类型进行网络构建方法的分类，分类如下：

- 准局部信息方法：这些方法通常仅使用数据的几何特征，如节点对之间的最短距离。因此，它们只使用一小部分节点的信息来构造连边。
- 远程信息方法：这些方法不仅利用局部几何信息，而且也利用像最短路径轨迹等长距离信息。也就是说，我们不仅计算成对最短路径端点之间的距离，而且还使用最短路径轨迹本身的信息。与此相反，属于准局部信息分类的网络构建技术仅利用最短路径长度信息。

- **全局信息方法**：这些方法同时利用来自所有数据样本的信息来构建网络，例如，它依赖数据分布本身来调整网络生成过程的参数。

表 4-2 和表 4-3 分别给出了基于向量和时间序列的网络构建技术。以准局部信息方法进行的网络构建技术通常具有简单性和通用性等特点，而且它们可以应用于任何数据集和机器学习任务。但是，它们忽略了隐藏在数据关系中的全局信息，并不是专门针对特定领域的任务。而属于远程信息和全局信息方法的网络构建技术更加成熟，它们能够同时挖掘数据关系中的局部和全局特性。然而，它们常常被用于具有特定目的的任务。例如，聚类启发式方法倾向于以数据样本聚类为目标构建网络。运用全局信息的方法是本书的主要研究方向。

表 4-2   基于向量的网络构建技术分类

定　义	网络构建方法	方法分类
4.3.1 节	k-近邻	准局部信息
4.3.1 节	ϵ-半径	准局部信息
4.3.2 节	k-近邻和 ϵ-半径组合技术	准局部信息
4.3.3 节	b-匹配网络	远程信息
4.3.4 节	线性邻域网络	远程信息
4.3.5 节	松弛线性邻域网络	远程信息
4.3.6 节	聚类启发式网络	远程信息
4.3.7 节	重叠直方图网络	全局信息

表 4-3   时间序列网络构建技术分类

定　义	网络构建方法	方法分类
4.4.1 节	周期网络	准局部信息
4.4.2 节	相关网络	准局部信息
4.4.3 节	循环网络	准局部信息
4.4.4 节	转移网络	准局部信息

4.6   非结构化数据网络转化的难点

上面我们已经讨论了几种网络构建技术。当采用基于网络的机器学习方法处理数据时，通常要做几种选择：所要生成网络的类型和网络构建参数。然而，对于怎样去做出选择目前在文献中还很少被关注。在监督学习中该问题并不是太重要，主要是因为参数可以通过交叉验证来设置。在无监督学习和半监督学习中上述问题应值得关注。

虽然不同的研究人员采用不同的启发式方法来设置这些参数，但只有很少数人进行过系统的实证分析。例如，结果对于网络构建参数的敏感度试验。当我们试图定义理论模型时，上述问题将更加严重。

在无监督学习领域，文献［34］研究了在最近邻网络（k-近邻和ϵ-半径）中的归一化割等聚类度量方法。研究认为，归一化割集收敛到不同的极限结果取决于选定的网络构造准则。所有这些最近邻网络导致的不同聚类准则这一事实表明我们不能撇开网络单独研究这些准则。

而对于半监督学习问题则不同。根据文献［55］的研究，如果仅有很少的标签样本，则对于模型选择没有可靠的方法。不幸的是，标签获取常常比较昂贵。在文献中，我们发现了大量研究正则化的框架，可以从本质上解决约束优化过程。这些正则化方法包含两个抽象术语：损失和正则化，其中损失项用于惩罚标签样本，正则化项将标签传播到未标记的样本。文献［56, 57］提出的算法主要是用来调整或引出新的建模方法。标签的传播过程在很大程度上取决于网络拓扑结构，关于此问题，众多文献已经做了广泛研究。但到现在为止，很少文献涉及分析网络拓扑结构本身，这也是网络形成过程的核心。因此，一个实际的问题是生成的网络是否能表征向量数据。如果不是这种情况，那么标签扩散过程可能会有缺陷，因而生成的网络也不准确。尽管它们大多缺乏理论框架，但我们还是在文献中总结出一些关于网络构建的经验[56]：

- 利用领域知识构建网络。例如，文献［3］利用领域知识构建了视频监视网络，其中网络摄像机图像网络由时间连边、颜色连边和脸部连边组成。这种网络反映了对问题的深刻理解，以及对无标签数据的处理方法。但需要注意的是领域知识的获得需要人类专家的努力，同时专家打标签的过程也是昂贵和耗时的。此外，连边过程计算较慢，因为它涉及函数映射问题，即$\mathscr{V} \times \mathscr{V} \mapsto \mathbb{R}$，也就是说，我们必须考虑任意节点对之间潜在连边的权重⊖。尽管领域知识可以提高机器学习算法的性能，但随着数据量的增加，此种方法将变得不可行。

- 最近邻网络的构建。经验上，较小k值的k-近邻网络性能优越。我们还可以利用高斯核函数等构建近似完全的网络。另外，在稀疏化过程中，也可以运用一些技巧，例如，文献［8］通过扰动和删除边构建多个最小生成树，随之生成的网络鲁棒性更强。又如，当使用高斯函数作为连边权重时，高斯函数带宽选择要推敲；反过来，有学者[52]提出一种交叉验证的方法，通过最小化预测平均误差和给定标签来调整每个特征维度的带宽。

- 利用局部拟合过程构建网络。文献［23, 24］提出了一种从流形中去掉噪声的方法。也就是说，数据点被假定为一些未知流形的含噪声样本。他们把这类去

⊖   相反，节点标记是一种映射任务$\mathscr{V} \mapsto \mathscr{Y}$，它比连边标记快得多。

噪声算法作为基于网络的半监督学习方法的预处理步骤，以便从更好的分离数据点构建网络。这样的预处理过程可以提高半监督学习的分离精度。

4.7　本章小结

在本章中，我们讨论了利用向量和时间序列数据构建网络过程中所涉及的主要内容。特别是，在构建网络时需要一个适当的相似性函数和创建连边的策略，基于此，本书也对几个相似性函数进行了阐述。另外，对常用的网络构建方法的优点和缺点也进行了讨论。最后，提出了在构建可靠的网络时，我们需要面对的难点和挑战。

参考文献

1. Aggarwal, C.C.: Mining text data. In: Data Mining, pp. 429–455. Springer International Publishing, New York (2015)
2. Baeza-Yates, R., Ribeiro-Neto, B.: Modern Information Retrieval. ACM Press, New York (1999)
3. Balcan, M.F., Blum, A., Choi, P.P., Lafferty, J., Pantano, B., Rwebangira, M.R., Zhu, X.: Person identification in webcam images: an application of semi-supervised learning. In: ICML 2005 Workshop on Learning with Partially Classified Training Data, vol. 2. ACM Press (2005)
4. Baroni-Urbani, C., Buser, M.W.: Similarity of binary data. Syst. Zool. **25**, 251–259 (1976)
5. Belkin, M., Niyogi, P.: Laplacian eigenmaps for dimensionality reduction and data representation. Neural Comput. **15**(6), 1373–1396 (2003)
6. Bloomfield, P.: Fourier Analysis of Time Series: An Introduction. Wiley, New York (1976)
7. Brockwell, P.J., Davis, R.A.: Introduction to Time Series and Forecasting. Springer, New York (1996)
8. Carreira-Perpiñán, M.A., Zemel, R.S.: Proximity graphs for clustering and manifold learning. In: Saul, L.K., Weiss, Y., Bottou, L. (eds.) Advances in Neural Information Processing Systems, MIT Press, Cambridge, MA, vol. 17, pp. 225–232 (2004)
9. Celikyilmaz, A., Hakkani-Tur, D.: A graph-based semi-supervised learning for question semantic labeling. In: Proceedings of the NAACL HLT 2010 Workshop on Semantic Search, pp. 27–35. Association for Computational Linguistics, Los Angeles, CA (2010)
10. Celikyilmaz, A., Thint, M., Huang, Z.: A graph-based semi-supervised learning for question-answering. In: Proceedings of the Joint Conference of the 47th Annual Meeting of the ACL and the 4th International Joint Conference on Natural Language Processing of the AFNLP: Volume 2 - Volume 2, ACL '09, pp. 719–727. Association for Computational Linguistics (2009)
11. Cha, S.H.: Comprehensive survey on distance/similarity measures between probability density functions. Int. J. Math. Models Methods Appl. Sci. **1**, 300–307 (2007)
12. Chao, A., Chazdon, R.L., Colwell, R.K., Shen, T.J.: Abundance-based similarity indices and their estimation when there are unseen species in samples. Biometrics **62**(2), 361–371 (2006)
13. Cock, M.D., Kerre, E.: On (un)suitable relations to model approximate equality. Fuzzy Sets Syst. **133**, 137–153 (2003)
14. Colwell, R., Coddington, J.: Estimating terrestrial biodiversity through extrapolation. Philos. Trans. R. Soc. B Biol. Sci. **345**, 101–118 (1994)
15. Cupertino, T.H., Huertas, J., Zhao, L.: Data clustering using controlled consensus in complex networks. Neurocomputing **118**, 132–140 (2013)
16. Donner, R., Hinrichs, U., Scholz-Reiter, B.: Symbolic recurrence plots: A new quantitative framework for performance analysis of manufacturing networks. Eur. Phys. J. Spec. Top. **164**(1), 85–104 (2008)

17. Donner, R.V., Small, M., Donges, J.F., Marwan, N., Zou, Y., Xiang, R., Kurths, J.: Recurrence-based time series analysis by means of complex network methods. Int. J. Bifurcation Chaos **21**(4), 1019–1046 (2010)
18. Donner, R.V., Zou, Y., Donges, J.F., Marwan, N., Kurths, J.: Recurrence networks – a novel paradigm for nonlinear time series analysis. New J. Phys. **12**, 033025 (2010)
19. Durbin, J., Koopman, S.J.: Time Series Analysis by State Space Methods. Oxford University Press, Oxford (2001)
20. Gao, Z., Jin, N.: Flow-pattern identification and nonlinear dynamics of gas-liquid two-phase flow in complex networks. Phys. Rev. E **79**, 066303 (2009)
21. Giguère, S., Laviolette, F., Marchand, M., Tremblay, D., Moineau, S., Liang, X., Biron, A., Corbeil, J.: Machine learning assisted design of highly active peptides for drug discovery. Public Libr. Sci. Comput. Biol. **11**(4), e1004074 (2015)
22. Hamilton, J.D.: Time Series Analysis. Princeton University Press, Princeton, NJ (1994)
23. Hein, M., Maier, M.: Manifold denoising. In: Advances in Neural Information Processing Systems, vol. 19, pp. 561–568. MIT Press, Cambridge (2007)
24. Hein, M., Maier, M.: Manifold denoising as preprocessing for finding natural representations of data. In: Association for the Advancement of Artificial Intelligence, pp. 1646–1649. AAAI Press, San Jose (2007)
25. Huang, B.C., Jebara, T.: Loopy belief propagation for bipartite maximum weight b-matching. In: International Conference on Artificial Intelligence and Statistics, pp. 195–202 (2007)
26. Jaccard, P.: Etude comparative de la distribution florale dans une portion des Alpes et des Jura. Bull. Soc. Vaud. Sci. Nat. **37**, 547 (1901)
27. Jebara, T., Wang, J., Chang, S.F.: Graph construction and b-matching for semi-supervised learning. In: Proceedings of the 26th Annual International Conference on Machine Learning, ICML '09, pp. 441–448. ACM, New York, NY (2009)
28. Koleff, P., Gaston, K.J., Lennon, J.J.: Measuring beta diversity for presence-absence data. J. Anim. Ecol. **72**(3), 367–382 (2003)
29. Kumar, B.V.K.V., Hassebrook, L.G.: Performance measures for correlation filters. Appl. Opt. **29**, 2997–3006 (1990)
30. Libbrecht, M.W., Noble, W.S.: Machine learning applications in genetics and genomics. Nat. Rev. Genet. **16**, 321–332 (2015)
31. Lopez, J.P.H.: Análise de dados utilizando a medida de tempo de consenso em redes complexas (2011). Master Thesis, Instituto de Ciências Matemáticas e de Computação, Universidade de São Paulo (USP)
32. Luetkepohl, H.: Introduction to Multiple Time Series Analysis. Springer, New York (1991)
33. MacCuish, J.D., MacCuish, N.E.: Clustering in Bioinformatics and Drug Discovery. CRC Press, Boca Raton (2010)
34. Maier, M., von Luxburg, U., Hein, M.: Influence of graph construction on graph-based clustering measures. Neural Inf. Process. Syst. **22**, 1025–1032 (2009)
35. Marwan, N., Donges, J.F., Zou, Y., Donner, R.V., Kurths, J.: Complex network approach for recurrence analysis of time series. Phys. Lett. A **373**, 4246–4254 (2009)
36. Morisita, M.: Measuring of interspecific association and similarity between communities. Mem. Fac. Sci. Kyushu Univ. Ser E (Biology) **3**, 65–80 (1959)
37. Nicolis, G., Cantú, A.G., Nicolis, C.: Dynamical aspects of interaction networks. Int. J. Bifurcation Chaos **15**(11), 3467–3480 (2005)
38. Orozco, J., Belanche, L.: Towards a mathematical framework for similarity and dissimilarity. Technical Report, University of Sevilla (2005)
39. Roweis, S.T., Saul, L.K.: Nonlinear dimensionality reduction by locally linear embedding. Science **290**, 2323–2326 (2000)
40. Santini, S., Jain, R.: Similarity measures. IEEE Trans. Pattern Anal. Mach. Intell. **21**(9), 871–883 (1999)
41. Shirazi, A.H., Reza Jafari, G., Davoudi, J., Peinke, J., Tabar, M.R.R., Sahimi, M.: Mapping stochastic processes onto complex networks. J. Stat. Mech: Theory Exp. **2009**, P07046 (2009)
42. Silva, T.C., Zhao, L.: Pixel clustering by using complex network community detection technique. In: Proceedings of 7th International Conference on Intelligent Systems Design and Applications, pp. 925–932. IEEE Computer Society (2007)
43. Silva, T.C., Zhao, L.: Network-based high level data classification. IEEE Trans. Neural Netw. Learn. Syst. **23**(6), 954–970 (2012)

44. Silva, T.C., Zhao, L.: High-level pattern-based classification via tourist walks in networks. Inf. Sci. **294**(0), 109–126 (2015). Innovative Applications of Artificial Neural Networks in Engineering

45. Sørensen, T.: A method of establishing groups of equal amplitude in plant sociology based on similarity of species and its application to analyses of the vegetation on Danish commons. Biol. Skr. **5**, 1–34 (1948)

46. Tsay, R.S.: Analysis of Financial Time Series. Wiley Series in Probability and Statistics. Wiley-Interscience, Hoboken, NJ (2005)

47. Wang, F., Zhang, C.: Label propagation through linear neighborhoods. IEEE Trans. Knowl. Data Eng. **20**(1), 55–67 (2008)

48. Williams, J., Steele, N.: Difference, distance and similarity as a basis for fuzzy decision support based on prototypical decision classes. Fuzzy Sets Syst. **131**, 35–46 (2002)

49. Wolda, H.: Similarity indices, sample size and diversity. Oecologia **50**(3), 296–302 (1981)

50. Xu, Z., Xia, M.: Distance and similarity measures for hesitant fuzzy sets. Inf. Sci. **181**(11), 2128–2138 (2011)

51. Yang, Y., Yang, H.: Complex network-based time series analysis. Physica A **387**, 1381–1386 (2008)

52. Zhang, X., Lee, W.S.: Hyperparameter learning for graph based semi-supervised learning algorithms. In: The Conference on Neural Information Processing Systems (NIPS) (2006)

53. Zhang, J., Small, M.: Complex network from pseudoperiodic time series: topology versus dynamics. Phys. Rev. Lett. **96**, 238701 (2006)

54. Zhang, J., Luo, X., Small, M.: Detecting chaos in pseudoperiodic time series without embedding. Phys. Rev. E **73**, 016216 (2006)

55. Zhou, D., Bousquet, O., Lal, T.N., Weston, J., Schölkopf, B.: Learning with local and global consistency. In: Advances in Neural Information Processing Systems, vol. 16, pp. 321–328. MIT Press, Cambridge (2004)

56. Zhu, X.: Semi-supervised learning literature survey. Technical Report 1530, Computer Sciences, University of Wisconsin-Madison (2005)

57. Zhu, X., Goldberg, A.B.: Introduction to Semi-Supervised Learning. Synthesis Lectures on Artificial Intelligence and Machine Learning. Morgan and Claypool Publishers, San Francisco (2009)

基于网络的监督学习

摘要　本章中，我们介绍网络环境下的监督学习算法。这些方法利用标签形式的外部信息来诱导或训练网络模型。一般情况下，学习过程分为两个阶段：训练阶段和测试阶段。在第一阶段，模型根据专家对数据给定的外部信息进行学习；在第二阶段，模型对未知数据进行测试以验证其泛化能力。在基于网络的监督学习方法中，这两个阶段都在网络中根据外部信息进行模型的创建和更新。在测试阶段，通常网络结构是静态的，因为新的数据项被分类了。但也有一些算法试图在分类阶段进行模型网络结构的自我更新。在这一章中，我们将对典型的基于网络的监督学习方法进行讨论，提出基于网络的监督学习方法的缺点和优点。

5.1　引言

文献［4，10］对基于网络的无监督学习和半监督学习算法进行了广泛的研究。然而，基于网络的监督学习算法研究仍然较少[3]。在网络环境下监督学习的研究仍然有很大的发展空间。文献[2,5,19]中提到的一些基于网络的半监督学习方法，都可以在增加一定数量的已标记数据的情况下转换成监督学习方法。但是，这些方法在训练阶段主要考虑的都是未标记数据，在训练中首先使用已标记数据形成网络模型，然后使用未标记数据进行模型更新。在这种情况下，如果在大多数情况下数据都是已标记的，那么未标记数据在网络模型形成中的作用就很小。因此，在学习过程中使用已标记数据的规则监督学习才是可行的[3]。

另一种基于网络监督学习的分类方法是关系分类。这种类型的监督学习处理的数据与典型方法处理的数据不同，它违反了数据的独立性假设，因为数据的标签不仅依赖于数据本身的属性，而且依赖于邻域数据的标签[14]。这种数据通常以网络形式（也称为网络数据）表示，其中一部分节点被标记，另外一些节点未被标记。该算法的任务是预测未标记节点的标签。相关的分类技术可以应用于解决多种问题，如在基因序列中分析分子的用途[17]、科研论文链接的分类[13]、链接预测[12]等。再比如，在社交网络[1,7,9,12]中预测当前没有关联的两个点在未来某一时间连接的可能性[9]。这种方法有广泛应用，其中包括：消费者行为预测，学者的科研动态预测，犯罪网络结构研究，微生物学或生物医学领域的结构分析。所有这些应用都需要更高效、更通用的链接预测算法，因而基于网络的监督学习算法成为一个重要且具有吸引力的研究课题。另一方面的应用也与关系分类有关，如创建一个小连通子图模拟社交网络中两个节点之间的关系。在这方面，文献［8］提出了一种基于电路循环定律的复杂社交网络连通子图确定算法。文献［9］还证明了连通子图可以有效地模拟监督学习预测问题中的拓扑特征值，特别是当网络非常复杂的时候。

在网络中以相互关联的方式来推断相关节点标签的算法中较为著名的是集合推理模型[16]。与传统的分类技术相比，这种方法可以显著减少错误分类[11]。集合推理模型可以同时使用数据属性和数据关系特征来进行分类。基于向量的传统方法将数据项视为独立的，因此可以在实例的基础上推断每个数据的标签。对于网络数据，一个数据项（节点）的标签可能对与之相关节点的标签具有一定影响。此外，节点的标签也可能与网络上与之间接相连的节点标签相关，有研究表明，同时对所有节点的标签信息进行预测可能更有意义。集合推断对关联数据同时进行统计判断某个属性的值或网络中某些属性未知的多个实体的属性值[16]。

学者们也提出了一些在学习过程中某一特定阶段使用集合推理的算法。例如朴素贝叶斯或关系概率树等算法，采用局部分类器预测每个未标记节点的标签，并进一步使用如 ICA[13] 或 Gibbs 抽样[11] 等集合推理算法重新迭代修改节点的标签。这种方法称为局部分类法。另一种方法称为基于全局公式的方法，这种方法使用全局算法，对关联数据和非关联数据进行训练和推断，这种算法不使用单独的局部分类器，而是以优化全局目标函数为目标进行训练。这些算法包括循环信念传播和松弛标记法等[18]。为了建立一种通过网络关联数据分类的方法，文献［15］提出了一种基于网络的监督学习模型框架。该模型框架主要由三部分组成：一是局部分类器，主要利用训练集来形成概率分布模型；二是关系分类器，其目的也是估计样本的概率分布，但与局部分类器不同的地方是它考虑网络中相邻关系的影响；三是集合推理部分，进一步细化对样本类别的预测。

虽然集合推理具有一定的优势，但在某些情况下也会导致错误的判断，与非关系方法相比，这种方法的分类精度可能更低。比如，一个错误的预测标签可能在下一步的迭代中影响邻域节点的预测，也可能通过网络路径传播这个错误影响其他节点[16]。一方面，采用网络的方式描述数据已经成为一种趋势；另一方面，一些方法考虑将网络数据转换成原始的、基于向量的数据，以便应用诸如支持向量机和神经网络等经典方法。非关系方法提取网络数据特征来构建训练样本的向量集。该算法从给定的关联数据中提取特征的任务可以根据节点的标签存在与否来划分，将它们分别标记为非独立标签和独立标签。非独立标签使用网络结构和标签信息贯穿相邻节点，而独立标签只考虑网络结构[16]。非关系方法假设网络为一个图核，用图核估计一个网络边缘或两个网络之间整体的相似性。简单地说，非关系方法使用一个内核在网络上建立相似度评价指标。非关系方法应用的主要难点是定义适合于网络结构的内核，以及对内核合理有效性的评价。

5.2 典型的基于网络的监督学习技术

本节我们介绍几种具有代表性的基于网络的监督学习算法。

5.2.1 基于 k-关联图的分类算法

文献［3］首先提出了基于 k-关联图的分类算法。作为一种基于网络的机器学习算法，k-关联图分类算法同样也是将训练集数据形成网络——有向 k-关联图。k-关联图是建立在基于向量的数据集上的，算法将向量数据项抽象为节点和边。在用给定的 k 值构建 k-关联图后，在训练和测试阶段都对网络中的每一部分进行纯度测试，用于确定最佳的网络分类。k-关联图中的边根据修正的 k-近邻算法确定。在这种特殊网络形成的启发式算法中，只有具有相同标签或类的节点才允许相连。算法模型根据这个简单规则逐步形成整个网络。

网络中每个部分（孤立子图）纯度的定义是：给定参数值 k，利用修正的 k-近邻算法形成网络，每个节点最多可以具有 $2k$ 个连接。由于网络为有向网络，每个节点度的取值范围为 $[k, 2k]^{\ominus}$。纯度测试确定了每个节点度取值的可行性区间。本质上，它量化了同一类的节点之间有效创建的边的数量与每个节点可能连接的总数值 $2k$ 之间的比值。网络的某一组件 α 的纯度 $\phi^{(\alpha)}$ 的数学表达式为：

$$\phi^{(\alpha)} = \frac{\bar{k}^{(\alpha)}}{2k} \tag{5.1}$$

式中 $\bar{k}^{(\alpha)}$ 表示组件 α 的平均度，$\alpha \in \mathscr{G}$。一般来说，纯度值接近 1 表明网络的很大一部分边由节点共享，从而形成网络的高密度组件；而较低的纯度值表明高等级的类组件与不同的类组件为混合状态。较大的数值表明组件间的连接较为纯洁，正是因为这个原因，$\phi^{(\alpha)}$ 才称为 α 的纯度。纯度值可以设想为节点间连接的先验概率。分类器利用这个属性来确定各个样本的分类。

在前面所提到的算法中，我们可以注意到，参数 k 在训练阶段的学习过程中起着关键作用，因为它的值对模型的拓扑结构有相当大的影响。由于这个原因，文献［3］

⊖   在无向网络中情况与其不同，每个顶点的度都为 $2k$，因为当顶点 $j \in \mathscr{V}$ 是顶点 $i \in \mathscr{V}$ 的 k-近邻时，反向的边总是存在。

提出了一种估计每个组件 k 值的方法。由于纯度值的不同，相较而言，有些网络可能比其他网络具有"更好"的组件。对所有的网络组件使用统一或唯一的 k 值建立网络模型很难具有较好的网络拓扑结构。单一的 k 值将产生大小几乎完全相同的网络组件，由此导致网络模型的结构和纯度将受到 k 的唯一可能值的限制。因此，可以将同一数据空间采用 k 的多个倍数值来表示。通过这种方式，形成各类组件相对独立的规模大小和纯度值，从而使每一类组件都可以根据具体的数据分布情况确定 k 值以形成最佳的网络模型。考虑到这一点，为了获得最佳的网络模型，建议采用不统一的、局部化的 k 值，也就是每个网络组件都有它自己的最佳 k 值。最佳的网络模型是通过单独确定各个组件的 k 值得到的，此时每个网络组件的纯度是最高的。此时，由最佳 k 值形成的网络模型和网络组件称为最佳 k-关联图。

为了得到最佳 k-关联图，操作步骤是从 k 的最小取值开始逐一计算各网络组件。对每个 k 值和网络组件分别计算纯度值，比较由不同 k 值产生的 k-关联图。组件具有最高纯度的 k 值被保留下来，其他的取值则被舍去。

获得最佳 k-关联图后，学习过程进入测试阶段。在这一阶段，文献［3］采用了贝叶斯分类器进行分类。与我们在其他文献中遇到的采用固定大小比例的传统方法不同，这里采用的先验概率是根据每个组件的归一化纯度值计算得到的。

这种算法最大的优势是不需要调整参数，从而减少了外部模型选择这一步骤。然而，由于该算法必须根据基于向量的数据集创建网络，所以算法的时间复杂度较大，至少为 $\mathscr{O}(V^2)$。

5.2.2 网络学习工具：NetKit

这种方法在文献［15］中首次提出。这是一种基于网络的机器学习算法，而不是一种跨网络学习算法。在基于网络的机器学习算法中，训练数据与测试数据直接相关，用于估计测试数据的标签或类。相反，在跨网络学习算法中，我们经常从一个网络中学习，并将所得到的模型应用于另一个独立的、可能相似的网络中。本质上，该工具包由三种方法组成，每种方法侧重于数据项的不同属性或结构。这些方法是：

- 非关联（局部）法：这是一种只使用数据项的局部信息学习的方法，即只使用数据项自身的属性信息来估计它们的标签或类。局部法可以用来生成关系学习和集合推理的初始模型，也可以作为集合推理过程中模型的验证方法。传统的机器学习方法通常属于这种方法。
- 关联法：与非关联法相比，关联法利用网络中节点的相互关系以及相关实体的属性，节点之间也可能通过连通的路径互相影响。关联法也可以利用数据项本身的属性。

- 集合推理法：集合推理法对未知属性统一进行估计，得到的属性值可能互相之间具有一定的关联。

选择上述三种方法中的任意一种都可以建立新的分类器。其中一些著名的分类器就属于上述方法中的一种。例如，朴素贝叶斯分类器属于非关联（局部）分类法，朴素贝叶斯马尔可夫随机场属于关联分类法，Chakrabarti 等人提出的松弛标签属于集合推理分类法[15]。

值得一提的是，集合推理分类法可以探索数据的自相关性，这也是相互关联数据中广泛存在的特性。这种现象也表明，一个数据的某一变量与另一个数据的同一变量高度相关。集合推理通过对多个数据同时进行推断，在某些情况下可以显著减少分类错误。

NetKit 的作用主要体现在三方面：(i) 对现有的网络数据分类方法进行了全面比较，并对它们进行了分类；(ii) 支持通过其模块化和可扩展性的特点创建和使用其他新算法；(iii) 可以分析和比较个体的组成和结构。由于 NetKit 比较了多种数据集分类算法，对基于网络的机器学习分类方法进行了系统研究，使 NetKit 受到了学者们的广泛关注。

5.2.3 易访问启发式的分类算法

这种基于网络的监督学习分类算法是由文献［6］提出的。这种算法使用网络环境中的"易访问"启发式算法执行分类任务。易访问性是基于马尔可夫链理论中的极限概率而衡量的。首先，一组标记数据被映射为网络的节点。可以将这个网络看成一个离散的马尔可夫链，每个节点代表马尔可夫过程中的一个状态。当对未标记数据进行分类时，这个只包含标记数据的网络，边的权值将被修改，这些边的权值将重新考虑未标记数据的偏置信息。在计算得到改进的极限概率后，未标记数据的类标签采用最容易达到的标记数据表示，这样的偏置信息将逐步改变网络结构。

分类问题需要一个给定的标记数据集 $\mathscr{L} = \{x_1, x_2, \cdots, x_L\}$，每个数据具有 P 个属性 $x_i = (x_{i1}, x_{i2}, \cdots, x_{iP})$，集合中的每个数据项都有一个标签 $y \in \mathscr{Y}$，需要估计标签的未标记数据集 $\mathscr{U} = \{x_{L+1}, x_{L+2}, \cdots, x_{L+U}\}$。一共有 L 个标记数据，U 个未标记数据。分类技术分为两个经典阶段：训练阶段和测试阶段。

5.2.3.1 训练阶段

在训练阶段，算法首先创建无向无环边加权网络 $\mathscr{G} = (\mathscr{V}, \mathscr{E})$。网络中的节点表示标记数据，其中 $\mathscr{V} = \mathscr{L}$，权重值由相似函数（详见 4.2 节）和网络形成策略（详见 4.3

节）计算得到。在训练阶段结束时，我们可以得到训练网络模型 $\mathscr{G}$。

5.2.3.2　测试阶段

为了对未标记数据 $x \in \mathscr{U}$ 进行分类，首先需要计算数据的权值 $s = [s_1, s_2, \cdots, s_L]$，该向量的每一项元素 s_i 表示 x 与已标记节点 i 的相似度。然后，节点 x 被插入训练网络 $\mathscr{G}$ 中，计算它与其他标记节点在网络中的链接权值，计算完成后再从 $\mathscr{G}$ 中删除。然后，对 L 个节点的加权非对称邻接矩阵进行如下修正：

$$\hat{\mathbf{A}} = \mathbf{A} + \epsilon\,\hat{\mathbf{S}} \tag{5.2}$$

其中 $\mathbf{A}$ 表示原始的邻接矩阵，$\hat{\mathbf{A}}$ 表示修正后的邻接矩阵，ϵ 是非负参数，$\hat{\mathbf{S}}$ 是如下所示的 $L \times L$ 矩阵：

$$\hat{\mathbf{S}} = \begin{bmatrix} \mathbf{S}_{(1)} \\ \mathbf{S}_{(2)} \\ \vdots \\ \mathbf{S}_{(L)} \end{bmatrix} \tag{5.3}$$

其中 $\mathbf{S}_{(i)}$ 是 $L \times 1$ 向量，向量的元素全为 s_i。从式（5.2）可以知道，未标记数据 x 的权值偏置矩阵 $\hat{\mathbf{S}}$ 被应用于训练网络模型 $\mathscr{G}$ 的原始邻接矩阵 $\mathbf{A}$ 中的所有链接，每个链接的原始权值与其相应的权值偏置线性相加得到修正后的邻接矩阵。这一操作过程的思路是：未标记数据链接插入链路的偏置将使得网络线路的权值改变，从而使任意一对节点之间的距离被修改。未标记数据与网络中现有节点数据越相似，得到的修改的链路权值越准确。参数 ϵ 控制训练网络中权值偏置影响的大小。参数 ϵ 值越大，对权值的影响越大。

修正后的邻接矩阵 $\hat{\mathbf{A}}$ 也可以称为分类网络模型。通过该网络，可以利用随机游走极限概率求解网络中节点所代表的数据状态（标签）。转移概率也可以利用修正邻接矩阵 $\hat{\mathbf{A}}$ 计算得到。状态转移矩阵 $\mathbf{P}$ 的求解方式为：

$$\mathbf{P}_{ij} = \hat{\mathbf{A}}_{ij} \Big/ \sum_{j \in \mathscr{V}} \hat{\mathbf{A}}_{ij} \tag{5.4}$$

根据式（5.4）得到的状态转移矩阵 $\mathbf{P}$，极限概率可以采用两种方法计算：一种方法是，求与矩阵 $\mathbf{P}$ 的单位特征值对应的特征向量或迭代系统直至达到稳定状态：

$$p_{i+1} = p_i \mathbf{P} \tag{5.5}$$

其中 p 表示系统状态分布函数。另一种方法是，根据 2.4.1 节讨论的约束条件，在系统的初始状态下，极限概率或固定概率是唯一且独立的，其表达式为：

$$\mathbf{p}^{\infty} = \pi = [\pi_1, \pi_2, \cdots, \pi_L] \tag{5.6}$$

式中每个元素代表一个状态，每个元素 p_i 都可以理解为状态为 i 的数据 x 的概率。

最后，通过选择状态集合中最有代表性的状态，数据 x 的分类将完成。这个过程中，生成一个具有最大极限概率、包含 t 个状态的集合 $\mathscr{T}$，集合 $\mathscr{T}$ 中最有代表性的标

签将与数据 x 相关联。

5.3　本章小结

　　基于网络的监督学习的研究仍然较少，到目前为止相关算法也较少。这主要是因为较大比例的标记数据将使得数据网络几乎是确定的，由此将导致标签的传播空间不足。到目前为止，基于网络的监督学习算法主要基于两种思路：（1）利用数据网络进行集合推理，如 k-关联图[3]和网络学习工具 NetKit[15]；（2）使用整个网络的模式形成进行分类，如易访问启发式的分类法[6]。在概念层次上，基于网络的监督学习算法与传统数据分类算法相比没有太大区别。然而，仍然有很大的空间去探索基于网络的机器学习方法，因为可以有许多方法来描述数据网络的模式。第 8 章将介绍基于网络的监督学习案例。

参考文献

1. Barabási, A.L., Jeong, H., Neda, Z., Ravasz, E., Schubert, A., Vicsek, T.: Evolution of the social network of scientific collaborations. Phys. A Stat. Mech. Appl. **311**(3–4), 590–614 (2002)
2. Belkin, M., Niyogi, P., Sindhwani, V.: Manifold regularization: a geometric framework for learning from labeled and unlabeled examples. J. Mach. Learn. Res. **7**, 2399–2434 (2006)
3. Bertini J.R. Jr., Zhao, L., Motta, R., Lopes, A.A.: A nonparametric classification method based on K-Associated graphs. Inf. Sci. **181**, 5435–5456 (2011)
4. Chapelle, O., Schölkopf, B., Zien, A. (eds.): Semi-supervised learning. Adaptive Computation and Machine Learning. MIT, Cambridge (2006)
5. Chen, J., Fang, H.R., Saad, Y.: Fast approximate kNN graph construction for high dimensional data via recursive lanczos bisection. J. Mach. Learn. Res. **10**, 1989–2012 (2009)
6. Cupertino, T.H., Zhao, L., Carneiro, M.G.: Network-based supervised data classification by using an heuristic of ease of access. Neurocomputing **149**(Part A), 86–92 (2015)
7. Dorogovtsev, S.N., Mendes, J.F.F.: Evolution of Networks: From Biological Nets to the Internet and WWW (Physics). Oxford University Press, Oxford (2003)
8. Faloutsos, C., Mccurley, K.S., Tomkins, A.: Fast discovery of connection subgraphs. In: Proceedings of the 2004 ACM SIGKDD international conference on Knowledge discovery and data mining (KDD), pp. 118–127. ACM, New York (2004)
9. Hasan, M.A., Chaoji, V., Salem, S., Zaki, M.: Link prediction using supervised learning. In: Proceedings of SDM 06 workshop on Link Analysis, Counterterrorism and Security (2006)
10. Jain, A.K.: Data clustering: 50 years beyond K-Means. Pattern Recogn. Lett. **31**, 651–666 (2010)
11. Jensen, D., Neville, J., Gallagher, B.: Why collective inference improves relational classification. In: In Proceedings of the 10th ACM SIGKDD International Conference on Knowledge Discovery and Data Mining, pp. 593–598 (2004)
12. Liben-Nowell, D., Kleinberg, J.: The link-prediction problem for social networks. J. Am. Soc. Inf. Sci. Technol. **58**(7), 1019–1031 (2007)
13. Lu, Q., Getoor, L.: Link-based Classification using Labeled and Unlabeled Data. In: Proceedings of the ICML 2003 Workshop on The Continuum from Labeled to Unlabeled Data. Washington (2003)

14. Macskassy, S.A., Provost, F.: A simple relational classifier. In: Proceedings of the Second Workshop on Multi-Relational Data Mining (MRDM-2003) at the Knowledge Discovery and Data Mining Conference (KDD), pp. 64–76 (2003)

15. Macskassy, S.A., Provost, F.: Classification in networked data: a toolkit and a univariate case study. J. Mach. Learn. Res. **8**, 935–983 (2007)

16. McDowell, L., Gupta, K.M., Aha, D.W.: Cautious collective classification. J. Mach. Learn. Res. **10**, 2777–2836 (2009)

17. Segal, E., Wang, H., Koller, D.: Discovering molecular pathways from protein interaction and gene expression data. In: Proceedings of the Eleventh International Conference on Intelligent Systems for Molecular Biology, Brisbane, pp. 264–272 (2003)

18. Sen, P., Namata, G.M., Bilgic, M., Getoor, L., Gallagher, B., Eliassi-Rad, T.: Collective classification in network data. Artif. Intell. Mag. **29**(3), 93–106 (2008)

19. Sindhwani, V., Niyogi, P., Belkin, M.: Beyond the point cloud: from transductive to semi-supervised learning. In: Proceedings of the 22nd international conference on Machine learning (ICML), pp. 824–831. ACM, New York (2005)

基于网络的无监督学习

摘要　本章我们给出具有代表性的前沿的无监督学习技术，其主要依靠网络环境来完成学习过程。典型的无监督学习任务不需要提供先验知识。因此，学习过程仅由样本数据来引导，没有相关分组的先验知识。而基于网络的无监督学习学习过程中，首先根据相似度标准从输入数据构建网络，再通过网络结构来完成知识的学习。因为数据样本之间的拓扑关系自然体现在网络结构中，所以基于网络的方法优于基于向量的方法。因此，基于网络的技术可以被认为是无监督学习的通用方法，即便样本数据集不是通过网络进行表示的。在这种情况下，可以首先在该数据集上应用网络构建技术生成网络；一旦网络形成之后，便可应用本章所介绍的各类基于网络的无监督学习技术。

6.1　引言

在本章，我们将注意力转向基于网络的无监督学习技术。网络化表示的数据使我们能够利用图论系统地分析数据关系的拓扑结构和功能，以便发现底层网络的动力学特性。

无监督学习的一个主要任务是数据聚类问题。本质上，一旦原始数据集转化为网络，数据聚类就可以被认为是社团检测问题。在数据转化过程中，网络中每个节点对应一个数据样本，连边则通过相似度计算建立。社团检测问题中的社团通常是标记类别。社团被定义为这样一个子图，内部节点密集相连，而与网络其他节点稀疏连接。图 6-1 描述了数据聚类和社团检测的典型过程。前者依据相似性标准，非结构化或者原始数据通过数据聚类过程来寻找类似组别；而后者，社团检测过程发现网络中的社团。数据的拓扑信息，如直接或间接邻居，易于被社团检测方法采用。可以看出，网络构建技术实为非结构化数据和网络化数据之间的接口。

当我们处理任意形状、方向和不同密度的社团时，基于网络的方法特别有用[36]。在非监督学习任务中，我们通常不知道集簇的形状或者网络中集簇的个数，而基于网络的技术则可被认为是数据聚类任务的理想方法。我们考虑使用图 6-2a 中的数据集作为图 6-1 的输入。对于非结构化数据的聚类方法，我们选择著名的 k-均值算法将数据聚类为两类。对于网络化数据的社团检测问题，我们采用变色龙技术[36]，这是一种基

于网络的无监督学习技术，本章将重点对其进行讨论。另外，我们采用 k-近邻算法
（$k=7$）作为网络的构建方法。k-均值算法的聚类和变色龙技术的社团检测结果如
图 6-2b 和图 6-2c 所示。可以看出，由于 k-均值算法对于圆形聚类有较大偏差，因而
难以完成任意形状的数据聚类；相反，基于网络的方法在学习过程中由于网络拓扑结
构的特性则更具有鲁棒性。这是因为基于网络的学习方法使用网络拓扑特性来做决策，
而不需要进行数据分布以及社团数量的假设。因此，这样可以防止由于数据分布误差
导致的学习质量变差。

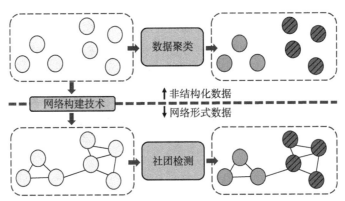

图 6-1　数据聚类和社团检测之间的相似性。图中水平虚线表示非结构化数据和网
络化数据的边界；每个数据样本项都由网络中的节点表示

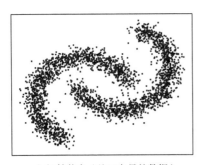

a）初始状态（基于向量的数据）

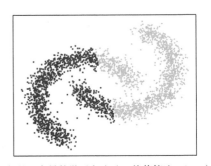

b）基于向量的学习方法（k-均值算法，$k=2$）

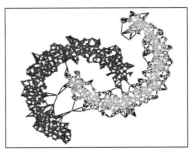

c）基于网络的学习方法（采用 a 中的非结构化数据构造网络（$k=7$），然后应用变色龙技术）

图 6-2　基于向量和基于网络的方法比较

6.2　社团检测算法

本节中，我们主要介绍社团检测的主要概念、相关前沿技术，以及给出常用的社团检测标准。

6.2.1　相关概念

复杂网络理论已经在因特网、万维网、食物链网络、生物网络和社会组织网络等领域有了广泛的应用[7]。尽管复杂网络的主要特征已经在微观层面上得到了恰当的描述，如网络节点的局部属性；在宏观层面上也有较好的描述，比如整个网络的全局性质；但处于中观层面的特性仍然难以捉摸。

尽管如此，与网络有关的现代科学仍为理解复杂网络带来了实质性的进步。其中的一个突出特点是被称为社团的中观结构的存在，这些社团可以承载功能性、关系性的概念。虽然社团的定义在文献中有较大争议，但社团的本质是明确的，即每个社团都被定义为一个子图，其节点在网络内部相互密集连接，同时与网络的其他节点稀疏联系。例如图 6-3 中的网络，我们可以获得四个社团，因为同一社团内成员之间的连边数量远大于社团之间的连边数量。复杂网络中的社团检测问题已经成为图论和数据挖掘领域的一个重要研究方向[16,22,57]。图论中，社团检测对应于图分区问题，属于NP（非确定性）完全问题[22]。

社团检测问题的研究有助于理解复杂网络中的各类现象[32]。复杂网络中，由于模块化结构的存在，导致网络出现异质特征。例如，每个模块都具有不同的局部统计特性；一些模块可能拥有较多连边，而另外一些模块可能比较稀疏。当社团之间差异大时，统计指标的全局数值会发生较大偏差；模块化结构的存在也会改变网络上的动力学过程（扩散过程和同步[3]）。生物网络中，社团对应于功能性系统，其成员共同执行基本的细胞任务。同样，代谢网络[69]和蛋白质网络[35]也具有模块化结构。

在生物网络中，一个比较有前景的挖掘基因和蛋白质功能的计算方法是通过识别功能性系统。由于功能性系统是一组执行生物过程的基因或蛋白质，因此可以通过确定它们属于哪个功能系统来分类具有未知功能的蛋白质[63]。对于生物技术和药物设计，功能系统的正确分类也非要重要。

目前，对于在复杂网络中识别模块已经有较多方法[22]。一种流行的方法考虑社团是邻接模式的集合[63]，其他方法则结合了信息论[71]、消息传递模型[26]或贝叶斯原理[34,58]。另外一类广泛采用的算法是基于一个称为模块性的量的优化[57]。

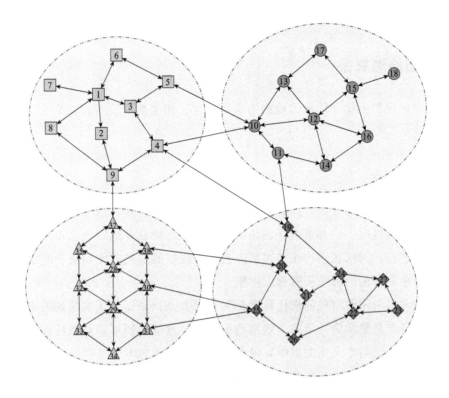

图 6-3　含有四个明确社团的网络，节点的图形表示它们所属的社团

　　与社团结构相关的另外一个重要方面是现实世界中大多数网络表现出的层次现象[22]。真实网络通常由社团构建，其中也包含一些较小的社团。例如，人体就是一个分层结构的范例：其由器官构成，器官由生物组织构成，而生物组织则由细胞构成。另外一个范例来源于商业公司，其特点是呈现金字塔结构，从员工到上层领导，对应于工作组、部门和管理层。另外，人类社交网络也是一个层次网络。在区域范围内，社团由家庭和朋友组成；在更大范围下，社团为城市、地区、国家及洲的概念。由相互关联的子单元组成的系统，其生成和演化比非结构化系统快得多。原因是首先通过最小单元容易构建微结构，然后再由它们构建更大的结构，直到整个系统构建完毕。因此，对于网络社团的研究，将在各个学科领域起到关键作用。

　　另外一个有趣的话题是交叉社团或集簇。我们已经知道，集簇之间的边界使我们能够根据结构位置对节点进行分类，所以，集簇中处于中心位置，同时也与其他集簇拥有大量连边的节点，可能在集簇内部具有重要的控制功能。尽管如此，位于集簇边界处的节点也将起到重要的调节作用，这些节点则被称为共用节点[33]。

　　形式上，共用节点被定义为同时属于不同集簇的节点[63]。例如，在语义关联概念网络中[38]，术语"热闹"可能是多个类的成员，即它可以表示与"有趣""气氛活跃""景象繁盛"等有关的概念[63]。在社交网络中，每个人自然而然属于他工作的公司，同时也是他家庭的成员。因此，准确识别这些共用节点以及其所属社团对于数据挖掘来说非常重要。

6.2.2　数学表达式和基本假设

无监督学习完全通过数据样本的内在结构信息完成整个学习过程，不涉及任何外部知识。假设一个样本集合 $\mathscr{X} = \{x_1, x_2, \cdots, x_N\}$，其中 $N = |\mathscr{X}|$ 为学习过程中的样本总数。另外，需要注意的是任意基于网络的无监督学习方法的输入总是网络化数据。因此，主要有以下两种情况：

- 数据集中的样本项已经是网络化形式，即节点集合 $\mathscr{V}$ 与数据样本集合 $\mathscr{X}$ 保持一致，并给出边 $\mathscr{E}$ 的集合。在此种情况下，不需要进行数据预处理。现实世界中，以网络化形式表现的数据包括万维网、因特网、交通网络和金融网络等。这种类型的数据集是基于网络的无监督学习任务的候选输入数据。
- 数据集中的样本项以向量形式存在。正常情况下，$\mathscr{X} = \mathscr{V}$，但也可以使用压缩的或扩展的集合 $\mathscr{X}$ 来构建集合 $\mathscr{V}$。边 $\mathscr{E}$ 的集合是未知的，需要采用网络构建技术进行估计，具体可以通过相似度原理求解。整个过程如图 6-1 所示。另外，第 4 章已经给出了几种方法来处理此问题。因此，我们这里假设已经存在这样的网络构建技术将基于向量的数据格式转换为网络形式。

假设网络 $\mathscr{G} = \langle \mathscr{V}, \mathscr{E} \rangle$ 是从输入样本数据获得，以及无监督学习问题以网络化形式给出。当数据分布的网络结构给定时，数据聚类问题可以转化为社团检测任务。

从本质上来说，构成社团检测任务的主要元素，也就是社团和分区的概念并没有严格的定义。因此，人们必须接受某种程度的任意性或常识[22]。事实上，有些含糊的东西难以发现，虽然也存在其他方法来解决这些难题。

在文献中，至少有一点已经达成一致，即社团中结构性约束的识别方法。当网络稀疏时，结构或者社团一定存在。在无权重网络中，当边 E 的数量与节点 V 的数量差不多，即 $E = \mathscr{O}(V)$ 时，产生稀疏性。如果 $E \gg V$，那么对于网络来说，节点间的连边分布呈现同质性特征。在这种情况下，问题将变得非常不同，接近数据聚类，因为网络结构并没有为识别社团提供相关信息。社团检测与数据聚类之间的主要区别是，网络中的社团与连边密度存在明确的或者隐含的相关性，而在数据聚类问题中集簇是一组"相互接近"（采用距离公式或者相似度公式计算）的点[22]。

6.2.3　前沿技术综述

鉴于准确识别网络中的社团是 NP 完全问题，众多学者业已对于此问题提出了近似的、有效的解决方法，其中包括谱方法[54]、基于介数的算法[57]、模块化贪心优化算法[52]、基于 Potts 模型的社团检测算法[70]、同步技术[3]、信息论方法[24]和随机游走[92]。关于此问题的详细讨论参见文献[22]。

关于识别共用节点和社团问题，文献[19,43,59,63,77,79,90]提出了不同的方法。在文献[90]的研究中，研究人员结合了模块化函数、谱分解和模糊 c-均值聚类来构建一个基于广义 Newman 和 Girvan 的 Q 函数的新模块化函数，其基本原理其实是网络节点到欧式空间的近似映射。文献[63]通过 k-派系（子图）渗流方法来发现社团结构，认为社团之间的共用特性保证节点可以参与多个子图。但是，k-派系渗流方法会导致网络的不完整覆盖，即某些节点可能不会归于任何社团。另外，对于给定的 k 值，层次结构可能也不会被发现。相反，文献[43]基于适应度函数和分辨率参数提出了一种新的算法，可以同时识别重叠社团和分层结构。文献[19]中提出了另外一种方法来识别重叠社团结构，即从原有网络划分子图。或许，这些方法也存在明显缺陷，与标准的社团检测方法不同，其输入网络共用结构的识别主要通过专用过程来实现。因此，这样做的结果是增加额外的计算时间，整个过程可能会产生较高的计算复杂度。

6.2.4 社团检测基准

下面我们将重点讨论两个社团检测基准，它们经常被用于比较各类社团检测算法的优劣。

Girvan-Newman 基准[28]。该基准采用凝聚算法将孤立节点集合 V 划分成 M 个社团。其原理是：如果两个节点属于同一个社团，则在两个节点间以概率 p_{in} 创建连边；如果它们不属于同一个社团，则以概率 p_{out} 连接。对于网络的任意平均度 $\bar{k}$，p_{in} 和 p_{out} 的值可以任意选取，以分别控制社团内和社团间的连边数 z_{in} 和 z_{out}。在这些参数的基础上，我们可以得到社团内部连边分数值 $z_{in}/\bar{k}$，以及社团间连边分数值 $z_{out}/\bar{k}$。$z_{out}/\bar{k}$ 定义的是社团的混合性，即随着 $z_{out}/\bar{k}$ 值的增加，社团变得越来越混乱，难以被识别。

因而，对于包含 V 个节点和 M 个社团的网络来说，基准的工作主要通过改变社团的混合度（即 $z_{out}/\bar{k}$）来实现。计算过程中每一次循环，社团检测的准确度将被保存；直到所有循环正常执行后，二维曲线图同时将被绘制完成。其中，曲线的作用是用于检测社团检测算法的性能。

Lancichinatti 基准[42]。Girvan-Newman 基准的原始形式存在几个问题，包括：

- 每个社团都存在随机的网络拓扑结构。因此，由于各节点度的相似性，网络中的连边关系则趋于简单。
- 社团趋于同样大小。

现实世界中网络具有节点度分布不均匀的特性，其尾部通常服从幂律分布。

Lancichinatti 基准依据此特点生成具有克服社团大小均匀性和 Girvan-Newman 基准问题的随机网络拓扑性质的人工网络。

所构建的网络假定度和社团大小都遵循指数分别为 γ 和 β 的幂律分布函数。真实世界中网络参数一般为 $2 \leqslant \gamma \leqslant 3$ 和 $1 \leqslant \beta \leqslant 2$。此外，混合参数 μ 用来以下面的方式连接社团：社团内每个节点共享连边数的 $1/(1-\mu)$，而与其他社团共享连边数的 $1/\mu$。

基准评价过程包括改变混合参数 μ 和评估归一化的互信息指数。互信息指数来源于信息论，主要用于衡量不同随机变量的相互依赖性[16]。

6.3 典型的基于网络的无监督学习技术

接下来，我们将介绍几种具有代表性的基于网络的无监督学习技术。

6.3.1 介数

识别网络中社团的自然策略是检测并随后删除连接不同社团节点的连边，以便社团最终彼此断开。在这种情况下，网络单元的数量代表社团的数量。这是分裂算法的基本原理，其关键就是寻找社团之间连边的专用属性，从而可以进行识别。

目前最流行的算法是由 Girvan 和 Newman[28,57] 提出的。在删除连边过程中，算法根据连边中心性值选取连边，以及根据一些属性或者网络转化过程评估连边的重要性。算法的主要步骤如下：

1. 计算所有连边的中心性。
2. 删除中心性值最大的边：在与其他边连接的情况下，随机选取其中一个。
3. 在修改后的网络上重新计算中心性值。
4. 从步骤 2 进行迭代循环计算。

Girvan 和 Newman 重点提出了介数的概念，这是一个表示连边参与算法过程频率的变量。他们考虑了三种不同的定义：测地线边介数、随机游走边介数和流边介数。下面我们将分别进行详细介绍。

边介数定义为网络中所有最短路径中经过该边的路径的数目占最短路径总数的比例。它是节点介数的推广，是 Freeman 在 1977 年提出的，表示网络动力学过程中边的重要性，比如信息在传播过程中通常流经最短的路径。直观上来讲，社团间的连边具有较大的边介数值，因为很多连通不同社团的节点的最短路径都通过它们。就像节点介数的计算过程，如果有两个或更多测地线路径通过该连边，它们中的任意一个对于边介数的贡献必须除以总的路径数量，正如人们所假设的那样，信号或者信息沿测地线传播。

在随机游走过程中，认为信号的传播路径是随机的而不是沿测地线。在这种情况下，边的介数由随机游走者通过该边的频率给定。随机游走者从一个节点出发以相等的概率选择每个相邻连边。该算法的工作原理是首先随机选择一对节点，例如 $s \in \mathscr{V}$ 和 $t \in \mathscr{V}$，然后游走者从节点 s 开始移动，直到到达节点 t；随后，计算网络中每条边被随机游走者交叉通过的概率；最后，按照该过程完成网络中所有给定节点对 s 和 t 后，取平均值。在这个过程中，计算净交叉概率是有意义的，它的值与游走者在同一个方向上越过任意边的次数成正比。通过这种方式可以防止随机游走中由于往返过程而重复计算，而且也避免了连边的中心性影响。

对于流介数，网络被认为是一个电阻网络，其中边具有单位电阻。如果在两个节点之间施加电压差，每条边承载一定数量的电流，因而可以通过求解 Kirchoff 方程来计算。对所有可能的节点重复该过程：流介数是所有承载电流边的平均值。经验表明这种方式的计算结果等同于随机游走，因为电压差和随机游走通过该边的网络流满足相同的方程[53]。

在实际应用中，结合边介数的 Girvan-Newman 算法比其他中心性算法具有更高的准确度，也比流介数或者随机游走算法具有更快的计算速度[51]。尽管如此，该算法收敛速度依然较慢，不适合用于大规模网络。在 Girvan-Newman 原始算法中[28]，学者需要处理的是网络分区的层次结构，或许他们没有在计算步骤中加入最优分区的过程。随后的算法完善通过采用模块度的最大化把分区选择加入了算法中[57]。

Chen 和 Yuan[10]认为在边介数的评估中考虑所有可能的最短路径可能会导致分区不平衡，即社团大小完全不一致。为了克服这个问题，他们建议只计算非冗余路径，即那些端点互不相同的路径。对于混合聚类问题，由此产生的边介数比标准的边介数效果更好。

6.3.2 模块度最大化

科学界认为在社团检测领域模块度算法是一项开创性的工作。这类算法依赖于这样一种思想，即最大化模块度是识别社团的最佳策略。在我们讨论一些有代表性的模块度最大化算法之前，我们首先回顾一下网络模块度的概念，其在定义 2.50 中已经有过简要介绍。

模块度是用来衡量网络中一个特定区块划分质量的方法[13,55]，或者用于衡量网络区块划分为模块（也称为组、聚类或社团）的能力。一般来说，其范围为 0 到 1 之间的数值。当模块度接近 0 时，表明网络没有划分出社团结构，认为网络中的边是随机连接的。随着模块度增加，社团结构越来越显现，社团间的混合度越来越小，社团内的连边比例逐渐大于社团间。网络模块度数学上的定义如下：

$$Q = \frac{1}{2E} \sum_{i,j \in \mathscr{V}} \left(\mathbf{A}_{ij} - \frac{k_i k_j}{2E} \right) \mathbb{1}_{[c_i = c_j]} \tag{6.1}$$

其中，E 表示网络中边的总数目；$\mathbf{A}_{ij}$ 表示节点 i 与 j 之间的连边权重；k_i 表示节点 i 的度；c_i 表示节点 i 的社团；$\mathbb{1}_{[c_i = c_j]}$ 为指示函数，当 $c_i = c_j$ 时为 1，否则为 0。本质上，模块度捕捉的是网络结构与给定一组社团的相符程度。在随机网络的计算中，随机性可能会因边数量的减少而抵消。

模块度已经用于比较不同方法获得的分区质量问题，同时也用于对目标函数的优化[52]。可是，模块度优化的准确计算是相当困难的[6]，因而在处理大型网络时，近似算法是必要的。

第一个提出模块度优化方法的是 Clauset 等人[13]。之后，又有其他学者陆续提出不同的方法[6,11,31,66,83]。Clauset 等人提出的贪婪算法产生的模块度值可能会明显低于其他方法产生的值，例如模拟退火算法[31]。而且，该算法有一个明显趋势是计算过程中会产生包含大部分节点的超社团，甚至在没有重要社团结构的合成网络上。这个算法也有一个相当大的缺点是影响计算速度，对于超过一百万个节点的网络完全不适用。Louvain 方法[6]是迄今为止提出的最快的模块度优化算法。除此之外，Louvain 算法避免了 Clauset 算法的社团不平衡问题，而且能加速合并运行时间，能够处理百万节点的网络。

下面我们首先讨论由 Clauset 等人[13]提出的传统模块度优化方法，然后再讨论 Louvain 算法[6]。

6.3.2.1　Clauset 算法

在模块度最大化的每个时间步，Clauset[13]算法选择合并两个能使模块度 Q 增幅最大的社团，即找到最大的模块度增量 ΔQ。在第一步中，如果社团 i 和 j 合并，网络模块度的增量是：

$$\Delta Q_{ij} = \begin{cases} \dfrac{1}{2E} - \dfrac{k_i k_j}{(2E)^2}, & \text{如果 } i \text{ 和 } j \text{ 连接} \\ 0, & \text{其他} \end{cases} \tag{6.2}$$

两个社团 i 和 j 以这样一种方式合并，它们的合并能在特定的步骤内产生模块度最大增量（或最少减量）。该算法是凝聚的，每个节点代表一个社团的初始状态。当网络达到其最大模块度时，如果想停止社团合并，可以采用下面的原则：一旦在贪心算法中遇到一个负增量，说明模块度已经达到全局的最大值，随后的合并过程只是单调降低了网络的模块度。因此，通过观察每次迭代时的 ΔQ_{ij} 值，已经足够知道何时停止合并。此外，原始模型未指定要合并的社团的限制条件。

模块度贪婪算法的一个主要优点是不用进行模型选择，因为不需要调整参数。而且，由于模块度曲线的作用，对于该算法我们也有一个很好的社团合并停止标准。

传统模块度算法的缺点在于其分辨率极限。一些研究表明，它不能发现较小的社团[23,39,41]。粗略来讲，模块度将社团内连边数量与我们想在社团内发现的连边数量进行比较。该随机空模型隐含地假设每个节点可以附着到网络的任何其他节点。然而，如果网络非常大，这种假设是不合理的，因为节点的最短路径只包括网络的一小部分，而忽略了大部分网络。此外，该空模型意味着如果网络的大小增加，则两组节点之间的预期连边数量减少。因此，如果网络足够大，则模块化的空模型中两组节点之间的预期连边数可能小于 1。如果这种情况发生，两个社团之间的单一连边将被模块化为这两个社团之间强相关性的标志，模块化优化过程将导致它们的合并，而与社团的特征无关。因此，即使是弱关联的完整图，也具有最高的内部连边密度，表示最好的可识别社团，如果网络足够大，将被模块度优化过程合并。为此，在大型网络中模块度最优化算法将无法发现小型社团。对于像模块度优化这样的算法来说，对于全局空模型这种偏见是不可避免的。

6.3.2.2 Louvain 算法

Louvain 算法可分为循环迭代的两个阶段。假设我们有 V 个节点的加权网络。首先，我们分配给网络中每个节点一个社团。可以看出，在最初的划分过程中，有多少个节点就有多少个社团。然后，对于任意一个节点 i，考虑其邻居 j，通过从节点 i 所属社团移除节点 i，然后将其加入属于节点 j 的社团，再评估模块度的收益。通过比较，节点 i 则应放入收益最大的社团，但只有当这个收益为正。如果收益为负，节点 i 则应保持其原属社团。对于所有的节点，执行该过程，直到结果没有明显变化。当达到平衡时，Louvain 算法的第一个阶段完成。需要注意的是，节点往往在社团重组过程中被多次计算。当达到模块度的局部最大值，即没有任何节点可以提高模块度时，算法第一阶段停止。另外一个需要注意的是，算法的输出结果取决于处理节点的顺序。一些测试实例的初步结果认为，节点顺序对最终的最大模块度没有显著影响。然而，节点顺序会影响计算时间。因此，排序的选择也是一个值得研究的问题。

算法效率的一部分源于以下事实：通过将孤立节点 i 移动到社团 m，获得的模块度的增量 ΔQ 可以通过下式计算：

$$\Delta Q = \left[\frac{\Sigma_{in} + s_{i,in}}{2E} - \left(\frac{\Sigma_{tot} + s_i}{2E}\right)^2\right] - \left[\frac{\Sigma_{in}}{2E} - \left(\frac{\Sigma_{tot}}{2E}\right)^2 - \left(\frac{s_i}{2E}\right)^2\right] \tag{6.3}$$

其中，Σ_{in} 为社团 m 内边权重的总和，Σ_{tot} 为连接到社团 m 内节点的边的权重总和，s_i 为连接到节点 i 的边的权重和，$s_{i,in}$ 为从节点 i 连接到社团 m 内节点的边权重和，E 为网络中边权重的总和。类似的表达式用于评估节点 i 从其社团移除后的模块度变化情况。实际中，我们通过将 i 从其社团移动到其邻居社团来评估模块度的变化。

算法的第二个阶段在于构建一个新网络，其节点属于第一阶段发现的社团。为此，新节点之间的连边权重由相应的两个社团的节点连边权重和给定[4]。同一社团内的节点连边会导致新网络中社团出现自身环。一旦第二阶段完成后，可以再用第一阶段进行迭代循环。

该算法有以下优点。首先，计算过程直观且易于实施，计算结果是无监督的。再者，算法能快速收敛，例如在大型专门模块度网络上的模拟结果认为其复杂性在稀疏数据上是线性增长的。这是由于采用上述公式可以很容易计算出模块度可能获得的增量，而且社团数量在经过几次迭代之后大幅下降，运行时间主要集中于第一次迭代。

6.3.3　谱平分法

图谱论关注的是图的属性，如其特征多项式、特征值和与邻接矩阵或拉普拉斯矩阵相关的特征向量。我们定义有限图 $\mathscr{G}$ 的谱作为邻接矩阵 $\mathbf{A}$ 的谱，也就是它的特征值集合以及一组正交特征向量。一个无环有限无向图的拉普拉斯谱是拉普拉斯矩阵 $\mathbf{L}$ 的谱。

例如，具有实值边的无向网络具有对称的邻接矩阵，因此存在实特征值。所有这些特征值和相应的正交特征向量的集合组成图的谱。邻接矩阵依赖于节点的属性或排序，但其谱是图不变的。谱平分法就是一种属于这个类别的算法类型。

网络分割的谱分析已经被认为是强大的方法，但是计算成本较高。

首先考虑采用谱分析方法来计算图的切割的是 Donath 和 Hoffman[18]，也是他们首先建议利用图的邻接矩阵特征向量来发现社团。Fiedler[12] 结合了拉普拉斯矩阵的第二小特征值和网络连通性来进行图切割。因此，图 $\mathscr{G}$ 的拉普拉斯矩阵对应于第二小特征值的特征向量（即代数连通性）被叫作 Fiedler 向量，而相应的特征值则称为 Fiedler 值。此后，用于计算和分区图属性的谱分析方法越来越受到关注[2,37,56,91]。

作为这些谱方法之一，谱平分法[54] 定义了把图划分为两组的切割尺寸 R：

$$R = \frac{1}{2} \sum_{i,j \in \mathscr{V}} \mathbf{A}_{ij} \, \mathbb{1}_{[c_i \neq c_j]} \tag{6.4}$$

其中，指示函数能确保连接不同社团的边在切割尺寸 R 计算中被考虑在内。

考虑索引向量 s，如果节点 i 位于一个组内，其分量 s_i 为 $+1$；如果节点 i 位于其他分组，则分量 s_i 为 -1。

$$s_i = \begin{cases} +1, & \text{如果节点 } i \text{ 属于组 1} \\ -1, & \text{如果节点 } i \text{ 属于组 2} \end{cases} \tag{6.5}$$

此时，R 可以被写为：

$$R = \frac{1}{4} \sum_{i,j \in \mathscr{V}} (1 - s_i s_j) \mathbf{A}_{ij} \tag{6.6}$$

由于节点的度为 $k_i = \sum_{j \in \mathscr{V}} \mathbf{A}_{ij}$，则 $\sum_{i,j \in \mathscr{V}} \mathbf{A}_{ij} = \sum_{i \in \mathscr{V}} \mathrm{k_i} = \sum_{i \in \mathscr{V}} \mathrm{s_i^2 k_i} = \sum_{i,j \in \mathscr{V}} \mathrm{s_i s_j k_i} \mathbb{1}_{[i=j]}$。

此时，R 可以被写为：

$$R = \frac{1}{4} \sum_{i,j \in \mathscr{V}} s_i s_j (k_i \mathbb{1}_{[i=j]} - \mathbf{A}_{ij}) \tag{6.7}$$

表示为矩阵形式，则有：

$$R = \frac{1}{4} s^T \mathbf{L} s \tag{6.8}$$

其中，s^T 为 s 的转置，$\mathbf{L} = k_i \mathbb{1}_{[i=j]} - \mathbf{A}_{ij}$ 为拉普拉斯矩阵。

s 还可以被写为拉普拉斯矩阵正交特征向量 v_i 的线性组合，即：

$$s = \sum_{i \in \mathscr{V}} a_i v_i \tag{6.9}$$

其中，$a_i = v_i^T s$。标准化之后，得到 $s^T s = V$ 和 $\sum_{i \in \mathscr{V}} a_i^2 = V$，其中，$V$ 表示网络节点数目。于是，有：

$$R = \sum_{i \in \mathscr{V}} a_i v_i^T \mathbf{L} = \sum_{i \in \mathscr{V}} a_i v_i = \sum_{i,j \in \mathscr{V}} a_i a_j \lambda_j \mathbb{1}_{[i=j]} = \sum_{i \in \mathscr{V}} a_i^2 \lambda_i \tag{6.10}$$

其中，λ_i 为 $\mathbf{L}$ 的与特征向量 v_i 对应的特征值，同时，我们利用了 $v_i^T v_j = \mathbb{1}_{[i=j]}$。

假设特征值按递增顺序标记为 $\lambda_1 \leqslant \lambda_2 \leqslant \cdots \leqslant \lambda_V$。最小化 R 的任务可以等同于寻找非负数 a_i^2 的问题，以便将更多精力放在处理对应的最小特征值上。

拉普拉斯矩阵的每一行（列）之和为零，即 $\sum_{j \in \mathscr{V}} \mathbf{L}_{ij} = \sum_{j \in \mathscr{V}} k_i \mathbb{1}_{[i=j]} - \mathbf{A}_{ij} = \sum_{j \in \mathscr{V}} k_i - k_i = 0$。因此，向量$(1,1,\cdots,1)$总是特征值为零的拉普拉斯特征向量。拉普拉斯矩阵是对称的，因此它的特征值都是实向量的平方，也就是说，所有的特征值为非负值，即 $0 = \lambda_1 \leqslant \lambda_2 \leqslant \cdots \leqslant \lambda_V$。

由于特征向量是正交的，因此可以通过让 s 尽可能与 v_2 平行而获得一个比较好的近似解，即最小化：

$$\left| v_2^T s \right| = \left| \sum_{i \in \mathscr{V}} v_i^{(2)} s_i \right| \leqslant \left| \sum_{i \in \mathscr{V}} v_i^{(2)} \right| \tag{6.11}$$

一个简单的方法定义簇（+1 或 −1）为：

$$s_i = \begin{cases} +1, & \text{如果 } v_i^{(2)} \geqslant 0 \\ -1, & \text{如果 } v_i^{(2)} < 0 \end{cases} \tag{6.12}$$

6.3.4　基于粒子竞争模型的社团检测

此模型由文献［68］提出。这种模型的进化与众多自然和社会过程非常类似，例如资源竞争、动物领地争夺、竞选活动等。在这个模型中，粒子通过结合随机性的和确定性的移动方式来探索网络。对这种技术的研究表明，引入一定的随机性可以在学习过程中产生巨大的效益。这种现象类似于随机共振，非线性确定性系统的功能可以通过一定程度的噪声大大增强。研究表明，只有确定性规则组成的学习技术是不够的。这是因为要完全描述一个非常具体的环境所需要的规则数量是非常高的。在动态环境下，该问题会变得更复杂，因为系统需要不断地获取新的知识。因此，一定程度的随机性或混乱对于学习过程是至关重要的。随机因素模拟"我不知道"的状态，可以成为新颖的发现者。

该技术依赖于网络环境中几个粒子的竞争关系来识别社团。这些粒子以占领新节点为目标在网络中自主运动，同时也试图守护它们之前的领地。从长远来看，每个粒子所占领的节点集代表了其社团。

对于第 j 个粒子的两个动力学变量由 ρ_j 表示如下：

- $\rho_j^v(t)$：表示粒子 ρ_j 在时刻 t 占领的节点。
- $\rho_j^\omega(t) \in [\omega_{\min}, \omega_{\max}]$：表示粒子 ρ_j 在时刻 t 的探索潜能，其中，$\omega_{\min}$ 和 $\omega_{\max}$ 分别定义为每个粒子在学习过程中可以达到的最小和最大潜能标量。

控制粒子运动和探索潜能的更新规则由下式给出：

$$\rho_j^\omega(t+1) = \begin{cases} \rho_j^\omega(t), v_i^\rho(t) = 0 \\ \rho_j^\omega(t) + (\omega_{\max} - \rho_j^\omega(t))\Delta_\rho, v_i^\rho(t) = \rho_j \neq 0 \\ \rho_j^\omega(t) - (\rho_j^\omega(t) - \omega_{\min})\Delta_\rho, v_i^\rho(t) \neq \rho_j \neq 0 \end{cases} \quad (6.13)$$

其中，Δ_ρ 根据它所访问的节点属性来控制每个粒子的探索潜能变化。具体而言，如果它访问已经被占领的节点，那么粒子的探索潜能就会增强；否则将减弱。粒子 ρ_j 在时刻 $t+1$ 的位置，即 $\rho_j^v(t+1)$，由确定性和随机游走分布的混合采样来确定。

网络中的每个节点 v_i 由三个标量来表示：

- $v_i^\rho(t)$：它定义了节点 v_i 在时刻 t 的所属粒子。
- $v_i^\omega(t)$：它表示了专属粒子 $v_i^\rho(t)$ 在时刻 t 控制节点 v_i 的能力。
- $v_i^\gamma(t)$：它表示了在时刻 t 是否有任意粒子正在占领节点 v_i。

通过上述定义的这些变量，与网络节点有关的动态行为由以下方程组来控制：

$$v_i^\rho(t+1) = \begin{cases} \rho_j, v_i^\gamma(t) = 1 \text{ 且 } v_i^\omega(t) = \omega_{\min} \\ v_i^\rho(t), \text{其他} \end{cases} \quad (6.14)$$

$$v_i^\omega(t+1) = \begin{cases} v_i^\omega(t), v_i^\gamma(t) = 0 \\ \max\{\omega_{\min}, v_i^\omega(t) - \Delta_v\}, v_i^\gamma(t) = 1 \text{ 且 } v_i^\rho(t) \neq \rho_j \\ \rho_j^\omega(t+1), v_i^\gamma(t) = 1 \text{ 且 } v_i^\rho(t) = \rho_j \end{cases} \tag{6.15}$$

其中，Δ_v 表示竞争粒子占领节点时节点失去的分数。

检测算法首先将 K 个粒子放入随机节点中。在动态过程的初始阶段，每个粒子 ρ_j 和每个节点 v_i 的初始状态分别为 $\rho_j^\omega(0) = \omega_{\min}$ 和 $v_i^\omega(t) = \omega_{\min}$。每一次迭代，每个粒子都按照确定性和随机游走组合的运动策略行进到相邻节点。对于前者，粒子随机访问当前已经被其占领的节点的邻居；而对于后者，粒子偏好访问已经被相同粒子占领的节点。下面，我们通过例子进行说明：

- 如果被访问的节点 v_i 仍然不属于任何粒子，那么 $v_i^\rho(t) = 0$。在这种情况下，该节点开始被访问的粒子控制，即 $v_i^\rho(t) = \rho_j$。粒子的潜能 $\rho_j^\omega(t)$ 没有改变，并且节点的潜能来源于粒子的潜能，即 $v_i^\omega(t) = \rho_j^\omega(t)$。
- 如果被占领的节点被同一个粒子控制，则当前正在访问的粒子潜能递增，并且节点 v_i 接收该粒子的新潜能，有 $v_i^\omega(t) = \rho_j^\omega(t)$。
- 如果被占领的节点属于竞争粒子，那么粒子和节点的潜能就会被削弱。如果粒子 $\rho_j^\omega(t)$ 的潜能达到一个小于 $\omega_{\min}$ 的值，那么该粒子被重置为随机选择一个新节点。如果节点 $v_j^\omega(t)$ 的潜能达到一个小于 $\omega_{\min}$ 的值，那么该节点不再由前一个粒子所控制，即它将回归到自由状态 $v_j^\rho(t) = 0$。

因此，如果节点被当前控制的同一个粒子访问，则节点的控制能力增加。相反，在竞争粒子访问节点期间，当前占领的粒子对该节点的控制能力被削弱。如果这种控制能力不够强，当前占领的粒子就会失去对节点的控制。从长远来看，每个粒子都将控制网络中的一个社团。

文献［68］提出的模型有两个明显特点：社团检测率高；计算复杂度低。不过，原有算法仅仅是引入了粒子竞争过程，没有任何正式定义。这排除了对模型特性的进一步分析或预测。在第 9 章，我们将给出一个由随机竞争动力系统控制的严格模型。同样的模型也适用于半监督学习任务，其优缺点在第 10 章给出。

6.3.5 变色龙算法

变色龙算法常用于数据聚类问题［36］。一般来说，现有的聚类算法使用聚类的静态模型，并且在合并或分割时不利用单个簇的自然信息。此外，有些算法忽略了两个集簇中数据项的聚集互连度信息，还有另外一些算法忽略了两个集簇中由数据项相似性定义的近似度信息。可见，仅考虑互连度或近似度，这些算法容易合并错误的集簇对。

变色龙算法是一种凝聚层次聚类算法, 其在识别相似集簇时采用了互连性和近似性特征。它的出现旨在解决采用静态模型学习方法的主要问题。静态模型算法不够灵活, 当模型低估或高估数据集的互连度时或者当不同集簇表现出不同的互连特性时, 容易导致错误的集簇合并决策。为此, 变色龙算法使用组合方法来模拟每对集簇之间的互连度和近似度。这种方法考虑了集簇本身的内部特征和自适应特征。因此, 它不依赖于静态模型, 并且可以自主适应合并后的集簇内部特性。

给定一个向量形式的数据集, 变色龙算法首先使用 k-近邻方法构造一个网络, 即每个数据样本表示一个节点, 并且按照相似性度量准则连接其他 k 个相似样本。然后, 变色龙技术采用一种算法, 即通过最小化边割将网络划分为多个社团, 来发现网络的初始分区。由于 k-近邻图中的边表示数据项之间的相似性, 所以最小化边割有效地使不同分区之间的数据项相关度最小。在找到子群之后, 变色龙算法通过使用集簇相似性度量准则 (集簇间的相对互连度 (RI) 和相对近似度 (RC)) 来重复组合这些小的子群。这两个指数定义如下:

- **相对互连度**: 簇 C_i 和簇 C_j 之间的相对互连度 $RI(C_i, C_j)$ 为 C_i 和 C_j 之间绝对互连度的标准化结果。簇 C_i 和簇 C_j 之间的绝对互连度 $EC(C_i, C_j)$ 定义为 C_i 和 C_j 之间所有边的权重之和。这实质上是包含 C_i 和 C_j 的集簇的边割, 使得集簇被分解为 C_i 和 C_j。集簇 C_i 内的互连度可以很容易地通过它的最小二等分线 $EC(C_i)$ 的大小来计算, 即将图分成两个大致相等部分的边的权重和。因此, 簇 C_i 和 C_j 之间的相对互连度为:

$$RI(C_i, C_j) = \frac{|EC(C_i, C_j)|}{\frac{|EC(C_i)| + |EC(C_i)|}{2}} \tag{6.16}$$

- **相对近似度**: 簇 C_i 和簇 C_j 之间的相对近似度 $RC(C_i, C_j)$ 为连接 C_i 中节点到 C_j 中节点的边的平均权重。它提供了一个度量两个集簇接触层数据项之间近似度的好方法。同时, 这种方法对于异常值和噪声有较强的鲁棒性。为了获得簇内近似度, 我们可以先将簇分成两个大致相等的部分, 然后取最小二等分边权重的平均值。一对集簇之间的相对近似度是相对于两个集簇的内部近似度而言的绝对近似度, 即:

$$RC(C_i, C_j) = \frac{\overline{S}_{EC}(C_i, C_j)}{\frac{|C_i|}{|C_i| + |C_j|}\overline{S}_{EC}(C_i) + \frac{|C_j|}{|C_i| + |C_j|}\overline{S}_{EC}(C_j)} \tag{6.17}$$

其中, $\overline{S}_{EC}(C_i)$ 和 $\overline{S}_{EC}(C_j)$ 为属于最小二等分簇 C_i 和簇 C_j 的平均边权重, $\overline{S}_{EC}(C_i, C_j)$ 为连接簇 C_i 和簇 C_j 内节点的边的平均权重, $|C_i|$ 和 $|C_j|$ 为其簇内节点的数目。该等式还通过簇 C_i 和 C_j 内部近似度的加权平均来标准化两个集簇的绝对近似度。这个特

性不利于小的稀疏簇合并成大的密集簇。

变色龙算法选择高 *RI* 和 *RC* 值的集簇对进行合并。也就是说，它选择连接性强的而且紧密结合的簇。该算法通过使用一个结合相对互连度和相对近似度的函数来完成合并过程。为此，变色龙算法通过最大化下式来选择簇对：

$$RI(C_i, C_j) \times RC(C_i, C_j)^\alpha \tag{6.18}$$

其中，α 为用户指定的参数。如果 $\alpha > 1$，则算法给予相对近似度更高的权重；相反，$\alpha < 1$，则给予相对互连度更高的权重。

该算法非常适合用于大数据样本的计算。对于数据样本总数 V，算法计算复杂度最差为 $\mathcal{O}(V(\log_2 V + M))$，其中 M 表示算法第一阶段完成后形成的簇的数量。

当应用于低维空间时，该算法的性能得到了认可。但在高维数据上，算法的表现还不尽人意[87]。该算法在高维空间的时间复杂度为 $\mathcal{O}(V^2)$。

6.3.6 基于空间变换和群体动力学的社团检测

接下来，我们介绍文献[17,61]提出的基于群体动力学的方法。对于像鱼群、鸟群、蹄类动物群和昆虫群这样的生物群体运动引起了研究者的广泛兴趣。群体行为是由大小相似的动物展现的一种集体行为，它们聚集在一起，也许在同一地点休息或者同时向一个方向移动。这种行为是由大量简单的个体，通过局部互相作用呈现出宏观复杂的组织[29,81]。目前，群体行为技术已经被成功用于解决各种优化问题[14]。

采用空间变换和群体动力学的社团检测算法在网络环境下使用群体动力学，其过程包括两个步骤。第一步，确定如何将数据项表示为网络形式；第二步，在已构建的网络上检测集群或社团。这是一个分步分层算法，在该算法中，最初将整个网络视为一个大社团，并将其分解为更小的社团，直到每个节点对应一个社团。由于其具有层次性，因此可以使用树状图来描述算法的结果。具体过程描述如下：

1. 网络构建：在这一步，首先使用输入数据集构建一个加权完全网络，其中每个节点代表一个数据样本。然后，使用 k-近邻技术生成一个无权重网络，即把每个节点连接到其最近的 k 个最相似节点，其中的相似度由数据样本间的欧式距离计算得到。⊖

2. 角度的更新规则：在网络建立之后，算法在圆形上组织节点，其中节点的位移通过随机方式确定。每个节点 v_i 被赋予一个 $[0, 2\pi)$ 之间的初始随机角度 $\theta_i(t = 0)$。角度的更新规则使它接近属于同一个集群的节点，同时它也远离属于不同集群的节点。在每个时间步 t，该算法根据其邻居的角度来更新每个节点的角

⊖ 关于网络构建方法和相似度函数的详细论述见第 4 章。

度。节点角度的更新规则按以下公式来定义：

$$\theta_i(t+1) = \theta_i(t) + \eta_i(t) \left[\frac{\sum_{j \in \mathcal{N}(v_i)} \mathbf{A}_{ij} \theta_j(t)}{\sum_{j \in \mathcal{N}(v_i)} \mathbf{A}_{ij}} - \theta_i(t) \right] \tag{6.19}$$

其中，$\mathcal{N}(v_i)$ 为节点 v_i 的邻居节点集，$\eta_i(t)$ 为 v_i 在时间步 t 的移动速率，$\mathbf{A}_{ij}$ 为节点 v_j 对节点 v_i 的影响权重。

边权重 $\mathbf{A}_{ij}$ 存在的目的是接近属于同一集群的其他节点。它包括两个部分：$CN(v_i, v_j)$ 和 $SN(v_i, v_j)$。数学上，$\mathbf{A}_{ij}$ 可以表示为：

$$\mathbf{A}_{ij} = CN(v_i, v_j) \times SN(v_i, v_j) \tag{6.20}$$

$CN(v_i, v_j)$ 模拟的是 v_i 和 v_j 之间的物理距离。因此，当节点 v_i 和 v_j 越接近，表明它越重视节点 v_j。这种特征可以根据以下模型来有效捕捉：

$$CN(v_i, v_j) = e^{-\alpha d(v_i, v_j)} \tag{6.21}$$

其中，参数 α 控制欧式距离 $d(v_i, v_j)$ 的惩罚衰减率。该算法可以通过调整 α 来改变邻居节点的相对重要性。角度的更新规则也可以应用于无权重网络。在这种情况下，对于所有邻居节点对 v_i 和 v_j，有 $CN(v_i, v_j) = 1$。

与此相反，$SN(v_i, v_j)$ 表示的是 v_i 和 v_j 之间拓扑相似性。具体有如下假设：每当两个节点属于同一集簇时，它们可能会分享大量的共同邻居。因此，$SN(v_i, v_j)$ 可以按下式表示：

$$SN(v_i, v_j) = \frac{c(v_i, v_j)}{|\mathcal{N}(i)|} \tag{6.22}$$

其中，$c(v_i, v_j)$ 为节点 v_i 和 v_j 的共同邻居数量，$|\mathcal{N}(i)|$ 节点 i 的邻居数量。因此，对于拥有大量公共邻居的节点，$SN(v_i, v_j)$ 忽略物理距离而输出较大值。相反，如果它们只分享一小部分公共邻点，则输出较小值。

直观地说，$CN(v_i, v_j)$ 迫使相邻节点的角度近似于 v_i 的角度，而 $SN(v_i, v_j)$ 延迟可能属于不同集簇的节点对之间的这种近似。但是，这两种机制仍然无法消除不同组间的干扰，可能导致所有网络节点的角度相互接近。为了缓解这个问题，一个解决方案是按照以下函数减小移动速率 $\eta_i(t)$：

$$\eta_i(t) = \exp-\left(\frac{\beta}{\sigma(v_i)} \right) \tag{6.23}$$

其中，$\sigma(v_i)$ 为角度分布的标准差，β 是一个用户自定义参数，主要用于缩放 $\eta_i(t)$ 的更新过程。

移动速率参数 $\eta_i(t)$ 随着角度标准差减小而减小。开始时，每个角度都取一个随机值。因此，角度分布的标准差 $\sigma(v_i)$ 预期变大时，$\eta_i(t)$ 呈现较高数值，如 $\eta_i(t) \approx 1$。在这种情况下，相邻节点的角度近似形成角度带。随着时间推移，$\sigma(v_i)$ 和其结果 $\eta_i(t)$ 呈现更小的值。当 $\eta_i(t)$ 达到一个非常小的数值时，比如 $\eta_i(t) \approx 0$，所有角度保持稳定并达到稳定状态。

为了说明这个算法，我们以一个随机的拥有三个不平衡社团的网络作为例子，如
图 6-4 给出了角度更新过程示意图。
因为在时间序列中有三个感知角度带，
该算法可以识别网络中的三个社团。

现在，我们给出另外一个实例，
讨论该方法在真实世界数据集中的性
能，即描述海豚之间相互关系（相互
作用）的社交网络[46]。该网络有 62
个节点和 159 个无权连边，并且具有
两个社团，分别由 21 个和 41 个成员
组成。图 6-5 给出了节点角度的更新

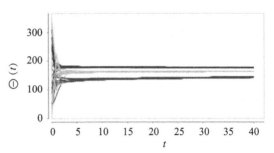

图 6-4　角度更新过程的演变。第一次迭代中，由
于随机排列，节点的角度是无序的。经过
一段时间的迭代后，它们收敛到稳定的子
群。经作者许可，转载自文献 [62]

过程，可以识别两个不同的团体或角度的社团。我们从图 6-6 的树状图也可以看到相
同的仿真结果，每个节点的颜色表示它原有所属社团。

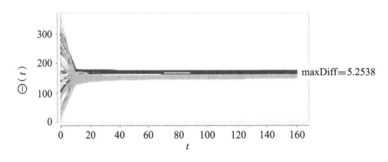

图 6-5　文献 [46] 中给出的社交网络角度更新过程。通过分析时间序列，可以清楚地识
别两个社团。经作者许可，转载自文献 [62]

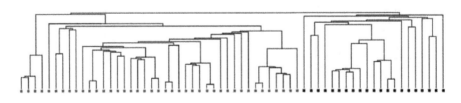

图 6-6　文献 [46] 中的社交网络社团检测树状图结果。树状图显示了数据集划分为两个原始
社团，分别由 41 个浅色成员和 21 个深色成员表示。经作者许可，转载自文献 [62]

6.3.7　同步方法

物理学家越来越关注复杂系统多样性的动力学特性。特别是，一些学者进行了大
量的耦合振荡器的例证分析[40,64,78,85]。这些系统中的同步方法与交互的底层拓扑密切

相关。在本节中，我们将讨论依赖于动力学过程的同步方法。具体讲，随着时间的推移，这些动力学模型呈现出不同的模式，而这些模式与复杂网络中社团的层级组织有着内在的联系。从物理学和生物学的角度来看，现实世界中无处不在的同步现象使得这种方法引起了众多学者的兴趣[3]。

理解同步现象最成功的尝试之一来自 Kuramoto[40]，他通过相位差的正弦值分析了相位振荡器耦合模型。该模型非常适合用来仿真各类同步模式，并且具有足够的灵活性来适应不同的环境。

Kuramoto 模型由 V 个耦合相位振荡器组成，其中第 $i(i \in \mathcal{V})$ 个单元的相位为 $\theta_i(t)$，演化过程按下式进行：

$$\frac{d\theta_i}{dt} = \omega_i + \sum_{j \in \mathcal{V}} \mathbf{A}_{ij} \sin(\theta_j - \theta_i) \tag{6.24}$$

其中，ω_i 表示第 i 个振荡器的固有频率，$\mathbf{A}_{ij}$ 表示单元之间的耦合。耦合权重通过网络提取，其中每个节点都是一个振荡器，连边权重表示不同振荡器之间的耦合强度。

特别是，有些文献已经发现高度相互关联的振荡器集合更容易与那些稀疏连接的振荡器同步[48,60]。这种情况表明，对于具有重要连接模式的复杂网络，从随机初始条件开始，那些形成局部集簇的高度互连的单元将首先同步。随后，在一个连续的过程中，越来越大的空间结构采用同样的形式继续执行，直到达到最终状态。此状态下，所有的单元都具有相同的相变过程。只要有明确的社团结构存在，该过程会在不同的时间尺度上发生。因此，通向全局吸引子的动力学过程揭示了不同的拓扑结构，而且这些拓扑结构可能表示的就是网络社团。

对于具有四个社团的人造随机集簇网络，图 6-7a～c 分别给出了振荡器的初始配置、四个同步社团的形成过程状态以及全局同步状态。

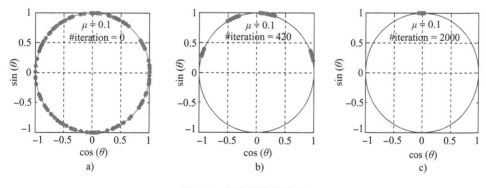

图 6-7　耦合振荡器单元

Li 等人[44]认为社团是由界面或者重叠节点构成的[63]，其中振荡频率在不同模块间是均衡的，按照此种方式，同步方法不能将这些节点准确地分组到单个社团中。基于此问题，Wu 等人[86]开发了一种能够检测这些重叠节点的替代方法。与 Arenas 等人[3]的计算不同，其稳定状态仅通过全局模式同步得到；而在 Wu 等人的研究中，同步可以在模块内发生。因此，不同社团同步之后，可以理解为不同模块之间的相位是重叠节点。为达到此目的，在 Kuramoto 模型的基础上，Wu 等人将一种无连边节点的负耦合作用考虑在内，建立了同步过程的动力学演化模型，即：

$$\frac{d\theta_i}{dt} = \omega_i + \frac{K_p}{V}\sum_{j\in\mathscr{V}}\mathbf{A}_{ij}\sin(\theta_j - \theta_i) - \frac{K_n}{V}\sum_{j\in\mathscr{V}}(1 - \mathbf{A}_{ij})\sin(\theta_j - \theta_i) \tag{6.25}$$

上式中，互连振荡器 i 和 j 的相位通过式（6.24）的正耦合（具有耦合强度 K_p）来建模。因此，它们的相变过程一起进化。相反，由于存在 K_n 的负耦合强度，网络中的非连接节点往往具有相反的相位。总之，在达到动态平衡后，网络中相同社团的振荡器将指示相似的相位值。与此相反，表示重叠节点的振荡器将在不同模块之间具有各自的相位[44]。

6.3.8　重叠社团挖掘

社团结构是大多数现实世界网络的基本特征，通常表现出一组节点相互密集连接。但是，如果我们假设社团在整个网络上是具有明确定义的分区，则过于简化，因而在许多情况下可能无法实现。首先，很多节点通常属于多个社团，即社团经常出现重叠。其次，有些节点可能不属于任何社团，即出现异常节点[33]。异常点并不一定是孤立的，可能与某些社团存在不可忽视的关系。最后，社团的某些节点可能比较特别，它们几乎与所有其他节点连接。在一些文献中，这些节点被称为枢纽节点、领导节点或者中心节点。由于现实世界的网络通常比较巨大，所以对于它们的研究一般从可能具有重叠特征的社团开始。毋庸置疑，我们可以从中心节点和异常节点的发现中获得社团结构特征[9]。

在现实世界网络中，我们可以很容易找到重叠的社团。例如，一个人可以是社交网络的成员，也可以是他的家庭成员，或者也可以是他的机构成员。在社团挖掘或图数据聚类中，重叠社团的发现对于模糊聚类特别有意义。

在本节中，我们将介绍一些常用的重叠社团检测技术。

6.3.8.1　派系渗流算法

派系渗流算法（Clique Percolation Method，CPM）是最流行的具有共享节点社团的挖掘算法。派系渗流算法依赖于这样一个假设，即社团是具有共享节点的全连通子图集合，并且在社团间连边不存在派系。该算法的主要思路是通过搜索相邻的派系来发现社团。算法首先搜索所有具有 k 个节点的完全子图，而后建立以 k-派系为节点的新图，在该图中如果两个 k-派系有 k-1 个共享节点则在新图中为代表他们的节点间建立一条边。最终在新图中，每个连通子图即为一个社团。

因为节点可以同时属于多个 k-派系，因而重叠社团的发现变得可能。派系渗流算法适用于具有密集连接的网络。经验上，k 值在 3 和 6 之间的数值通常具有较好的计算结果[30,42,63]。

派系渗流算法的适用范围已扩展到加权图、有向图和二分图。对于加权图，原则上可以按照标准程序对边权重进行阈值处理，并将其应用于图上，视为非加权网络。Farkas 等人[20] 提出将派系权重的阈值定义为派系所有边权的几何平均数。为得到最多可能的集簇，阈值的选择应高于巨型 k-派系出现的临界值。

派系渗流算法有一个显著的缺陷，即假设网络含有大量的派系。因此，对于像技术网络和一些社交网络这样的含有少量派系的网络，派系渗流算法可能无法挖掘出有价值的信息。相比之下，如果网络含有众多派系，这种算法可能会发现一个普通的社团结构，由整个网络组成的巨大集簇。一个更基本的问题是，该算法不是挖掘真正的社团，而是挖掘包含大量派系的子图，这些派系可能是与社团中完全不同的对象。（例如，具有较低内部连边密度的派系"链"。）另一个问题是，真实网络中有大量的节点被排除在社团之外，如树叶或孤立节点。我们可以利用一些后处理程序将它们纳入社团内，为此，有必要在该算法的框架之外引入新的标准。此外，除了经验之外，同样不清楚 k 为何值时能发现有意义的结构。最后，对于加权网络阈值的选择标准和有向 k-派系的定义也是相当随意的。

6.3.8.2　贝叶斯非负矩阵分解算法

该算法已经应用在各类问题中[9,21,67,75]。它依赖于节点的中心性矩阵和社团度矩阵。节点相对于社团结构的重要性主要体现在其中心性上。因此，中心性矩阵承载着节点在各个社团中的重要度。社团度矩阵的一个元素是对角线，表示社团的度，等于该社团所有节点期望度的总和。该算法使用非负矩阵分解通过乘法更新规则来学习这两个量。这些使我们能够对社团的每个节点中心性进行排序，并采用社团度作为切割标准。由于社团是独立搜索的，当我们面对新社团时，不需要关心它的节点是否属于之前发现的社团。因此，重叠社团可以自然地处理。社团枢纽的重要性确保了其在社团内的更高排序。在所有社团被发现之后，那些没有包含在其中的节点被认为是异常点。总之，该算法能够识别重叠社团并同时检测中心点和异常点。

在数学上，贝叶斯非负矩阵分解算法是机器学习中用于降维和特征提取的非负矩阵分解技术的一种改进方法[89]。这种技术将矩阵 $\mathbf{A} \in \mathbb{R}_+^{V \times V}$ 分解成两个矩阵 $\mathbf{W} \in \mathbb{R}_+^{V \times M}$ 和 $\mathbf{H} \in \mathbb{R}_+^{M \times V}$，其元素是非负的，且 $\mathbf{A} \approx \mathbf{WH}$。在社团检测的背景下，$\mathbf{A}$ 是网络的邻接矩阵，V 是节点的数目，M 是预定义的社团数量。矩阵 $\mathbf{W}$ 的第 i 行或第 j 列的每个元素是节点 i 与社团 j 之间的统计相关性。由于矩阵乘法，传统的非负矩阵分解程序在时间和内存计算方面有诸多限制。文献 [9] 提出了一种依赖于贝叶斯优化过程的混合优化算法。实质上，该算法优化了用上述矩阵和用户提供的参数 $\beta \in \mathbb{R}^M = [\beta_1, \cdots, \beta_M]$ 表示的目标函数，表示社团对邻接矩阵相互作用的重要性。该算法涉及 $\mathbf{W}$、$\mathbf{H}$ 和 β 的连续迭代，直到这些参数收敛为止。具体表达式如下：

$$\mathbf{H} = \left(\frac{\mathbf{H}}{\mathbf{W}^T \mathbf{1} + \mathbf{BH}} \right) \cdot \left[\mathbf{W}^T \left(\frac{\mathbf{V}}{\mathbf{WH}} \right) \right] \tag{6.26}$$

$$\mathbf{W} = \left(\frac{\mathbf{W}}{\mathbf{1H}^T + \mathbf{WB}} \right) \cdot \left[\left(\frac{\mathbf{V}}{\mathbf{WH}} \right) \mathbf{H}^T \right] \tag{6.27}$$

$$\beta_i = \frac{V + a - 1}{\frac{1}{2} \left(\sum_i \mathbf{W}_{ik}^2 + \sum_j \mathbf{W}_{ij}^2 \right) + b} \tag{6.28}$$

其中，a 和 b 是 Gamma 分布的固定参数，矩阵 $\mathbf{W}$、$\mathbf{H}$ 用随机值进行初始化。最后，仅包含零值元素的矩阵 $\mathbf{W}$ 的列（或矩阵 $\mathbf{H}$ 的行）被移除，社团的数量由移除后得到的 $\mathbf{W}$ 的列数（或 $\mathbf{H}$ 的行数）给定。

6.3.8.3 模糊划分算法

模糊划分算法由文献［49］提出。该算法其实是个约束优化问题。在此背景下，对于社交网络，"重叠节点"被认为是"桥梁"，因而，在同一时间找到属于多个社团的个体是很常见的。在社交网络环境下，"桥梁"可以被定义为离散人群之间的跨结构节点[8]。因此，为获得网络的更有意义的价值，定义一个参数来衡量节点对这些社团的重要程度是非常重要的。

桥梁节点的直观意义在社会统计学以外的各类型网络中有所不同。在蛋白质网络中，具有多种作用的蛋白质可以被看作是桥梁节点。在包含负责不同功能的大脑区域的皮层网络中，承担综合作用并且提供更高层次感官信号处理的皮层区域是桥梁节点。在词汇联想网络中，具有多重含义的词语是桥梁节点。

重叠条件通过模糊划分算法来建立模型。给定分区的一种表征方法是分区矩阵 $\mathscr{U} = [u_{ik}]$，其中 i 为数据项跨集簇 k 的模糊索引。此种情况下，矩阵 $\mathscr{U}$ 具有 V 列和 M 行，其中 M 是子集或集簇的数量。我们认为当且仅当节点 k 属于分区中的第 i 个子集时，$u_{ik} = 1$；否则，它为 0。对于完整的分区算法，有 $\sum_{i=1}^{M} u_{ik} = 1, \forall k \in \{1, \cdots, V\}$。社团 i 的大小可以通过 $\sum_{k=1}^{V} u_{ik}$ 计算得到，而且对于任何有意义的分区，认为 $0 < \sum_{k=1}^{V} u_{ik} < 1$。这些分区传统上称为硬分区，因为节点只能属于唯一分区。

硬分区的一般化通过允许 u_{ik} 取区间 $[0,1]$ 的实值来实现。而分区矩阵上的约束条件保持不变。

应该注意到，一个有意义的分区的内部节点应该彼此相似。节点 v_1 和节点 v_2 之间存在连边，则认为它们之间有相似性；相反，如果不存在连边，则无相似性。定义 $s(\mathscr{U}, i, j)$ 为相似性函数，满足下面的约束条件：

- $s(\mathbf{U},i,j)\in[0,1]$。
- $s(\mathbf{U},i,j)$ 是连续且可微的，$\forall u_{ik},i\in\{1,\cdots,c\},j\in\{1,\cdots,N\}$。
- 随着 i 与 j 相似度的增加，$s(\mathbf{U},i,j)$ 增加。因此，当 i 和 j 尽可能相似时，$s(\mathbf{U},i,j)$ 取其最大值，$s(\mathbf{U},i,j)=1$。相反，当 i 和 j 完全不相似时，$s(\mathbf{U},i,j)=0$。

这里，$s(\mathbf{U},i,j)$ 简写为 s_{ij}。假设节点 i 和 j 的相似性有先验假设，用 $\tilde{s}_{ij}$ 表示。通过量化给定分区 $\mathbf{U}$ 与 s_{ij} 的相似度，定义图的分区 $\mathscr{U}$ 的拟合值为：

$$D_G(\mathbf{U}) = \sum_{i=1}^{V}\sum_{j=1}^{V}w_{ij}\,(\tilde{s}_{ij}-s_{ij})^2 \tag{6.29}$$

其中，w_{ij} 为可选权重，$\mathscr{W}=[w_{ij}]$，$\mathbf{S}(\mathbf{U})=[s_{ij}]$ 和 $\widetilde{\mathbf{S}}(\mathbf{U})=[\tilde{s}_{ij}]$。这里，我们假设 $\mathbf{S}=\mathbf{A}$，其中 $\mathscr{A}$ 为图的邻接矩阵，与我们的假设相符，即相连节点对的相似度接近 1，非连接节点对的相似度接近 0。因此，相似度函数 s_{ij} 为：

$$s_{ij} = \sum_{k=1}^{M}u_{ki}u_{kj} = \mathbf{U}^T\mathbf{U} \tag{6.30}$$

该框架中的社团检测问题可以归结为式（6.29）$D_G(\mathscr{U})$ 的优化，目标是找到一个能最小化 $D_G(\mathscr{U})$ 的矩阵 $\mathscr{U}$。集簇数量 c、权重矩阵 $\mathscr{W}$ 和期望相似度矩阵 $\mathbf{S}$（通常是网络的邻接矩阵）由使用者指定。这是一个非线性约束优化问题。尽管存在一组必要条件来约束可能的矩阵 $\mathscr{U}$ 的集合[73]，但是计算上最可行的 $D_G(\mathscr{U})$ 优化方法是采用基于梯度迭代的优化算法（例如模拟退火）。

考虑以下目标函数：

$$D_G(\mathbf{U}) = \sum_{i=1}^{V}\sum_{j=1}^{V}w_{ij}\,(\tilde{s}_{ij}-s_{ij})^2 + \sum_{i=1}^{V}\lambda_i\Big(\sum_{k=1}^{M}u_{ki}-1\Big) \tag{6.31}$$

其中，$\lambda=[\lambda_1,\cdots,\lambda_N]$ 为拉格朗日乘子，其作用是要求每个节点的总隶属度为 1（完全划分）。

现在我们需要在上面的约束条件下找到 $\mathbf{S}$ 来最小化 $D_G(\mathbf{U})$。$D_G(\mathbf{U})$ 的偏导数为：

$$\frac{\partial D_G(\mathbf{U})}{\partial u_{kl}} = 2\sum_{i=1}^{V}(e_{il}+e_{li})\Big(\frac{1}{M}-u_{ki}\Big) \tag{6.32}$$

其中，$e_{ij}=w_{ij}(\tilde{s}_{ij}-s_{ij})$。

找到 D_G 的局部最小值最简单的基于梯度的算法如下：

1. 从任意的随机分区 $\mathbf{U}(0)$ 开始，且 $t=0$。

2. 根据式（6.32）计算 D_G 的梯度向量和当前的 $\mathbf{U}(t)$。

3. 如果 $\max_{k,l}\left|\dfrac{\partial D_G(\mathbf{U})}{\partial u_{kl}}\right|<\epsilon$，停止迭代，并声明 $\mathbf{U}(t)$ 是解。

4. 否则，用下面的公式计算迭代中的下一个分区：

$$u_{ij}^{(t+1)} = u_{ij}^{(t)} + \alpha^{(t)}\frac{\partial D_G(\mathbf{U})}{\partial u_{ij}} \tag{6.33}$$

其中，$a^{(t)}$ 为小的合理选择的步长常数。

5. 增加 t，并且从第 2 步继续。

6.3.9 网络嵌入与降维

降维是数据分析和机器学习中一个重要的预处理过程，可以认为是一个高维数据到低维数据的编码过程[47,74,84]。当我们处理的数据中变量比样本还多时，降维尤其重要。例如，微阵列数据集通常只有几十个样本，而变量（基因）达到数千个。最著名的降维技术是 1901 年卡尔·皮尔森提出的主成分分析（PCA）方法。其基本思想是通过线性或非线性变换建立一个新的坐标系，其输入数据可以用很少的变量表示而不会有显著的信息丢失。等距特征映射方法（Isomap）[80]最初是作为多维尺度[15]的一般化而提出的。作为一个替代方法，局部线性嵌入技术（LLE）[72]解决了连续线性最小二乘法优化问题。通过对核映射函数进行线性运算过程，包括图核方法在内的核方法也被用于解决非线性降维。图核方法也是数据分析和机器学习领域的一个研究热点，但本书不作重点讨论，感兴趣的读者可以参考文献[5,27,45,50,76,82]。本书中，我们只介绍一种相关方法。下面简要讨论一下文献［88］提出的图嵌入技术。

考虑一个数据集 $\mathscr{X} = \{x_1, x_2, \cdots, x_V\}$。每个数据样本由 P 个特征来描述，即特征向量 $x_i = (x_{i1}, x_{i2}, \cdots, x_{iP})^T$。将 $\mathbf{X}$ 看作矩阵，其列代表 $\mathscr{X}$ 中的每个数据项。该方法的目标是将数据特征向量的维度降低到其投影方向的特征数目 P'。例如，图像的特征维数 P 通常很高，将数据从原来的高维空间转换到低维空间，可以减轻维数问题的困扰。为了实现该方法，需要找到一个映射函数 F，它将每个特征向量 $x \in \mathbb{R}^P$ 转换为所需的低维表征 y，使得 $y = F(x)$，$y \in \mathbb{R}^{P'}$。通过采用底层网络来寻找这样的函数 F，降维过程可以被看作是：

$$Y^* = \arg\min_Y \sum_{\substack{i,j \in \mathscr{V} \\ i \neq j}} \mathbf{A}_{ij} \parallel y_i - y_j \parallel^2 \tag{6.34}$$

$$= \arg\min_Y Y^T \mathbf{L} Y$$

约束条件为 $Y^T \mathbf{B} Y = d$。在该公式中，d 为常数向量，$\mathbf{A}$ 为网络的邻接矩阵，$\mathbf{B}$ 是约束矩阵，$\mathbf{L}$ 是拉普拉斯矩阵。拉普拉斯矩阵可以通过下面的公式得到：

$$\mathbf{L} = \mathbf{D} - \mathbf{A} \tag{6.35}$$

其中，

$$\mathbf{D}_{ij} = \sum_{\substack{j \in \mathscr{V} \\ j \neq i}} \mathbf{A}_{ij} \tag{6.36}$$

$\forall i \in \mathscr{V}$。

可以将约束矩阵 $\mathbf{B}$ 看作惩罚网络 $\mathbf{A}^P$ 的邻接矩阵，因此，有 $\mathbf{B} = \mathbf{L}^P = \mathbf{D}^P - \mathbf{A}^P$。惩

罚网络传递关于无连接节点的相关信息，也就是说，在降维之后那些样本应该相距较远。从图的存储标准来看，相似度储存特性具有双重意义。对于样本 x_i 和 x_j 之间的较大相似度，y_i 和 y_j 之间的距离应较小以最小化目标函数。同样，x_i 和 x_j 之间的较小相似度应使得 y_i 和 y_j 之间的距离较大以最小化目标函数。假定通过采用诸如 $Y = \mathbf{X}^T w$ 等的线性投影可以找到低维特征空间，其中 w 为投影向量。式（6.34）的目标函数变为：

$$w^* = \arg\min_w \sum_{\substack{i,j \in \mathscr{V} \\ i \neq j}} \mathbf{A}_{ij} \parallel w^T x_i - w^T x_j \parallel^2 \tag{6.37}$$
$$= \arg\min_w w^T \mathbf{X}^T \mathbf{L} \mathbf{X} w$$

约束条件为 $w^T \mathbf{X}^T \mathbf{L} \mathbf{X} w = d$。通过采用边际 Fisher 准则和惩罚网络约束条件，公式（6.35）变为：

$$w^* = \arg\min_w \frac{w^T \mathbf{X}^T \mathbf{L} \mathbf{X} w}{w^T \mathbf{X} \mathbf{L}^P \mathbf{X}^T w} \tag{6.38}$$

这里可以采用广义特征值方法来求解，即 $\mathbf{X} \mathbf{L} \mathbf{X}^T w = \lambda \mathbf{X} \mathbf{L}^P \mathbf{X}^T w$。

6.4　本章小结

可以将聚类看作各类模式的无监督分组，如观测数据、特征向量等。聚类方法已经被众多领域和学科的研究人员采用，其发展的多样性反映了其作为数据分析一个中间过程的广泛吸引力和实用性。直观地说，同一个集簇内的模式比属于不同集簇的模式更相似。聚类在数据挖掘、文献检索、图像分割和模式分类等多个探索性任务中非常有用。通常，关于数据的先验信息（例如统计模型）很少，学习算法必须尽可能地避免假设。因而，正是在这些限制之下，聚类方法特别适合分析数据样本之间的相互关系。

在本章中，我们关注的重点是网络背景下的数据聚类问题，其通常称为社团检测。社团检测的研究对于理解复杂网络中的各种现象至关重要。模块化结构导致了复杂网络的异质性。例如，每个模块可以有不同的局部统计特性；一些模块可能含有很多连接，而另外一些模块则可能非常稀疏。当社团之间存在较大差异时，统计得到的全局信息可能会产生偏差。模块化结构的存在也可能改变网络上动力学过程的传播形式。在生物网络中，社团对应于功能模块，模块内的成员一致地执行基本的细胞任务。因此，高效社团检测技术的进步是复杂网络和机器学习领域的重要研究方向。由于其重要性，本章大部分内容讨论的是社团检测算法。对于这些算法，我们主要讨论的是算法背后的主要思路，以及其应用潜力和不足之处。

关于重叠社团的检测也是本章的主题。我们很容易在现实世界的网络中找到这样的社团。例如，一个人可以属于他的家庭社团，也可以属于他的公司社团。在基于网络的无监督学习中，重叠社团的发现对于模糊聚类特别有用。本章对一些有代表性的方法进行了重点讨论。

参考文献

1. Acebrón, J.A., Bonilla, L.L., Vicente, P.C.J., Ritort, F., Spigler, R.: The kuramoto model: A simple paradigm for synchronization phenomena. Rev. Mod. Phys. **77**, 137–185 (2005)
2. Alpert, C.J., Kahng, A.B., Yao, S.Z.: Spectral partitioning with multiple eigenvectors. Discret. Appl. Math. **90**(1-3), 3–26 (1999)
3. Arenas, A., Guilera, A.D., Pérez Vicente, C.J.: Synchronization reveals topological scales in complex networks. Phys. Rev. Lett. **96**(11), 114102 (2006)
4. Arenas, A., Duch, J., Fernández, A., Gómez, S.: Size reduction of complex networks preserving modularity. New J. Phys. **9**(6), 176 (2007)
5. Borgwardt, K.M.: Graph kernels. Ph.D. thesis, Ludwig-Maximilians-Universitöt München, Germany (2007)
6. Brandes, U., Delling, D., Gaertler, M., Görke, R., Hoefer, M., Nikoloski, Z., Wagner, D.: On modularity clustering. IEEE Trans. Knowl. Data Eng. **20**(2), 172–188 (2008)
7. Buchanan, M.: Nexus: Small Worlds and the Groundbreaking Theory of Networks. W.W. Norton, New York (2003)
8. Burt, R.S.: Structural holes: the social structure of competition. Harvard University Press, Cambridge, MA (1992)
9. Cao, X., Wang, X., Jin, D., Cao, Y., He, D.: Identifying overlapping communities as well as hubs and outliers via nonnegative matrix factorization. Sci. Rep. **3**, 2993 (2013)
10. Chen, J., Yuan, B.: Detecting functional modules in the yeast protein–protein interaction network. Bioinformatics **22**(18), 2283–2290 (2006)
11. Chen, M., Kuzmin, K., Szymanski, B.: Community detection via maximization of modularity and its variants. IEEE Trans. Comput. Soc. Syst. **1**(1), 46–65 (2014)
12. Chung, F.R.K.: Spectral Graph Theory. CBMS Regional Conference Series in Mathematics, vol. 92. American Mathematical Society, Providence, RI (1997)
13. Clauset, A., Newman, M.E.J., Moore, C.: Finding community structure in very large networks. Phys. Rev. E **70**(6), 066111+ (2004)
14. Clerc, M., Kennedy, J.: The particle swarm - explosion, stability, and convergence in a multidimensional complex space. IEEE Trans. Evol. Comput. **6**(1), 58–73 (2002)
15. Cox, T.F., Cox, M.: Multidimensional Scaling. Chapman & Hall/CRC, London/Boca Raton (2000)
16. Danon, L., Díaz-Guilera, A., Duch, J., Arenas, A.: Comparing community structure identification. J. Stat. Mech. Theory Exp. **2005**(09), P09008 (2005)
17. de Oliveira, T., Zhao, L.: Complex network community detection based on swarm aggregation. In: International Conference on Natural Computation, vol. 7, pp. 604–608. IEEE, New York (2008)
18. Donath, W.E., Hoffman, A.J.: Lower bounds for the partitioning of graphs. IBM J. Res. Dev. **17**(5), 420–425 (1973)
19. Evans, T.S., Lambiotte, R.: Line graphs, link partitions, and overlapping communities. Phys. Rev. E **80**(1), 016105 (2009)
20. Farkas, I., Ábel, D., Palla, G., Vicsek, T.: Weighted network modules. New J. Phys. **9**(6), 180 (2007)
21. Févotte, C., Bertin, N., Durrieu, J.L.: Nonnegative matrix factorization with the itakura-saito divergence: with application to music analysis. Neural Comput. **21**(3), 793–830 (2009)
22. Fortunato, S.: Community detection in graphs. Phys. Rep. **486**, 75–174 (2010)
23. Fortunato, S., Barthélemy, M.: Resolution limit in community detection. Proc. Natl. Acad. Sci. **104**(1), 36–41 (2007)

24. Fortunato, S., Latora, V., Marchiori, M.: Method to find community structures based on information centrality. Phys. Rev. E **70**(5), 056104 (2004)
25. Freeman, L.C.: A set of measures of centrality based upon betweenness. Sociometry **40**, 35–41 (1977)
26. Frey, B.J., Dueck, D.: Clustering by passing messages between data points. Science **315**, 972–976 (2007)
27. Gärtner, T.: A survey of kernels for structured data. SIGKDD Explor. **5**(1), 49–58 (2003)
28. Girvan, M., Newman, M.E.J.: Community structure in social and biological networks. Proc. Natl. Acad. Sci. USA **99**(12), 7821–7826 (2002)
29. Golub, T.R., Slonim, D.K., Tamayo, P., Huard, C., Gaasenbeek, M., Mesirov, J.P., Coller, H., Loh, M.L., Downing, J.R., Caligiuri, M.A., Bloomfield, C.D.: Molecular classification of cancer: class discovery and class prediction by gene expression monitoring. Science **286**, 531–537 (1999)
30. Gregory, S.: Finding overlapping communities in networks by label propagation. New J. Phys. **12**(10), 103018 (2010)
31. Guimera, R., Sales-Pardo, M., Amaral, L.: Modularity from fluctuations in random graphs and complex networks. Phys. Rev. E **70**, 025101 (2004)
32. Gulbahce, N., Lehmann, S.: The art of community detection. BioEssays **30**(10), 934–938 (2008)
33. Gupta, M., Gao, J., Aggarwal, C., Han, J.: Outlier detection for temporal data: a survey. IEEE Trans. Knowl. Data Eng. **26**(9), 2250–2267 (2014)
34. Hofman, J.M., Wiggins, C.H.: Bayesian approach to network modularity. Phys. Rev. Lett. **100**(25), 258701+ (2008)
35. Jin, J., Pawson, T.: Modular evolution of phosphorylation-based signalling systems. Philos. Trans. R. Soc. Lond. Ser. B Biol. Sci. **367**(1602), 2540–55 (2012)
36. Karypis, G., Han, E.H., Kumar, V.: Chameleon: hierarchical clustering using dynamic modeling. Computer **32**(8), 68–75 (1999)
37. Kawamoto, T., Kabashima, Y.: Limitations in the spectral method for graph partitioning: detectability threshold and localization of eigenvectors. Phys. Rev. E **91**, 062803 (2015)
38. Kiss, G.R., Armstrong, C., Milroy, R., Piper, J.R.I.: An associative thesaurus of English and its computer analysis. In: The Computer and Literary Studies. University Press, Edinburgh (1973)
39. Kumpula, J.M., Saramäki, J., Kaski, K., Kertész, J.: Limited resolution in complex network community detection with Potts model approach. Eur. Phys. J. B **56** (2007)
40. Kuramoto, Y.: Chemical Oscillations, Waves, and Turbulence. Springer, New York (1984)
41. Lancichinetti, A., Fortunato, S.: Limits of modularity maximization in community detection. Phys. Rev. E **84**, 066122 (2011)
42. Lancichinetti, A., Fortunato, S., Radicchi, F.: Benchmark graphs for testing community detection algorithms. Phys. Rev. E **78**(4), 046110(1–5) (2008)
43. Lancichinetti, A., Fortunato, S., Kertész, J.: Detecting the overlapping and hierarchical community structure in complex networks. New J. Phys. **11**(3), 033015 (2009)
44. Li, D., Leyva, I., Almendral, J.A., Sendina-Nadal, I., Buldu, J.M., Havlin, S., Boccaletti, S.: Synchronization interfaces and overlapping communities in complex networks. Phys. Rev. Lett. **101**(16), 168701 (2008)
45. Liu, W., Principe, J.C., Haykin, S.: Kernel Adaptive Filtering: A Comprehensive Introduction. Wiley, New York (2010)
46. Lusseau, D.: The emergent properties of a dolphin social network. Proc. R. Soc. B Biol. Sci. **270**(Suppl 2), S186–S188 (2003)
47. Ma, Y., Zhu, L.: A review on dimension reduction. Int. Stat. Rev. **81**(1), 134–150 (2013)
48. Moreno, Y., Vazquez-Prada, M., Pacheco, A.F.: Fitness for synchronization of network motifs. Physica A **343**, 279–287 (2004)
49. Nepusz, T., Petróczi, A., Négyessy, L., Bazsó, F.: Fuzzy communities and the concept of bridgeness in complex networks. Phys. Rev. E **77**, 016107 (2008)
50. Neuhaus, M., Bunke, H.: Bridging the Gap Between Graph Edit Distance and Kernel Machines. World Scientific, River Edge, NJ (2007)
51. Newman, M.E.J.: Analysis of weighted networks. Phys. Rev. E **70**, 056131 (2004)
52. Newman, M.E.J.: Fast algorithm for detecting community structure in networks. Phys. Rev. E **69**(6), 066133 (2004)
53. Newman, M.E.J.: A measure of betweenness centrality based on random walks. Soc. Networks **27**, 39–54 (2005)

54. Newman, M.E.J.: Finding community structure in networks using the eigenvectors of matrices. Phys. Rev. E **74**(3), 036104 (2006)

55. Newman, M.E.J.: Modularity and community structure in networks. Proc. Natl. Acad. Sci. **103**(23), 8577–8582 (2006)

56. Newman, M.E.J.: Spectral methods for community detection and graph partitioning. Phys. Rev. E **88**, 042822 (2013)

57. Newman, M.E.J., Girvan, M.: Finding and evaluating community structure in networks. Phys. Rev. Lett. **69**, 026113 (2004)

58. Newman, M.E.J., Leicht, E.A.: Mixture models and exploratory analysis in networks. Proc. Natl. Acad. Sci. USA **104**(23), 9564–9569 (2007)

59. Nicosia, V., Mangioni, G., Carchiolo, V., Malgeri, M.: Extending the definition of modularity to directed graphs with overlapping communities. J. Stat. Mech. Theory Exp. **2009**(03), 03024 (2009)

60. Oh, E., Rho, K., Hong, H., Kahng, B.: Modular synchronization in complex networks. Phys. Rev. E **72**, 047101 (2005)

61. de Oliveira, T., Zhao, L., Faceli, K., de Carvalho, A.: Data clustering based on complex network community detection. In: IEEE Congress on Evolutionary Computation, pp. 2121–2126. IEEE, New York (2008)

62. Oliveira, T.B.S.: Clusterização de dados utilizando técnicas de redes complexas e computação bioinspirada (2008). Master Thesis. Instituto de Ciências Matemáticas e de Computação, Universidade de São Paulo (USP)

63. Palla, G., Derenyi, I., Farkas, I., Vicsek, T.: Uncovering the overlapping community structure of complex networks in nature and society. Nature **435**(7043), 814–818 (2005)

64. Panaggio, M.J., Abrams, D.M.: Chimera states: coexistence of coherence and incoherence in networks of coupled oscillators. Nonlinearity **28**(3), R67 (2015)

65. Pearson, K.: On lines and planes of closest fit to systems of points in space. Philos. Mag. **2**(6), 559–572 (1901)

66. Pons, P., Latapy, M.: Computing communities in large networks using random walks. J. Graph Algorithms Appl. **10**, 284–293 (2004)

67. Psorakis, I., Roberts, S., Ebden, M., Sheldon, B.: Overlapping community detection using bayesian non-negative matrix factorization. Phys. Rev. E **83**, 066114 (2011)

68. Quiles, M.G., Zhao, L., Alonso, R.L., Romero, R.A.F.: Particle competition for complex network community detection. Chaos **18**(3), 033107 (2008)

69. Ravasz, E., Somera, A.L., Mongru, D.A., Oltvai, Z.N., Barabási, A.L.: Hierarchical organization of modularity in metabolic networks. Science **297**(5586), 1551–1555 (2002)

70. Reichardt, J., Bornholdt, S.: Detecting fuzzy community structures in complex networks with a potts model. Phys. Rev. Lett. **93**(21), 218701(1–4) (2004)

71. Rosvall, M., Bergstrom, C.T.: An information-theoretic framework for resolving community structure in complex networks. Proc. Natl. Acad. Sci. **104**(18), 7327–7331 (2007)

72. Roweis, S.T., Saul, L.K.: Nonlinear dimensionality reduction by locally linear embedding. Science **290**, 2323–2326 (2000)

73. Ruszczyński, A.P.: Nonlinear optimization. Princeton University Press, Princeton, NJ (2006)

74. Sarveniazi, A.: An actual survey of dimensionality reduction. Am. J. Comput. Math. **4**, 55–72 (2014)

75. Schmidt, M.N., Winther, O., Hansen, L.K.: Bayesian non-negative matrix factorization. In: Adali, T., Jutten, C., Romano, J.M.T., Barros, A.K. (eds.) Independent Component Analysis and Signal Separation. Lecture Notes in Computer Science, vol. 5441, pp. 540–547. Springer, Berlin, Heidelberg (2009)

76. Shawe-Taylor, J., Cristianini, N.: Kernel Methods for Pattern Analysis. Cambridge University Press, New York (2004)

77. Shen, H., Cheng, X., Cai, K., Hu, M.B.: Detect overlapping and hierarchical community structure in networks. Physica A **388**(8), 1706–1712 (2009)

78. Strogatz, S.H.: Sync: The Emerging Science of Spontaneous Order. Hyperion, New York (2003)

79. Sun, P.G., Gao, L., Shan Han, S.: Identification of overlapping and non-overlapping community structure by fuzzy clustering in complex networks. Inf. Sci. **181**, 1060–1071 (2011)

80. Tenenbaum, J.B., de Silva, V., Langford, J.C.: A global geometric framework for nonlinear dimensionality reduction. Science **290**(5500), 2319–2323 (2000)

81. Topaz, C.M., Andrea, Bertozzi, L.: Swarming patterns in a two-dimensional kinematic model for biological groups. SIAM J. Appl. Math. **65**, 152–174 (2004)
82. Vishwanathan, S.V.N., Schraudolph, N.N., Kondor, R., Borgwardt, K.M.: Graph kernels. J. Mach. Learn. Res. **11**, 1201–1242 (2010)
83. Wakita, K., Tsurumi, T.: Finding community structure in mega-scale social networks: [extended abstract]. In: Proceedings of the 16th International Conference on World Wide Web, WWW '07, pp. 1275–1276 (2007)
84. Wang, F., Sun, J.: Survey on distance metric learning and dimensionality reduction in data mining. Data Min. Knowl. Disc. **29**(2), 534–564 (2015)
85. Winfree, A.T.: The Geometry of Biological Time. Springer, Berlin (2001)
86. Wu, Z., Duan, J., Fu, X.: Complex projective synchronization in coupled chaotic complex dynamical systems. Nonlinear Dyn. **69**(3), 771–779 (2012)
87. Xu, R., II, D.W.: Survey of clustering algorithms. IEEE Trans. Neural Netw. **16**(3), 645–678 (2005)
88. Yan, S., Xu, D., Zhang, B., Zhang, H.J., Yang, Q., Lin, S.: Graph embedding and extensions: a general framework for dimensionality reduction. IEEE Trans. Pattern Anal. Mach. Intell. **29**(1), 40–51 (2007)
89. Zarei, M., Izadi, D., Samani, K.: Detecting overlapping community structure of networks based on vertex-vertex correlations. J. Stat. Mech. Theory Exp. **11**, P11013 (2009)
90. Zhang, S., Wang, R.S., Zhang, X.S.: Identification of overlapping community structure in complex networks using fuzzy C-Means clustering. Physica A **374**(1), 483–490 (2007)
91. Zhang, X., Nadakuditi, R.R., Newman, M.E.J.: Spectra of random graphs with community structure and arbitrary degrees. Phys. Rev. E **89**, 042816 (2014)
92. Zhou, H.: Distance, dissimilarity index, and network community structure. Phys. Rev. E **67**(6), 061901 (2003)

基于网络的半监督学习

摘要 在本章中，我们将展现在半监督学习框架里的基于网络的算法。半监督学习介于监督学习与无监督学习之间，无监督学习不会使用外界信息来推断出知识，而监督学习则相反，它利用全标签数据集来训练模型。半监督学习的目标是减少人类专家在标识过程中的辅助工作。在诸如视频目录、声音信号分类、文本分类、医疗诊断、基因数据以及其他应用领域中，人工打标签耗工耗时的特点更加明显。在基于网络的方法中，图的结构是将标签从已标记节点向未标记节点传播的主要驱动力。下面我们将说明，在标签扩散过程中使用不同标准的技术是如何产生各自的结果的。另外，我们还将探讨基于网络的半监督学习技术的优缺点，这个过程也被称作转换式学习。

7.1 引言

半监督学习是一种学习范式，关心计算机和自然系统，例如人类在已标记数据和未标记数据面前的学习过程[39]。传统中学习的研究要么在无监督学习（例如聚类、异常值检测）中，要么在监督学习（例如分类、回归）中进行。前者所有数据都没有标记，后者所有数据全部已标记。半监督学习的目标是研究已标记和未标记的混合数据是如何改变学习行为的，并设计出能利用上述混合数据的算法。半监督学习对机器学习和数据挖掘尤其有用，因为当已标记数据稀少且昂贵时，它能够通过使用可得的未标记数据去改善监督学习任务。半监督学习被当作定量工具去理解人类学习类别时，也显示了其潜力。在人类学习中，大多数接受的信息和输入显而易见是无标签的[39]。

最近几年，在半监督学习中，最活跃的研究领域就是基于图和网络的方法。这些方法的共性是将数据展现为网络的节点，而数据之间的连接依赖于网络形成策略和节点上的标签[8]。使用网络来进行数据分析，一个显著的好处体现在可以体现数据关系的拓扑结构。因此，基于网络的方法可以发现任意形状的类和组去完善学习过程，相反，任意形状的类和组很难在不使用结构化数据展现的技术中被发现[14]。

基于网络的半监督学习首先要利用网络构建策略（第 4 章介绍了详细的各种构建方法），输入基于向量的数据，将其构建成网络⊖。一旦网络建成，学习过程就是将标签分别分配给测试集中的每一个未标记点。通过连接网络各节点的边，将标签进行扩散，进而完成推演[8]。在标签扩散过程中，同时使用已标记和未标记的数据集进行学习。传统技术使用属性值标签来分析数据，相比之下，网络技术直接使用直接相邻或不相邻的图结构来分析和预测未标记点的标签。正如在一些文献的研究中所解释的[20,21,23-25,36]，网络技术产生的分类器更具鲁棒性和高效率。

在半监督学习过程中，算法可以是归纳式的或直推式的。归纳式技术是从已有训练集中给出一般规则，直推式技术则局限于对具体测试的预测⊜。大多数网络方法都是直推式技术，这意味着它们的目标是仅将测试集中的未标记节点推演归类；因此，它不需要去设计一个针对非测试集的新节点的全局性方法。

在基于网络的半监督学习算法的主要优点中，主要强调以下几点[8,37]：

- 网络结构能有效判别不同形态的集簇。
- 学习过程不会基于距离方程给出定论。
- 使用多集簇数据集会更便利。
- 对于一些天然以网络呈现的问题，例如蛋白质连接网络、血动脉网络、因特网等，在这些例子中，将基于网络的数据转换为基于向量的数据进行计算是个败笔。使用基于向量的数据来模拟图中的周期循环是困难的，循环允许数据中的递归关系，因此，通过网络建模更自然。

许多半监督学习技术，例如直推式支持向量机，能够对具有较好界定形状的数据进行类别区分，但通常难以对非规则形状的数据进行分类，因此，关于类分布的假设必须给定[8]。不幸的是，先验知识通常是事先不知道的。为了克服类似难题，最近几年，基于图的几种方法取得了进展。在这些方法中，有最小割[40]、局部和全局的一致性算法[35]、局部学习正则化[34]、半监督模块化[22]、D-游走[7]、随机游走技术[12,29]和标签传播技术[32,38]。然而，大多数基于图的技术使用相同的正则化框架，只是在损失函数和正则化方程的选择上有所不同[2,3,5,13,35,40]，并且大多数都具有较高的计算复杂度。这个因素使得它们只能应用在小或中规模的数据集上[36]。当数据集越来越大时，发展更有效的半监督学习方法仍非常必要。

⊖　详细的网络构建方法见第 4 章。

⊜　直观上讲，如果将学习问题比喻为测试，那么数据标记则对应于老师在课堂上解决的几个案例。老师还提供了一系列未解决的问题。对于直推式，这些未解决的问题是家庭测试，你特别希望能解决这些问题。而对于归纳式，就是那些在课堂测试中遇到的练习题。

7.2 数学假设

回顾半监督学习和监督学习的区别，我们知道前者使用未标记数据来提高分类器的整体表现。为了在学习过程中有效使用未标记数据，我们必须假设一些数据结构。待解决问题的结构和模型假设之间匹配较差会导致分类器性能降低。例如，有相当数量的半监督学习方法假定判别边界应避免在数据样本密度高的区域产生。但是，如果数据来自于两个高度重叠的高斯分布函数，判别边界将产生于最高密度区域，于是基于上述假定的现存主流方法会表现很差。提前鉴别这类匹配问题仍然很难[39]。

半监督学习算法至少要使用以下假设中的一种[8]：

- 平滑假设：在特征空间中，邻近数据点更可能共享相同标签。这也是监督学习的一般假设，并优先服从于几何上简单的判别边界。在半监督学习下，平滑假设额外优先服从于低密度区域的判别边界，因此，不同集簇中的节点，几乎很少会位于判别边界相交的区域。平滑假设也可被戏称为"类似的节点应该有类似的标签"。

- 集簇假设：在高密度区域内，连接路径多的数据节点很可能具有相同的标签。这是平滑假设的特例，并可用聚类算法进行特征学习。

- 流形假设：每一个集簇建立在一个独立的、比输入空间还低很多维度的流形上。在这种情况下，我们通过已标记和未标记数据一起使用来学习流形，从而避免维度灾难。通过这样的改动就能使用基于流形定义的距离和密度。在高维度数据不能直接被建模时，流形假设很管用，但自由度很小。例如，人的声音是由声带控制的[28]，多样的脸部表情是由肌肉控制的。我们更倾向于在距离和平滑度的世界里，而不是在声波或表情的世界里去解决问题。

半监督学习的典型场景应用如下。定义 $\mathcal{T} = \{(x_1, y_1), \cdots, (x_L, y_L)\}$ 作为元组集：节点 $x_i \in \mathcal{L}$，它对应的标签 $y_i \in \mathcal{Y}$，$\mathcal{L}$ 代表已标记的点集合，$\mathcal{Y}$ 代表了标签的集合，$\mathcal{U} = \{x_{L+1}, \cdots, x_{L+U}\}$ 代表未标记的节点集合，而 $\mathcal{V} = \mathcal{L} \cup \mathcal{U}$ 是所有节点集合。$L = |\mathcal{T}| = |\mathcal{L}|$ 为已标记数据数量，而 $U = |\mathcal{U}|$ 为未标记数据数量。因此在半监督学习过程中我们有 $V = |\mathcal{V}|$ 个总数据项和 $Y = |\mathcal{Y}|$ 个类。当 $Y = 2$ 时，是二分类问题。当 $Y > 2$ 时，是多分类问题。y_i 表示第 i 个数据 x_i 的真实标签，而 $\hat{y}_i$ 代表由半监督学习过程算法产生的拟合标签输出。通常，我们只有极少的已标记数据和大量未标记数据，即 $U \gg L$。我们的目标是通过机器学习，利用一些标签传播过程去标记未标记数据。基于网络的技术通过使用图来拟合低维流形。

文献 [26] 讨论了未标记数据在学习过程中起到的良好作用。研究结果表明，使用一个有限样本，如果考虑的数据分布的复杂性高到不能通过已标记数据集进行学习，但数据分布的复杂程度能够使用未标记数据集 $U \gg L$ 进行学习，那么半监督学习能够提高监督学习的性能。

另外一个要重点关注的是多流形。例如，在手写数字识别中，每一个数字在特征空间中组成了自己的流形；在计算机视觉动画分割中，移动物体是沿着低维流形的轨迹在运动[31]。这些流形在具有不同维度、方向和密度的同时交叉或部分重叠。在基于图的算法中，如果我们用一个图来连接不同流形上的各点，这些点又邻近流形交叉处，那么标签将被错误地传播给其他流形。在这种情况下，我们必须意识到要构造非相互连接的孤立图单元，从而避免错误的标签传播。

7.3　典型的基于网络的半监督学习技术

依赖于网络的半监督学习方法需要定义一个图，数据集中标记和未标记的样本由节点表示，而连边则反映样本的相似性。这些方法通常假设图中标签是平滑的。总而言之，图方法是非参数化的、判别式的和直推式的。

半监督学习方法通常是非参数化的，因为它们没有就数据的可能分布做出预先假设，其恰是需要去讨论的（无分布）。回顾参数化和非参数化模型的区别，在于前者固定了参数的数量，而后者中参数的数量是随着训练数据的增加而增长的[10,19]。另外，我们强调非参数化模型和无参数化模型是不一样的：参数是由训练的数据决定的，而不是由模型本身决定的。基于网络的半监督学习算法的非参数化，其本质是一种积极主动的算法，它阻止了在整个学习过程中偏置的产生。

基于网络的半监督学习方法通常是判别式模型。因为它们通过数据即可观察到的一个或多个变量 x，来界定不能观察到的变量 y，也就是我们说的类或标签。判别式模型不像生成式模型，它没有空间来允许从 x 和 y 的联合分布中产生样本。对于不需要联合分布的分类任务，判别式模型能够产生更优的表现[15,17,27]。相反，生成式模型在表达复杂学习任务中的依赖上，通常比判别式模型更加灵活。

基于网络的半监督学习方法通常使用直推式推理，因为它们通过观察到的具体数据样本（已标记和未标记数据集），去评估具体的数据项（未标记集）。相反，归纳式推理是由观察到的已训练样本抽象出通用规则，其不仅能应用到具体的未标记数据集中，也能应用在其他新的测试样本中。

关于基于网络的半监督学习技术的其他研究成果可参考文献[8,36,39]。

许多基于图的方法可以在正则化的框架中予以表达，在这个框架里，目标是最小化成本函数 C，它由两个基本部分组成：

$$C = f_{\text{loss}} + f_{\text{reg}} \tag{7.1}$$

式（7.1）中的每一项有不同的目的，即：

1. 损失函数（f_{loss}）：它用于惩罚预标记节点的错误标签。实践中，为最小化此项，应尽可能地阻止预标记节点的标签改变。

2. 正则化函数（f_{reg}）：它负责对未标记节点的标签传播成本建模。众所周知，很多算法建立在平滑假设上，这个函数必须在网络密度较大的区域内使用。

一个不言自明的假设是已标记的数据样本是可靠的。在错误标记的学习当中，充满着噪音或错误标签的数据，损失函数会强迫基于正则化框架上的算法传播错误的标签给未标记数据。由于数据样本存在的高噪声，错误标签的传播有可能轻易胜过正确标签的传播。

下面，我们将重点介绍几种基于网络的半监督学习方法。

7.3.1 最大流和最小割

最大流和最小割方法来源于文献［5］。该方法最初用在二分类问题中，标签仅限于集合 $y_i \in \{0,1\}, \forall i \in \mathcal{V}$。半监督学习的分类方法可以看作是一个图分割问题。在二分类问题中，正标签被看作是源点，负标签被看作是汇点。算法的目标是找到一个最小边的集合来阻断从源点到汇点的流量。被分割后的图中，连接源点样本的将会被分类为正样本，而连接汇点样本的将会被分类为负样本。将 f_{loss} 表示为一个有无限权重的平方损失函数：

$$f_{\text{loss}} = \lim_{w \to \infty} w \sum_{i \in \mathcal{L}} (\hat{y}_i - y_i)^2 \tag{7.2}$$

这样，已标记数据的正则化影响就被有效消除了。结果已标记样本的值固定在真标签上⊖。接下来讨论将标签传播到未标记数据上的过程，其由如下正则化方程确定：

$$f_{\text{reg}} = \frac{1}{2} \sum_{i,j \in \mathcal{V}} A_{ij} \mid \hat{y}_i - \hat{y}_j \mid = \frac{1}{2} \sum_{i,j \in \mathcal{V}} A_{ij} (\hat{y}_i - \hat{y}_j)^2 \tag{7.3}$$

$\mathbf{A}_{ij}$ 是连接 i 和 j 的连边权重，$\hat{y}_i$ 是点 $i \in \mathcal{V}$ 的估计标签。在 $\hat{y}_i$ 属于二分类问题时，第二个等式成立。将式（7.2）和式（7.3）代入式（7.1），得到目标函数：

$$C = \lim_{w \to \infty} w \sum_{i \in \mathcal{L}} (\hat{y}_i - y_i)^2 + \frac{1}{2} \sum_{i,j \in \mathcal{V}} A_{ij} (\hat{y}_i - \hat{y}_j)^2 \tag{7.4}$$

其中 $y_i \in \{0,1\}, \forall i \in \mathcal{V}$。此时，当我们仅想得到 U 中所有未标记数据的标签时，$i \in \mathcal{L}$ 的已标记数据的估值将与它们的初始标签值重合。

图分割方法有很多有趣的特性[6]。首先，可以用网络流工具进行多项式时间计算。其次，学习过程可以被视为由马尔可夫随机场提供的标记架构。

⊖ 否则，由损失项和正则化项组成的目标函数是无穷大的。注意到，如果 $\hat{y}_i \neq y_i, i \in \mathcal{L}$，则 $f_{\text{loss}} \to \infty$。

最小割算法也存在一些缺陷。首先，最显著的一个缺陷就是它仅能产生没有置信区间的硬分类问题。用统计术语讲，它仅计算出众数，而不是边缘概率。例如，在文献［6］的研究中，通过对连边权重增加随机噪声来引入扰动。最小割方法被应用到多扰动图中，标签按大多数投票原则决定。这个过程与 bagging 方法很类似，产生了"软"最小割问题。另外，文献［13］提出了一个基于谱划分的方法，可以按最小率分割图。另一个缺陷来自实践视角，一个图也许有许多最小割，而最小割算法只能产生一个最小割，通常的方式是使用标准网络流算法的最"左"的最小割算法。例如，连接已标记点 i 和 j 的 V 个点的线有 $V-1$ 个割，而最左边的割将特别不平衡。

7.3.2 高斯随机场和调和函数

最小割算法的一个主要缺陷是只能解决二分类问题。位于边界或重叠区域的数据样本被标记时，置信度会小于位于那些簇中心的样本。高斯随机场和调和函数方法试图解决这些问题[38,40]。这些方法被视作最近邻方法的一种变种形式，其中最近邻的被标记样本在图上用随机游走的方式计算。这类算法与随机游走、谱图理论，特别是核方法和标准化割有着天然的关系。

在网络分析中，调和函数根据邻近点标签的加权平均数来估计未标记点的标签。此时，分类变得平滑。高斯随机场和调和函数方法[38,40]是对复杂离散马尔可夫随机场问题的一种松弛化。同样，它可以看作是一个平方损失函数，这样标记的数据样本标签是固定的，然后加上一个拉普拉斯正则项。因此损失函数可表示为：

$$C = \lim_{w \to \infty} w \sum_{i \in \mathcal{L}} (\hat{y}_i - y_i)^2 + \frac{1}{2} \sum_{i,j \in \mathcal{V}} A_{ij} (\hat{y}_i - \hat{y}_j)^2$$

$$= \lim_{w \to \infty} w \sum_{i \in \mathcal{L}} (\hat{y}_i - y_i)^2 + \frac{1}{2} \hat{Y}^T \mathbf{L} \hat{Y} \tag{7.5}$$

其中 $\hat{y}_i \in \{0,1\}$，$\hat{Y} = [y_1, y_2, \cdots, y_V]^T$ 是所有节点的估计标签向量，$\mathbf{L}$ 是图的拉普拉斯矩阵。$\hat{Y}$ 的模糊性是对仅适用于硬分类问题的最小割方法的关键松弛，即 $\hat{y}_i \in \{0, 1\}, i \in \mathcal{V}$。我们知道，邻接矩阵 $\mathbf{A}$ 的图拉普拉斯矩阵 $\mathbf{L}$ 的第 (i, j) 个元素为：

$$\mathbf{L}_{ij} = \mathbf{D}_{ij} - \mathbf{A}_{ij} = \begin{cases} k_i, & i = j \\ -\mathbf{A}_{ij}, & \text{其他} \end{cases} \tag{7.6}$$

其中 k_i 为用邻接矩阵 $\mathbf{A}$ 计算出的节点 i 的度。$\mathbf{D}$ 为节点度的矩阵：

$$\mathbf{D}_{ij} = \begin{cases} k_i, & i = j \\ 0, & \text{其他} \end{cases} \tag{7.7}$$

很明显，式（7.5）中损失函数解的形式不会改变预标记样本标签，但公式中的正则化项 $\hat{Y}^T \mathbf{L} \hat{Y}$ 不能保证标记过程的平滑性。针对此问题，下面我将详细论述。从公式（7.5），有：

$$\hat{Y}^T \mathbf{L} \hat{Y} = \sum_{i,j \in \mathscr{V}} \mathbf{A}_{ij} (\hat{y}_i - \hat{y}_j)^2 \tag{7.8}$$

公式（7.8）中的正则化是根据网络拓扑结构对被估计标签非平滑度的一种度量。对于与邻点不相似的估计标签，$\hat{Y}^T \mathbf{L} \hat{Y}$ 项的值很大。对于与邻点相似的估计标签，这个值很小。

考虑特征方程：

$$\mathbf{L}v = \lambda v \tag{7.9}$$

其中，v 是 $\mathbf{L}$ 的特征向量，λ 是特征向量对应的特征值。如果我们用特征向量 v 的转置来右乘公式（7.9），将会得到：

$$v^T \mathbf{L}v = v^T \lambda v$$
$$v^T \mathbf{L}v = \lambda v^T v$$
$$v^T \mathbf{L}v = \lambda \tag{7.10}$$

其中，第二个等式中 λ 是个标量因子，因此我们可以将向量 v^T 再分配，而第三个等式为 v 的正交性，即 $v^T v = 1$。

如果我们将特征向量 v 作为式（7.8）正则化函数的一个解，即 $v = y$，得到：

$$y^T \mathbf{L}y = \lambda \tag{7.11}$$

这就是说，拉普拉斯矩阵 $\mathbf{L}$ 的解 y 对应的特征值 λ 可以帮助我们理解被估计标签 (y) 的非平滑度。当我们选择特征向量解对应的特征值 λ 越大时，已估计标签的平滑度就越小。考虑到当我们的目标是最小化成本函数 C 时，其不再改变，在已给定标签数据的约束下，我们事实上要最小化正则函数。因此，被估计标签必须接近或等于特征向量，此特征向量对应小量级的特征值。

7.3.3 Tikhonov 正则化框架

文献［2］提出的 Tikhonov 正则化算法用到的是损失函数的一个通用形式：

$$f_{\text{loss}} = \frac{1}{L} \sum_{i \in \mathscr{L}} V(\hat{y}_i, y_i) \tag{7.12}$$

其中 $V_{(\hat{y}_i, y_i)}$ 是某种损失函数。例如，$V_{(\hat{y}_i, y_i)} = (\hat{y}_i - y_i)^2$ 为正则平方损失函数；当 $V_{(\hat{y}_i, y_i)} = \max(0, 1 - \hat{y}_i y_i)$ 时，为支持向量机算法。需要指出的是此损失函数允许在事先已标记的数据集中进行变换。

正则化函数为

$$f_{\text{reg}} = \hat{Y}^T \mathbf{S} \hat{Y} \tag{7.13}$$

其中 $\mathbf{S}$ 是平滑度矩阵，例如拉普拉斯矩阵 $\mathbf{L}$。

因而，正则化框架下的成本函数为：

$$F = \frac{1}{L} \sum_{i \in \mathscr{L}} (\hat{y}_i - y_i)^2 + \mu \hat{Y}^T \mathbf{S} \hat{Y} \tag{7.14}$$

其中 μ 是正则化参数，它用来调节损失项和正则化项的权重。为了稳定起见，对标记样本的先验信息从其平均值中减去。

Tikhonov 正则化框架有以下几个优点：

- 它消除了计算多个特征向量或复杂图形不变量（最小割、最大流等）的需要。对于最佳回归器也有一个简单的封闭形式解。问题被简化为一个单一的，通常是稀疏的线性方程组，其解可以被有效地计算。其中一种算法（内插正则化）非常简单，没有自由参数。
- 泛化误差可以是有界的，并且来自算法稳定性的参数与底层图的属性相关。
- 通过抽样底层流形得到了数据，如果图形是通过这些数据的局部连接产生的，那么该方法与该流形上的正则化有着天然的联系。

7.3.4　局部和全局一致性算法

该方法由 Zhou[35] 提出，是基于网络的半监督学习技术中最早的研究之一。该方法考虑了标记和未标记数据样本的一般问题，构造一个与固有标记和未标记数据结构足够平滑的分类函数。

该算法考虑了一组矩阵 $\mathscr{M}(V \times Y$ 维）的演化，其中每个元素都为非负。矩阵 $\hat{\mathbf{Y}} = [\hat{Y}_1^T, \cdots, \hat{Y}_V^T]^T \in \mathscr{M}$ 为数据集 V 的模糊分类器，其中每个已标记和未标记点 $x_i \in \mathscr{V}$，我们用表达式 $\hat{y}_i = \arg\max\limits_{y \in \mathscr{Y}} \mathbf{Y}_{iy}$ 来定义一个标签。对于每一个未标记数据 x_i，$\hat{Y}$ 作为向量函数表示为 $\hat{\mathbf{Y}}_{iy}$，$y \in \mathscr{Y}$ 的最大值。同时，定义矩阵 $\mathbf{Y}(V \times Y$ 维），其中如果 x_i 标签为 $y \in \mathscr{Y}$，则 $\mathbf{Y}_{iy} = 1$，反之，则 $\mathbf{Y}_{iy} = 0$。算法计算过程如下：

1. 根据高斯核生成邻接矩阵 $\mathbf{A}$，如果 $i \neq j$，则 $\mathbf{A}_{ij} = \exp\left(\frac{\|x_i - x_j\|^2}{2\sigma^2}\right)$；如果 $i = j$，则 $\mathbf{A}_{ii} = 0$。

2. 构建矩阵 $\mathbf{S} = \mathbf{D}^{-1/2} \mathbf{A} \mathbf{D}^{-1/2}$，其中 $\mathbf{D}$ 是对角矩阵，元素 (i, i) 是 $\mathbf{A}$ 的第 i 行的和。

3. 迭代计算 $\hat{\mathbf{Y}}(t+1) = \alpha \mathbf{S} \hat{\mathbf{Y}}(t) + (1-\alpha) \mathbf{Y}$，直到其收敛，其中 $\alpha \in (0, 1)$。

4. 将 $\hat{\mathbf{Y}}^*$ 定义为序列 $\{\hat{\mathbf{Y}}(t) : t \in \mathbb{N}\}$ 的极限。这样，可通过方程 $\hat{y}_i = \arg\max\limits_{j \in \mathscr{Y}} \hat{\mathbf{Y}}_{ij}^*$ 标记点 x_i。

此外，可以看出序列 $\mathfrak{I}$ $\{\hat{\mathbf{Y}}(t) : t \in \mathbb{N}\}$ 是收敛的，并服从以下公式：

$$\hat{\mathbf{Y}}^* = \lim_{t \to \infty} \hat{\mathbf{Y}}(t) = (\mathbf{I} - \alpha\mathbf{S})^{-1} \mathbf{Y} \tag{7.15}$$

而且，根据上述过程，可构建一个正则化框架，其中一个目的是最小化成本函数。这个表达式 $C(\hat{\mathbf{Y}})$ 如下：

$$C(\hat{\mathbf{Y}}) = \frac{1}{2}\left(\sum_{i,j \in \mathscr{V}} \mathbf{A}_{ij} \left\| \frac{1}{\sqrt{\mathbf{D}_{ii}}} \hat{\mathbf{Y}}_i - \frac{1}{\sqrt{\mathbf{D}_{jj}}} \hat{\mathbf{Y}}_j \right\|^2 + \mu \sum_{i \in \mathscr{V}} \|\hat{\mathbf{Y}}_i - \hat{\mathbf{Y}}_i\|^2 \right) \tag{7.16}$$

其中 $\mu > 0$ 是正则化参数。这种情况下，分类函数的最优值是：

$$\hat{\mathbf{Y}}^* = \arg\min_{F \in \mathcal{M}} C(\hat{\mathbf{Y}}) \tag{7.17}$$

公式（7.16）中第一部分通过分类器强化平滑过程，这意味着一个好的分类函数在高密度区域不能有大的导数，这正是正则化函数的定义。第二部分公式象征着调整限制，表明良好的分类函数也不能交换已标记数据的标签。在这种情况下，这个定义完全适合于损失函数的描述。这两个相互矛盾的量之间的平衡是由正常数 μ 给出的。

这种技术的优点在于它的简单性。正如人们所看到的，传播通过利用线性更新规则和收敛得到了充分的描述，使人们能够理解这种模型在长期运行中的动态。然而，该算法存在一些缺点：由于传播是利用线性函数完成的，所以数据的非线性特性可能会被算法忽略；此外，由于矩阵求逆是找到最优解，该算法需要运算 $\mathcal{O}(V^3)$ 次，这对于大型网络是不可行的。

7.3.5 附着法

附着法首次在文献 ［1］ 中出现，后来又进行了进一步的扩展[30]。附着法有非常令人满意的计算性能，主要体现在以下几个方面：

- 可进行多分类问题的求解（$Y > 2$）。
- 可用于并行计算，从而能在大规模数据集上应用。
- 良好的噪声数据处理能力。$^\ominus$

与其他网络环境下的其他标签传播算法一样，附着法通过图的连边（网络拓扑）将标签信息从已标记的样本传播到整个网络的节点。标签是用每个标签的非负数来表示的，其中高分数分配给与未标记的点关联度最高或最相似的那些标签。如果这些分数相加归一化，可以被认为是一个未标记数据标签的条件分布。

假设矩阵 $\hat{\mathbf{Y}} = [\hat{Y}_1^T, \cdots, \hat{Y}_V^T]^T \in V \times Y$ 中第 v 行 $\hat{\mathbf{Y}}_v$ 对应于 $v \in \mathcal{V}$ 的模糊分类 Y。也就是说，$\hat{\mathbf{Y}}_{vy}$ 是对应于 y 类的数据样本 v 的模糊分类。类似地，$\mathbf{Y}$ 将网络中所有节点的初始信念编码给已存在的类。在算法的初始阶段，我们必须为 $v \in \mathcal{V}$ 的所有节点赋予信念值。如果 v 是未标记的节点，我们可以简单地把 v 的值设为零向量。对于向量 $\hat{\mathbf{Y}}_v$，$v \in \mathcal{V}$ 的每一类，附着法输出一个估计的置信度或模糊分类标签。

我们可以将附着法所执行的学习机制，视为与网络拓扑结构相对应的受控随机游走。一般可以通过三种可能的动作来实现对随机游走的控制：吸附、持续、抛弃，每一种出现在节点 $v \in \mathcal{V}$ 的概率分别定义为 $p_v^{(inject)}$、$p_v^{(continue)}$ 和 $p_v^{(abandon)}$。对于一个有效的转移概率，有：

$\ominus$ 当标记的样本不完全可靠时，会产生噪声训练数据。在第 10 章，我们详细探讨了另外一个半监督学习算法，该算法主要处理错误标记数据扩散的检测和预防问题。

$$p_v^{(\text{inject})} + p_v^{(\text{continue})} + p_v^{(\text{abandon})} = 1 \tag{7.18}$$

为了标记每一个未标记的节点，甚至已经标记的点 $v \in \mathscr{V}$，我们首先选择 v 作为随机游走的初始节点。在每一个时间步，随机游走被允许选择以下三个动作之一：

1. 对于概率 $p_v^{(\text{inject})}$，随机游走停止并返回初始信念值 Y_v，即 $\hat{Y}_v = Y_v$。对图中未标记样本的标签扩散，还可以进一步限制。当 v 为未标记样本时，取 $p_v^{(\text{inject})}$ 值为 0，这样随机游走就不会将原始赋值作为未标记节点的分类值。

2. 对于概率 $p_v^{(\text{abandon})}$，随机游走放弃标签传播过程，并返回零向量作为分类值，即 $\hat{Y}_v$。

3. 对于概率 $p_v^{(\text{continue})}$，随机游走过程继续，特别是游走到与连边权重等比例的 v 的邻居节点上。转移概率服从随机游走过程的转移矩阵，后者在 2.4.1 节中有所说明。为了方便起见，我们将转换矩阵重写如下：

$$\mathbf{P}[u \mid v] = \mathbf{P}_{vu} = \frac{\mathbf{A}_{vu}}{\sum_{i \in \mathscr{V}} \mathbf{A}_{vi}} \tag{7.19}$$

考虑到上述游走的三种方式，期望值 $\hat{Y}_v$，$v \in \mathscr{V}$，由下式给出：

$$\hat{Y}_v = p_v^{(\text{inject})} Y_v + p_v^{(\text{continue})} \sum_{u \in \mathscr{N}(v)} \mathbf{P}[u \mid v] \hat{Y}_u + p_v^{(\text{abandon})} 0_Y \tag{7.20}$$

其中 0_Y 是由 Y 个元素构成的零向量，而 $\mathscr{N}(v)$ 指的是 v 的邻点的集合。

为了保证 $\hat{Y}_v$ 是正值，无论随机游走何时停止，都可以引入一个微调。我们创造一个虚拟值 $y_d \notin \mathscr{Y}$，并用它作为 v 的点估计值，来替换返回的零向量。我们可以设想一个额外的虚拟类，用于编码对 v 正确标签的不确定性。通过调节，至少式（7.20）的三项中的其中一项总是假定为正值。因此，$\hat{Y}_v$ 为正值。

附着法的平滑假设由式（7.20）RHS 中的第二项表示。相对于 v 的估计标签，$\hat{Y}_v$ 由 v 各邻点的估计标签加权线性组合而成。这种加权平均定义了一组不动点方程，来更新预测的标签。由于游走过程的轨迹或状态不需要保留，附着法是无记忆的。因此，它可以扩展到大规模的数据集，也可以很容易地并行化[1]。

一些启发式方法被用来估计 $p_v^{(\text{inject})}$、$p_v^{(\text{continue})}$ 和 $p_v^{(\text{abandon})}$ [1,30]。实际上，可以做如下设置：

$$\begin{aligned} p_v^{(\text{continue})} &\propto c_v \\ p_v^{(\text{inject})} &\propto d_v \end{aligned} \tag{7.21}$$

第一个参数 $c_v \in [0,1]$ 随着节点 v 的邻点数量增加而单调减少，即 v 的邻点数量在网络拓扑结构中越多，c_v 值越小。直观地说，如果 v 与其他几个节点相连，那么其很可能是一个难以归类的节点。因此，该想法是为了防止进一步的标签传播。这种机制保证了轨迹优先通过度较小的节点。

另一个参数 $d_v \geqslant 0$ 是一个随信息熵单调递增的量（用于标记的节点），在这种情下，我们更喜欢使用先验值，而不是来自邻点的计算结果。用转移矩阵评估节点 v 的信息熵，即：

$$H(v) = - \sum_{u \in \mathcal{N}(v)} \mathbf{P}[u \mid v] \log \mathbf{P}[u \mid v] \tag{7.22}$$

一旦计算完成，我们将信息熵代入下列单调递减函数：

$$f(x) = \frac{\log(\beta)}{\log(\beta + e^x)} \tag{7.23}$$

c_v 定义为

$$c_v = f(H(v)) \tag{7.24}$$

且 d_v 为

$$d_v = \begin{cases} (1 - c_v) \sqrt{H(v)}, & \text{如果 } v \text{ 已标记} \\ 0, & \text{其他} \end{cases} \tag{7.25}$$

最后，为保证式（7.18）成立，设

$$p_v^{(\text{continue})} = \frac{c_v}{z_v} \tag{7.26}$$

$$p_v^{(\text{inject})} = \frac{d_v}{z_v} \tag{7.27}$$

$$p_v^{(\text{abandon})} = 1 - \frac{c_v}{z_v} - \frac{d_v}{z_v} \tag{7.28}$$

其中，z_v 为归一化常数，即

$$z_v = \max(c_v + d_v, 1) \tag{7.29}$$

7.3.6　模块化方法

模块化算法由 Silva 和 Zhao[22] 提出，并受到模块化贪婪算法的影响，具体情况见 6.3.2.1 节中的内容。在原有的模块化贪婪算法中，在每一个时间步，两个社团（比如 i 和 j）合并，这样模块化的最大增量（或最小减量）发生在一个特定的时间步。原模型未对要合并的社团做任何条件限制。

为了适应半监督学习，我们对模块化贪婪算法做了如下修改：

1. 最初，网络中有 L 个标签节点。任务是将上述节点标签传播到未标记的节点。一旦未标记节点获得标签，将不再改变。

2. 在每个时间步，我们合并社团（在开始时，每个社团只包含一个节点），这样模块化的增量最大。然而这种合并受到一些限制：根据网络中标签的传播过程，只有在至少一个候选社团被标记之前才会发生合并。假设社团 c_i 和 c_j 已经选定要合并，每一个携带标签 y_i 和 y_j，∅ 表示未标记类别。然后，将产生下列四种情况之一：

- 情况 1：给定 $y_i \neq \emptyset$ 且 $y_j \neq \emptyset$，如果 $y_i \neq y_j$，则合并不出现。该情况代表了先前

标记的两个不同类之间的界限。

- 情况 2：当 $y_i \neq \varnothing$ 且 $y_j = \varnothing$，或 $y_i = \varnothing$ 且 $y_j \neq \varnothing$，合并出现。该情况代表了传统的标签传播，从一个已标记社团传播到未标记社团。c_j 在第一种情况下获得 c_i 的标签，c_i 在第二种情况下从 c_j 处获得标签。

- 情况 3：给定 $y_i \neq \varnothing$ 且 $y_j \neq \varnothing$，如果 $y_i = y_j$，则合并出现。在这种情况下，合并过程将同一类的两个社团放在一起，从而导致模块最大化。

- 情况 4：如果 $y_i = y_j = \varnothing$，则合并不发生，因为没有标签被传播。

如果合并过程没有发生，那么我们选择其他两个社团（在模块化的增量矩阵 $\Delta \mathbf{Q}$ 中有第二最大元素）去合并，按步骤 2 重复，直到一个有效的合并过程产生。

我们知道，模块化算法是为了最大化同一个社团内节点之间的边数，同时也尝试最小化不同的社团节点之间的边数，这个动态过程传播标签以便保持聚类和平滑的假设。用这种方法，只要保证网络在同一类节点之间有很强的连接，在不同类的节点之间是弱连接，则修正后的模块化贪婪算法会以一种优化的方式进行标签传播。

对于该算法的迭代停止准则，它只需要运行直到没有未标记节点的存在，而无须考虑模块的数值，因为我们不是在寻找一个好的网络划分，而是寻找一种有序标记节点的方法。关于其收敛性，文献［22］中给出了证明。

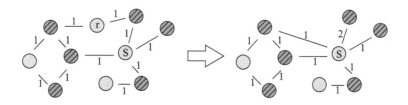

图 7-1　节点 s 和 r 的合并过程。s 合并 r 后成为更大的节点，所有 r 的邻居节点在过程中转为与 s 连接

此外，为了使这种半监督算法在大规模网络上的应用成为可能，还探索了一种网络简化技术。令 $\varphi(y) \in [0,1]$ 表示在类上执行简化的比例，其中类标签 $y \in \mathscr{Y}$，$\varPsi_y(t)$ 表示为类 $y \in \mathscr{Y}$ 的数据项的集合。然后通过以下步骤逐步完成：

1. 随机选择两个预先标记的节点 $r \in \varPsi_y(t)$ 和节点 $s \in \varPsi_y(t)$ 来合并。在这个过程中，r 从网络中移除，s 被称为超级节点，因为它表示网络中的不止一个节点。在这个过程中，连接到 r 的所有连接都被重连接到 s。假设 w 和 s 之间已经存在一个连接，w 也是 r 的邻点，然后将前面边 (w,r) 的权重增加到 (w,s) 之间的连接，如图 7-1 所示。这个步骤直到 $|\varPsi_y(t+\Delta_t)| = (1-\varphi(y))|\varPsi_y(t)|$ 才停止，其中 $\Delta t > 0$ 是一个被文献 [22] 证明具备收敛性的上限参数。最终，通过有限的几步，$|\varPsi_y(t+\Delta_t)|$ 显示了未来 $\varPsi_y(t)$ 的大小。如果 $\varphi(y) = 1$，那么我

们继续合并直到 $|\Psi_y(t+\Delta_t)|=1$，类似于直到类中仅剩一个元素。

2. 所有的自闭环，在网络的缩减过程中将被移除。这防止了修正的模块贪心算法在一个社团里产生的自合并。

3. 该网络缩减过程在网络中的每个类 $y \in \mathscr{Y}$ 中进行。

综上所述，到了缩减过程结束时，网络会卷缩，因为 $(V-L)+\sum_{y\in\mathscr{Y}}|\Psi_y(t+\Delta_t)|=$ $(V-L)+\sum_{y\in\mathscr{Y}}[1-\varphi_y]|\Psi_y(t)|\leqslant V$，此式成立是因为 $0\leqslant\varphi(y)\leqslant 1$，则必然 $\sum_{y\in\mathscr{Y}}[1-\varphi_y]|\Psi_y(t)|\leqslant L$。如果被标记的节点比例很大，则这一过程极大地简化了网络的大小。通常样本中带标签节点的数量很小，因为给样本打标签的任务通常昂贵。

上述方法最主要的好处是不需要考虑任何参数。考虑到调参的工作耗时并且充满挑战，如局部极大值的存在，所以需要一个专家来给参数设定可行的初始值。因此，因为获得参数需要成本的特点使得半监督模块化技术在实际应用中非常广泛。但此技术的一个主要缺点是，当网络中存在大小各异的类别时，模块贪婪算法固有的分辨力问题往往导致较差的结果。⊖

7.3.7 相互作用力

相互作用力方法首先由文献 [9] 提出，其主要受自然界中吸引力的启发。它将数据样本模型化为一个 P 维空间上的节点，并根据施加在它们之上的合力而执行对应的运动。已标记数据样本充当吸引点，而未标记样本获得吸引力并朝这些吸引点移动。在某些情况下，未标记的样本从标记节点接收标签，然后成为新的吸引点。

使用标记和未标记数据样本之间的吸引力，可以给出一个半监督学习模型，其适用于平滑和聚类假设。已标记的样本是固定的吸引点，将吸引力施加在未标记的样本上。结果，未标记的样本朝合力的方向移动。最后，它们会聚到一个吸引点附近。一旦一个未标记的样本足够接近已标记的样本，比如说半径 δ，吸引点的标签就传播到位于其周围的未标记的样本。作为标记过程的结果，它成为一个新的固定吸引点。在流程的最后，预期所有的数据样本都会收敛到某个吸引点。通过吸引力，数据样本保持在密集的集簇中，而不同的已标记节点则负责在平滑假设下划分空间。

为了完成上述过程，并正确地对未标记的样本进行分类，我们需要两个考量。其中之一是保证该过程是稳定的，另一个是证明标签通过未标记的样本充分传播，即该算法收敛并取得良好的分类精度。稳定性问题可以用集群聚合方法[11,16]相似的方式来处理，而标签传播的动态过程可以用支持吸引力的参数来分析。

⊖ 具体见 2.3 节。

在时刻 t，未标记节点 v_i 的运动或逐步微分运动表示为 $\dot{v}_i$，其遵循下列规律：

$$\dot{v}_i(t) = \sum_{j \in \mathscr{L}} f[v_j(t) - v_i(t)] \tag{7.30}$$

$\forall i \in \mathscr{U}$，其中函数 f 是数据样本间的吸引力。如式（7.30）所描述的，每一个未标记节点 v_i 从所有已标记样本中接收吸引力，而合力是所有单个吸引力之和。因此，$v_i(t)$ 运动的方向和大小由已标记数据样本施加的吸引力决定。

未标记节点 $i \in \mathscr{U}$ 和一个已标记节点 $j \in \mathscr{L}$（吸引子）之间的吸引力函数被定义为含有参数 α 和 β 的高斯场：

$$f[v_j(t) - v_i(t)] = [v_j(t) - v_i(t)] \frac{\alpha}{e^{\beta \| (v_j(t) - v_i(t)) \|^2}} \tag{7.31}$$

吸引力函数保证未标记节点与吸引子标记节点的距离越近，则吸引力越强。此外，高斯场的参数提供了一种调整函数振幅和范围的简单方法。

算法 1 总结了相互作用力算法。该方法在四个步骤中迭代执行（从 2 到 5），直到所有样本都恰当的被标记。

算法 1：相互作用力算法

输入：
$\mathscr{L}$：已标注数据集
$\mathscr{U}$：未标注数据集
输出：
l_i：对任一 $\mathbf{x}_i \in \mathscr{U}$ 其类别的预测
初始化：
　1. (α, β, δ)＝初始化参数
分类：
执行
　2. 计算节点之间距离
　3. 计算吸引力
　4. 更新节点位置
　5. 更新标签
直到（无标签节点存在）

7.3.8 判别式游走

判别式游走（D-Walks）算法在文献［7］中有详细介绍。D-Walks 依赖于被看作是马尔可夫链的图上的随机游走过程。关于马尔可夫链的详细讨论见 2.4.1 节。更准确地说，D-Walks 可以通过介数来计算，它是基于在有限时间长度内带约束的随机游走。未标记节点被分配到介数最高的类别中。D-Walks 方法有如下特点：

- 根据连边数量、游走长度的最大值和类的数量来计算时间复杂度，是线性的；其低时间复杂度使得此技术可以处理非常大规模的稀疏图。
- 可以处理有向和无向图。

- 能够处理多分类问题。
- 具有独特的超参数——游走长度，可以被有效调节。

我们首先将加权的邻接矩阵转化为转移矩阵，转移矩阵的行是随机的，遵循下列运算：

$$P[X_t = q' \mid X_{t-1} = q] = \mathbf{P}_{qq'} \triangleq \frac{\mathbf{A}qq'}{\sum_{k \in \mathscr{V}} \mathbf{A}_{qk}} \qquad (7.32)$$

其中$\mathbf{A}_{qq'}$代表连接q到q'的边的权重。网络中的每个节点对应于马尔可夫链的一个状态。图可以是有向或无向的，也可以是加权或无权重的。

现在，我们引入判别式随机游走。本质上看，D-alks 是这样一个随机游走过程，其开始于一个已标记节点，并在第一次碰到具有同样标签的节点处（也许是初始节点本身）结束。

定义 7.1 D-Walks：给定马尔可夫链的一个状态集$\mathscr{V}$和类别标签$y \in \mathscr{Y}$，D-Walks 是关于状态q_0, …, q_λ, $\lambda > 0$ 的序列，其中$y_{q0} = y_{q\lambda} = y$ 且 $y_{qt} \neq y$, $0 < t < \lambda$。

符号$\mathscr{D}^y$表示所有 D-Walks 的集合，其开始并结束于标签为y的节点。

函数$B(q, y)$衡量未标记节点$q \in \mathscr{U}$的介数，这些节点q位于类别为$y \in \mathscr{Y}$的节点与节点之间。介数$B(q, y)$的规范定义为在$\mathscr{D}^y$上的 D-Walks 过程中，节点q获得访问的次数期望值。

定义 7.2 D-Walks 介数：给定一个未标记节点$q \in \mathscr{U}$和一个类别$y \in \mathscr{Y}$，我们定义 D-Walks 介数函数$\mathscr{U} \times \mathscr{Y} \to \mathbb{R}^+$：

$$\mathbf{B}_{(q,y)} \triangleq \mathbb{E}[\mathrm{pt}(q) \mid \mathscr{D}^y] \qquad (7.33)$$

其中$\mathrm{pt}(q)$是点$q \in \mathscr{V}$的传代时间，其具体定义见 2.4.1 节。

属于类别y的节点被先复制，从而原始节点被用作吸收状态而复制节点被用作开始状态。转移矩阵$\mathbf{P}$作如下扩增：

1. 我们在$\mathbf{P}$矩阵的底部复制其行，这些行对应为类别为$y \in \mathscr{Y}$的已标记节点。

2. 在$\mathbf{P}$矩阵右侧用 0 增加列。增加的列的数量等于上一步增加行的数量。

3. 对于所有属于y的点，我们定义$p_{qq'} = 1 \Leftrightarrow q = q'$反之为 0。已扩增的矩阵定义为$\mathbf{P}^y$。原始分布向量随之调整，产生向量$p(0)^y$。

最终介数计算如下：

$$\mathbf{B}(q, y) = \left[(p(0)_T^y)'(\mathbf{I} - \mathbf{P}_T^y)^{-1} \right]_q \qquad (7.34)$$

其中$\mathbf{P}_T^y$和$p(0)_T^y$分别表示转移矩阵和开始转移状态下的初始分布向量。矩阵求逆的计算复杂度为$\theta(V^3)$，对于大规模图此方法有所局限。

文献 [7] 采用限制性游走。通过系统地限制游走的长度，可以提供更好的分类率，同时带来额外的好处，即介数可以通过前馈和后馈循环有效地得以计算。设$\mathscr{D}_\lambda^y$作为所有 D-Walks 的集，其长度等于 λ。$\mathscr{D}_{\leqslant\lambda}^{y}$ 为给定长度 λ 的限制性 D-Walks 的集合。我们定义介数 $\mathbf{B}_{\lambda}(q,y)$ 如下：

定义 7.3　限制性 D-Walks 介数： 给定一个未标记节点 $q\in\mathscr{U}$ 和一个类别 $y\in\mathscr{Y}$，定义限制性 D-Walks 介数函数 $\mathscr{U}\times\mathscr{Y}\to\mathbb{R}^{+}$：

$$\mathbf{B}_{\lambda(q,y)}\triangleq\mathbb{E}[\mathrm{pt}(q)\mid\mathscr{D}_{\leqslant\lambda}^{y}]\tag{7.35}$$

按照文献 [7]，通过限制随机游走的长度，可以在分类过程中带来下列几项优点：

相对于未限制的 D-Walks，其算法可获得更好的准确率。对于限制性 D-Walks 介数的计算更有效率。

一种有效的评估限制性介数的度量是使用前馈后馈变量，类似于隐马尔可夫模型中使用的 Baum-Welch 算法[18]。给定状态 $q\in\mathscr{V}$ 和时刻 $t\in\mathbb{N}$，向前变量 $\alpha^{y}(q,t)$ 为从类 y 的任意状态（即任意点）开始，未访问到类为 $y\in\mathscr{Y}$ 的点前，经过 t 步到达状态 q 的概率，我们可以通过下面的循环计算前馈变量：

$$(\text{case } t=1)\alpha^{y}(q,1)=\frac{1}{V_{y}}\sum_{q'\in\mathscr{L}_{y}}p_{q'q}$$

$$(\text{case } t\geqslant2)\alpha^{y}(q,t)=\sum_{q'\in\mathscr{U}}\alpha^{y}(q',t-1)p_{q'q}\tag{7.36}$$

其中 $\mathscr{L}_{y}$ 是类别 y 已标记节点的集合，$V_{y}=|\mathscr{L}_{y}|$。初始循环（case $t=1$）假设游走可以从类别 y 的任意节点开始，其概率为 $1/V_{y}$。因此等式为 q 提供了在下一次迭代中会被访问的概率。当我们从类别 y 中任意点开始循环且 $t\geqslant2$ 时，再访问类别 y 中任意点是被禁止的。事实上，当游走到一个节点的标签和出发点的标签相同时，D-Walks 将停止。

相反，向后变量 $\beta^{y}(q,t)$ 表示在第一次到达标签为 y 的点之前，经过 t 步到达状态 q 的概率。我们使用如下循环计算后馈变量：

$$(\text{case } t=1)\beta^{y}(q,1)=\sum_{q'\in\mathscr{L}_{y}}p_{qq'}$$

$$(\text{case } t\geqslant2)\beta^{y}(q,t)=\sum_{q'\in\mathscr{U}}\beta^{y}(q',t-1)p_{qq'}\tag{7.37}$$

为了计算 $\beta^{y}(q,t)$，我们首先计算在 $\mathscr{D}_{\lambda}^{y}$ 过程中，点 $q\in\mathscr{U}$ 的平均传代时间。其中受游走长度限制的传代时间函数为 $\mathrm{pt}(q)$，$\mathbb{E}[\mathrm{pt}(q)\mid\mathscr{D}_{\lambda}^{y}]$ 能够被分解为一组逻辑变量：$\mathrm{pt}(q)=\sum_{t=1}^{\lambda-1}\mathbb{1}_{[x_{t}=q]}$。所以：

$$\mathbb{E}[\mathrm{pt}(q)\mid\mathscr{D}_{\lambda}^{y}]=\mathbb{E}\left[\sum_{t=1}^{\lambda-1}\mathbb{1}_{[(X_{t=q}]}\Big|\mathscr{D}_{\lambda}^{y}\right]=\sum_{t=1}^{\lambda-1}\mathbb{E}[\mathbb{1}_{[X_{t=q}]}\mid\mathscr{D}_{\lambda}^{y}]$$

$$=\sum_{t=1}^{\lambda-1}P(X_{t=q}\mid\mathscr{D}_{\lambda}^{y})=\sum_{t=1}^{\lambda-1}\frac{P(X_{t=q}\wedge\mathscr{D}_{\lambda}^{y})}{P(\mathscr{D}_{\lambda}^{y})}\tag{7.38}$$

其中，第二个等式来自期望运算因子的线性特征，因为$\mathbb{E}[\mathbb{1}_{[A]}]=P(A)$，所以第三个等式成立，根据贝叶斯原理，所以推导出第四个等式。

式（7.38）的分子：

$$P(X_{t=q} \wedge \mathscr{D}_\lambda^y) = \alpha^y(q,t)\beta^y(q,\lambda-t) \tag{7.39}$$

其是从类别 y 中任意节点出发在时刻 t 到达未标记节点 q 且随后完成游走 $\lambda-t$ 步的概率。

式（7.38）的分母反映游走长度为 λ 的 D-Walks 的概率，可如下计算：

$$P(\mathscr{D}_\lambda^y) = \sum_{q' \in \mathscr{L}_y} \alpha^y(q',\lambda) \tag{7.40}$$

将式（7.39）和（7.40）代入式（7.38），可得：

$$\mathbb{E}[\mathrm{pt}(q) \mid \mathscr{D}_\lambda^y] = \frac{\sum_{t=1}^{\lambda-1} \alpha^y(q,t)\beta^y(q,\lambda-t)}{\sum_{q' \in \mathscr{L}_y} \alpha^y(q',\lambda)} \tag{7.41}$$

被限制游走到长度为 λ 时的介数，其可以看作在游走长度 $1 \leqslant l \leqslant \lambda$ 时的所有介数的期望：

$$\begin{aligned} \mathbf{B}_\lambda(q,y) &= \sum_{l=1}^{\lambda} \frac{P(\mathscr{D}_l^y)}{Z} \mathbb{E}[\mathrm{pt}(q) \mid \mathscr{D}_l^y] \\ &= \frac{\sum_{l=1}^{\lambda} \sum_{t=1}^{l-1} \alpha^y(q,t)\beta^y(q,l-t)}{\sum_{l=1}^{\lambda} \sum_{q' \in \mathscr{L}_y} \alpha^y(q',l)} \end{aligned} \tag{7.42}$$

最后，未标记节点的分类决策过程通过计算每一个类别 $y \in \mathscr{Y}$ 的介数，并使用最大后验概率方法得以完成。

7.4 本章小结

半监督学习关注的是计算机和自然系统（比如人类）如何在已标记和未标记数据都存在的情况下学习。半监督学习是机器学习和数据挖掘中的一个热点，因为当标记数据稀少或昂贵时，它可以利用现成的未标记数据来改进监督学习任务。半监督学习作为一个定量的工具，在了解人类概念化学习的过程中也显示出潜力，在人类的学习中，大部分的输入或接收的信息明显是未标记的。为了有效地在学习过程中利用未标记数据，我们已经看到针对一些未标记数据做的一些假设，例如聚类、平滑和流形。

半监督学习中最活跃的研究领域是基于图或网络的方法。使用网络进行数据分析的一个显著优点是能够揭示数据集的拓扑结构。一旦构造了网络，我们的目标就是根据扩散过程，将标签从已标记数据传播到未标记数据。许多基于图的方法可以用正则化框架表示，其目标是最小化由损失函数和正则化函数构成的代价函数或能量函数。损失函数趋向于惩罚与预先标记点标签不符的决策；而正则化函数负责将标签传播到未标记节点。由于许多算法依赖于平滑假设，这个函数在网络稠密区域中必须是光滑的。该技术的主要缺点是在传播过程中需要完成大量的矩阵求逆运算。因此，在大规模图中应用这些技术受到了限制。

在第 10 章半监督学习的案例研究中，我们提出了一种改进的半监督学习技术，其依赖于若干个粒子的竞争合作过程。这些粒子在网络中游走并形成团队。每个团队的目标是征服新节点，同时也捍卫先前已征服的节点。粒子的访问过程与这些正则化框架中的标签传播过程有相似之处。然而，粒子游走不需要矩阵求逆，使我们能够在大规模数据集上使用它。此外，我们还证明了粒子竞争算法可以用来检测和防止错误标签的传播。在这方面，该算法认为初始值或预先标记的样本并不完全可靠。在学习的过程中，每当标签显示出非平滑性，该算法就重新组合这些标签。

参考文献

1. Baluja, S., Seth, R., Sivakumar, D., Jing, Y., Yagnik, J., Kumar, S., Ravichandran, D., Aly, M.: Video suggestion and discovery for youtube: taking random walks through the view graph. In: Proceedings of the 17th International Conference on World Wide Web, WWW '08, pp. 895–904. Association for Computing Machinery, New York, NY (2008)
2. Belkin, M., Matveeva, I., Niyogi, P.: Regularization and semi-supervised learning on large graphs. In: Shawe-Taylor, J., Singer, Y. (eds.) Learning Theory, Lecture Notes in Computer Science, vol. 3120, pp. 624–638. Springer, Berlin, Heidelberg (2004)
3. Belkin, M., Niyogi, P., Sindhwani, V.: On manifold regularization. In: Proceedings of the Tenth International Workshop on Artificial Intelligence and Statistics (AISTAT 2005), pp. 17–24. Society for Artificial Intelligence and Statistics, Cliffs, NJ (2005)
4. Belkin, M., Niyogi, P., Sindhwani, V.: Manifold regularization: a geometric framework for learning from labeled and unlabeled examples. J. Mach. Learn. Res. **7**, 2399–2434 (2006)
5. Blum, A., Chawla, S.: Learning from labeled and unlabeled data using graph mincuts. In: Proceedings of the Eighteenth International Conference on Machine Learning, pp. 19–26. Morgan Kaufmann, San Francisco (2001)
6. Blum, A., Lafferty, J., Rwebangira, M.R., Reddy, R.: Semi-supervised learning using randomized mincuts. In: Proceedings of the Twenty-first International Conference on Machine Learning, p. 13. Association for Computing Machinery, New York, NY (2004)
7. Callut, J., Françoise, K., Saerens, M., Duppont, P.: Semi-supervised classification from discriminative random walks. European Conference on Machine Learning and Principles and Practice of Knowledge Discovery in Databases, Lecture Notes in Artificial Intelligence, vol. 5211, pp. 162–177 (2008)
8. Chapelle, O., Schölkopf, B., Zien, A. (eds.): Semi-supervised Learning. Adaptive Computation and Machine Learning. MIT Press, Cambridge, MA (2006)
9. Cupertino, T.H., Gueleri, R., Zhao, L.: A semi-supervised classification technique based on interacting forces. Neurocomputing **127**, 43–51 (2014)
10. García, S., Fernández, A., Luengo, J., Herrera, F.: Advanced nonparametric tests for multiple comparisons in the design of experiments in computational intelligence and data mining: experimental analysis of power. Inf. Sci. **180**(10), 2044–2064 (2010)
11. Gazi, V., Passino, K.M.: Stability analysis of swarms. IEEE Trans. Autom. Control **48**, 692–697 (2003)

12. Grady, L.: Random walks for image segmentation. IEEE Trans. Pattern Anal. Mach. Intell. **28**(11), 1768–1783 (2006)

13. Joachims, T.: Transductive learning via spectral graph partitioning. In: Proceedings of International Conference on Machine Learning, pp. 290–297. Association for the Advancement of Artificial Intelligence Press, Palo Alto, CA (2003)

14. Karypis, G., Han, E.H., Kumar, V.: Chameleon: Hierarchical clustering using dynamic modeling. Computer **32**(8), 68–75 (1999)

15. Lafferty, J.D., McCallum, A., Pereira, F.C.N.: Conditional random fields: probabilistic models for segmenting and labeling sequence data. In: Proceedings of the Eighteenth International Conference on Machine Learning, ICML '01, pp. 282–289. Morgan Kaufmann Publishers Inc., San Francisco, CA (2001)

16. Liu, Y., Passino, K.M., Polycarpou, M.: Stability analysis of one-dimensional asynchronous swarms. IEEE Trans. Autom. Control **48**, 1848–1854 (2003)

17. Ng, A.Y., Jordan, M.I.: On discriminative vs. generative classifiers: a comparison of logistic regression and naive Bayes. In: Dietterich, T., Becker, S., Ghahramani, Z. (eds.) Advances in Neural Information Processing Systems, vol. 14, pp. 841–848. MIT Press, Cambridge, MA (2002)

18. Rabiner, L., Juang, B.H.: Fundamentals of Speech Recognition. Prentice-Hall, Englewood Cliffs (1993)

19. Sheskin, D.J.: Handbook of Parametric and Nonparametric Statistical Procedures. Chapman & Hall/CRC, Boca Raton (2007)

20. Silva, T.C., Zhao, L.: Network-based high level data classification. IEEE Trans. Neural Netw. Learn. Syst. **23**(6), 954–970 (2012)

21. Silva, T.C., Zhao, L.: Network-based stochastic semisupervised learning. IEEE Trans. Neural Netw. Learn. Syst. **23**(3), 451–466 (2012)

22. Silva, T.C., Zhao, L.: Semi-supervised learning guided by the modularity measure in complex networks. Neurocomputing **78**(1), 30–37 (2012)

23. Silva, T.C., Zhao, L.: Stochastic competitive learning in complex networks. IEEE Trans. Neural Netw. Learn. Syst. **23**(3), 385–398 (2012)

24. Silva, T.C., Zhao, L.: Uncovering overlapping cluster structures via stochastic competitive learning. Inf. Sci. **247**, 40–61 (2013)

25. Silva, T.C., Zhao, L.: High-level pattern-based classification via tourist walks in networks. Inf. Sci. **294**(0), 109–126 (2015). Innovative Applications of Artificial Neural Networks in Engineering

26. Singh, A., Nowak, R.D., Zhu, X.: Unlabeled data: now it helps, now it doesn't. In: The Conference on Neural Information Processing Systems NIPS, pp. 1513–1520 (2008)

27. Singla, P., Domingos, P.: Discriminative training of Markov logic networks. In: Proceedings of the 20th National Conference on Artificial Intelligence, AAAI'05, vol. 2, pp. 868–873. Association for the Advancement of Artificial Intelligence Press, Menlo Park, CA (2005)

28. Stevens, K.: Acoustic Phonetics. MIT Press, Cambridge, MA (2000)

29. Szummer, M., Jaakkola, T.: Partially labeled classification with Markov random walks. In: Advances in Neural Information Processing Systems, vol. 14, pp. 945–952 (2001)

30. Talukdar, P.P., Crammer, K.: New regularized algorithms for transductive learning. In: Proceedings of the European Conference on Machine Learning and Knowledge Discovery in Databases: Part II, ECML PKDD '09, pp. 442–457. Springer, Berlin, Heidelberg (2009)

31. Vidal, R., Tron, R., Hartley, R.: Multiframe motion segmentation with missing data using powerfactorization and GPCA. Int. J. Comput. Vis. **79**(1), 85–105 (2008)

32. Wang, F., Zhang, C.: Label propagation through linear neighborhoods. IEEE Trans. Knowl. Data Eng. **20**(1), 55–67 (2008)

33. Wang, F., Li, T., Wang, G., Zhang, C.: Semi-supervised classification using local and global regularization. In: AAAI'08: Proceedings of the 23rd National Conference on Artificial Intelligence, pp. 726–731. Association for the Advancement of Artificial Intelligence Press, Palo Alto, CA (2008)

34. Wu, M., Schölkopf, B.: Transductive classification via local learning regularization. In: 11th International Conference on Artificial Intelligence and Statistics, pp. 628–635. Microtome, Brookline, MA (2007)

35. Zhou, D., Bousquet, O., Lal, T.N., Weston, J., Schölkopf, B.: Learning with local and global consistency. In: Advances in Neural Information Processing Systems, vol. 16, pp. 321–328. MIT Press, Cambridge, MA (2004)

36. Zhu, X.: Semi-supervised learning literature survey. Tech. Rep. 1530, Computer Sciences, University of Wisconsin-Madison (2005)
37. Zhu, X.: Semi-supervised learning with graphs. Doctoral thesis, Carnegie Mellon University CMU-LTI-05-192 (2005)
38. Zhu, X., Ghahramani, Z.: Learning from labeled and unlabeled data with label propagation. Tech. Rep. CMU-CALD-02-107, Carnegie Mellon University, Pittsburgh (2002)
39. Zhu, X., Goldberg, A.B.: Introduction to Semi-Supervised Learning. Synthesis Lectures on Artificial Intelligence and Machine Learning. Morgan and Claypool Publishers, San Rafael, CA (2009)
40. Zhu, X., Ghahramani, Z., Lafferty, J.: Semi-supervised learning using gaussian fields and harmonic functions. In: International Conference on Machine Learning, pp. 912–919 (2003)

基于网络的监督学习专题研究:高级数据分类

摘要　利用计算机对未知数据进行预测的能力是十分惊人的。计算机已成功地应用于房价预测和金融时间序列的趋势分析,甚至区分肿瘤是良性还是恶性的,等等。这些任务都具有一个共同点,就是计算机被用来计算没有编程程序的答案。预测未知数据的一种有效方法是计算机以已经掌握的知识为基础,对过去的行为进行模拟。本章从一个新的机器学习角度研究监督学习:将低级和高级分类器框架混合的分类决策。低级分类器根据输入数据的物理特性,如几何特征或统计特征实现分类。与之不同的是,高级分类器通过比较测试数据与训练数据标签的特征模式进行标签判断。测试数据与样本数据属于同一类数据,网络结构也随着测试数据的引入而被进一步加强。因此,高级分类器从输入数据中提取并构造出合适的网络拓扑结构。通过以便利的、一体化的方式使用这些基于网络的描述,高级数据分类有望促进语义数据和全局数据的模式检测。这些使用描述符提取标签的方法也为我们提供了建立高层框架的多种策略。在本书中,我们展示了两种形式的分类器构建策略:使用经典的网络计算方法,使用随机游走过程的动力学特性的方法。我们使用测试数据和真实数据进行了数据之间的高级特性能力的探索研究。在这项研究中我们注意到:高级数据分类方法能够识别数据的内在模式,但低级数据分类方法却不能单独实现这个功能。这为两种分类程序(低+高)的结合应用提供了可能。研究结果表明,混合分类技术能够改善传统分类技术的性能。最后,采用混合分类方法对手写数字图像进行了识别。

8.1　引言

本章通过使用数据的物理特性和高级特征来处理监督学习数据分类的问题。作为数据的低级特征,我们主要强调的是数据间的距离、数据的条件分布和数据的邻域。与之相反,高级特征可以从不同的角度进行定义。我们可以将其理解为由语义关系来推断原始数据端到端的关系(比如网络上下文中的边缘)。在这方面,这些原始关系的子集可能产生不被低级数据分类方法识别的新的数据分类。例如,同一类的数据成员(关系子集)在一个良好的分布中可以共享相同的视觉。同时,它们还可以指示不同类的异构组织。因此，本章我们从数据高级特征的角度考虑数据关系和结构。

尽管这是一个有趣的课题，但是大多数算法忽略了数据之间的高级关系，例如在数据关系中模式的清晰形成。针对这一问题，文献［24］提出了一种基于两种学习方法混合的分类技术。从本质上讲，低级分类是根据数据的标签和数据的物理特性进行的。事实上，文献中的所有传统技术都可以实现。与低级分类技术不同，高级分类除了使用数据标签外，还使用数据的结构或模式信息。本章提出了基于网络的提取数据关系高级特征的新算法。这种算法的模式挖掘主要通过由输入数据构造的底层网络的复杂拓扑性质来进行。在这个新的算法框架中，低级分类器和高级分类器通过柔度系数修正的凸组合结合在一起。其中，权重系数调整低级决策和高级决策两者的重要性比例。

本章中主要介绍两种高级数据分类算法的实现方法，它们的数据都以网络形式表示，具体是：

- 第一种方法将网络同配性、聚类系数和平均度三个经典的网络测量指标加权组合。
- 第二种方法将随机游走中的路径长度和过渡长度两个指标相结合。

权重系数在分类过程中起着至关重要的作用。针对权重系数我们将进行多项分析以说明其对不同分布以及从完全适配类到高度重叠类的各种特殊性数据集的影响。当存在重叠区域时，数据的联合概率分布变得更加复杂，我们必须提高高级分类器在决策中的重要性比例。

在提出有效的混合分类方法之后，我们将利用该模型对手写数字进行识别，以验证模型的有效性。同时，为了说明在该问题中权重系数对最终决策的影响，我们将从真实数据集中抽取一个手稿数字网络来进行说明。这样的网络也表明，在特殊情况下高级分类方法是十分有效的。

8.2 问题提出

在属性空间中数据项不是孤立存在的点，它们以集体的方式形成特定的模式。例如在图 8-1 所示的网络中，如果仅考虑数据样本之间的距离，则由"三角形"表示的测试样本可能被归类为"正方形"类的成员。相反，若考虑到数据项之间的关系和语义，我们应该会将"三角形"项归类为"圆"类的一个成员，因为它们形成了一个清晰的"月亮"轮廓。人类和动物的大脑有能力根据输入数据的语义来识别模式。但是，对计算机而言这项功能的实现仍然十分困难。监督学习数据分类，即本章我们所研究的高级数据分类，不仅考虑数据项的物理属性，还考虑数据项的模式构成。

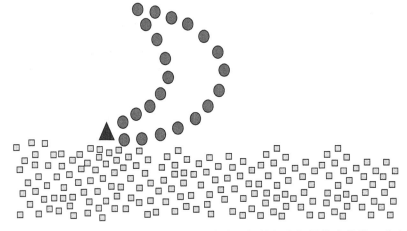

图 8-1　监督学习数据分类样本。其中"圆"类为已知的具有相同模式的类，"正方形"
　　　　类为没有明显结构组织的类。分类的目标是对"三角形"数据项进行分析。传统
　　　　的（低级）分类器在解决这类问题时可能会出现偏差，因为它们仅考虑数据的物
　　　　理属性

　　混合分类技术提供了一种将低级和高级分类方法结合的方案：低级分类技术分析数据的物理特性，高级分类技术探索数据的模式形成。从这个意义上说，联合训练技术[4]与混合分类技术十分相似。联合训练技术从两方面独立地对数据进行分析。第一步，使用标记的数据项分别学习并形成低级和高级两个独立的分类器。第二步，利用两个分类器对未标记数据进行预测并进一步更新模型，然后再将模型迭代到训练数据中验证。但是，联合训练技术中的"独立分析"是由低级分类技术产生的，即"独立性"位于物理特征层。而混合分类技术[24,28]给出了从物理特征到语义模式的不同级别的"独立分析"。与之实现手段相类似的另一个相关算法技术是委员会机器，它由一系列分类器组成[12]。在委员会机器中，每个分类器都独立做出判断，所有这些决策通过一个投票方案组合得到最终的结果。委员会机器的综合结果比组成它的各个分类器的单独分析结果更好。同样，委员会机器中所有涉及的技术都是低级分类技术。

　　混合分类技术的另一个突出特点是它是一种跨网络技术，即它将输入数据看作一个整体构建网络，并考虑到网络的全局模式。在跨网络技术实现时，分别对每一个构建网络的数据进行网络度量，利用向量的方式描述由底层网络形成的全局模式。在这个提取过程中，我们从网络外部提取网络特性，每一个提取出来的向量反映了网络不同方面的特性。

　　与跨网络技术相对应的是网络内部技术。在网络内部技术中我们从网络结构的角度出发考虑问题。在网络内部技术的应用案例中，我们的目标主要有以下两个：

　　1.通过概率或确定性推理找出从一个节点到另一个节点的最佳路径。例如，从已

经标记的节点开始推理过程来确定测试节点的类标签。

2. 信息传播或扩散。在这种情况下，我们向整个网络或部分网络传播某种信息。例如，半监督学习中将标签由一些节点传播到整个网络。

图 8-2 说明了跨网络技术和网络内部技术的区别。

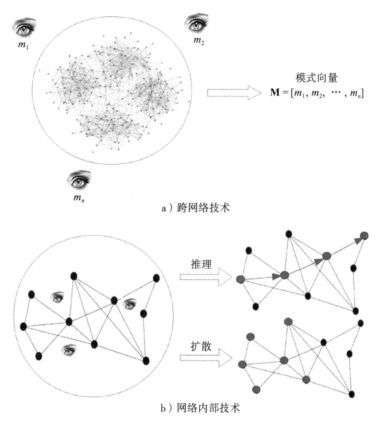

a）跨网络技术

b）网络内部技术

图 8-2 跨网络技术和网络内部技术对比示意图。在跨网络的方法中，我们以"局外人"的身份从网络外部以不同的角度分析网络的模式。在网络内部技术中，我们在网络内部进行推理或标签扩散

混合分类的跨网络特征与其他方法如语义网[1,7,23]和统计关系分类（SRC）相比较有所不同。语义网使用本体来描述数据的语义，尽管这是一个应用前景十分广阔的设想，但它的实现仍然有一些困难。创建语义网的主要难点是本体之间的语义映射，也就是用一个以上的本体描述同一个数据项。另一个难点是形成语义网中一对多的映射，因为大多数技术只能形成一对一的映射，这显然与实际问题相矛盾。统计关系分类（SRC）通过目标对象的属性和相关链接以及链接对象的属性来预测目标对象的类别。基于网络的 SRC 可以分为三大类[9]：集体推理[9,19,29,36-38,40]、基于网络的半监督学习[5,25-27,39]和上下文分类技术[2,18,20,31,32,34,35]。利用 SRC 分类时，根据局部关系或特定的平滑准则，标签从预先标记的节点向未标记节点传播。因此，SRC 技术是网络

内部技术中的一种。另一方面，在高级分类技术中介绍的 SRC 技术也为我们提供了一种新的思路。这些方法不考虑网络中的路径，而是利用一组网络的拓扑特性来描述和表示整个网络的模式形成。此时，算法以"局外人"的身份从网络外部以不同的角度分析网络的模式构成。

8.3 高级分类模型

本节介绍高级分类技术模型。具体来说，8.3.1 节介绍模型的总体思路，8.3.2 节介绍混合分类框架的构建方法。

8.3.1 高级分类模型的总体思路

假设训练集 $\mathscr{X}_{\text{training}} = \{(x_1, y_1), \cdots, (x_L, y_L)\}$ 中包含 L 个已标记数据项，其中第 i 个元素的第一个分量 $x_i = (x_{i1}, \cdots, x_{iP})$ 为 P 维数组，表示第 i 个训练样本的 P 维属性，第二个分量 $y_i \in \mathscr{Y}$ 表示元素 x_i 的标签。$Y = |\mathscr{Y}|$ 为分类问题中的标签类别数量。当 $Y = 2$ 时为二元分类问题，当 $Y > 2$ 时为多类分类问题。

通常情况下，监督学习的目标是学习 $x \mapsto y$ 的映射。由训练集构造得到的分类器的泛化能力检测是利用包含 U 个未标记数据项的测试集 $\mathscr{X}_{\text{test}} = \{x_{L+1}, \cdots, x_{L+U}\}$ 来进行的。

分类过程包含两个阶段：训练阶段和测试阶段。在训练阶段，通过训练标记数据集 $\mathscr{X}_{\text{training}}$ 中的数据得到分类器。在基于网络的模型中，分类器由一个包含输入数据及相关标签的网络来表示。我们把训练阶段得到的输出网络称为训练网络。在测试阶段，利用诱导分类器对测试集 $\mathscr{X}_{\text{test}}$ 的标签进行预测。具体来说，利用训练阶段得到的训练网络，并做一些修改以适应标签未知的测试样本。再利用这个稍微修改过的网络，预测测试样本的标签。这个修改过的网络被称为分类网络。

8.3.1.1 训练阶段

在这一阶段，训练数据使用网络形成技术 $g: \mathscr{X}_{\text{training}} \mapsto \mathscr{G} = \langle \mathscr{V}, \mathscr{E} \rangle$ 转换得到网络 $\mathscr{G}$。训练网络 $\mathscr{G}$ 中包含 $V = |\mathscr{V}|$ 个节点和 $E = |\mathscr{E}|$ 条边。每个节点代表训练样本 $\mathscr{X}_{\text{training}}$ 中的一个数据项，其中 $V = L$。

训练网络利用 ϵ-半径和 k-近邻算法构建。正如在网络构建章节中介绍的，这两种方法都存在一定的局限性[⊖]，即两种算法单独应用都可能产生密集连接的网络或将节点分割成不相连的组件。

基于这一原因，训练网络的构建将 ϵ-半径和 k-近邻算法相结合。训练集中节点 x_i 的邻域为：

⊖ 关于 ϵ-半径和 k-近邻算法构建网络的优缺点分析详见 4.3 节。

$$\mathscr{N}_{\text{training}}(x_i) = \begin{cases} \epsilon\text{-}半径(x_i, y_i), & 当 \mid \epsilon\text{-}半径(x_i, y_i) \mid > k \text{ 时} \\ k\text{-}近邻(x_i, y_i), & 其他 \end{cases} \tag{8.1}$$

其中，y_i表示训练样本x_i的标签，ϵ-半径(x_i, y_i)返回集合$\{x_j, j \in \mathscr{V} : d(x_i, x_j) <= \epsilon \wedge y_i = y_j\}$，$k$-近邻算法原则上返回与$x_i$具有相同标签的$k$个最近的节点集合。$k$-近邻算法返回集的计算过程是：算法首先将训练集中的节点按照与数据项x_i的相似程度进行排序，得到的排序序列$\mathscr{S}(x_i) = \{x_i^{(1)}, \cdots, x_i^{(k-1)}, x_i^{(k)}, x_i^{(k+1)}, \cdots, x_i^{(Y(x_i)-1)}\}$，其中$Y(x_i)$是与$x_i$具有相同标签的数据项数目。在这个序列中，$x_i^{(1)}$表示与$x_i$最相似的数据项，$x_i^{(Y(x_i)-1)}$表示与$x_i$差异最大的数据项。算法尝试将$x_i$与其$k$个最相似的数据项即$\{x_i^{(1)}, \cdots, x_i^{(k-1)}, x_i^{(k)}\}$连接起来。如果这一步得到的与数据项$x_i$具有相同类标签的图形组件不止一个，那么算法将从这$k$个最相似的数据项中删除最不相似的数据项，即删除数据项$x_i^{(k)}$，然后尝试将下一个相似的数据项$x_i^{(k+1)}$与x_i相连。这个过程递归进行直到找到x_i与其他数据项的连接，算法通过这种方式防止出现具有同一类标签的多个网络组件。

其中，ϵ-半径技术用于数据项密集区域（$\mid\epsilon$-半径$(x_i, y_i)\mid > k$）的计算，而k-近邻算法用于数据项稀疏区域的计算。使用这种策略，得到的每一类标签将由一个单独的组件来表示。下面介绍一个采用该策略构建训练网络的样本。

例子 8.1 在图 8-3 所示的散点图中确定位于中央的深色节点与哪些节点相邻。假设$k=2$，ϵ为图中所示的半径。由于图中ϵ-半径内包含三个节点，$3>k$，所以图中圆圈内的区域被认为是一个密集区域，在该区域内将选择采用ϵ-半径算法。这样，位于中央的深色节点将与圆圈内的其他三个深色节点相连接。

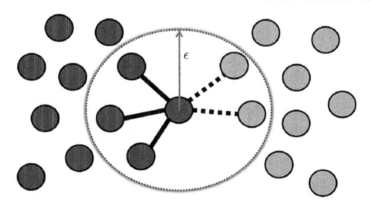

图 8-3　ϵ-半径和k-近邻算法技术结合的网络形成技术示例。在图示的网络中包含两类数据：深色类和浅色类。由于$k=2$，半径为ϵ的区域被认为是密集区域，因此，算法将采用ϵ-半径技术形成网络。由于中央节点属于深色类，所以它只允许与其他深色类节点相连

图 8-4a 所示为 $Y=3$ 的多类分类问题示意图，图示为训练阶段结束时网络的构成状态。其中每个类都是一个具有代表性的组件。在图中，我们用圆圈表示这些组件，分别是 $\mathscr{G}_{C_1}$、$\mathscr{G}_{C_2}$ 和 $\mathscr{G}_{C_3}$。

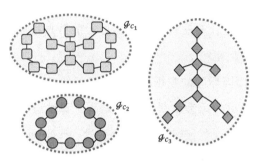

a）训练阶段形成的训练网络示意图

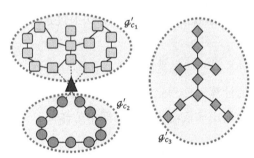

b）测试阶段推理示意图

图 8-4　监督学习的两个阶段示意图

8.3.1.2　测试阶段

在测试阶段，测试集 $\mathscr{X}_{\text{test}}$ 中的未标记数据逐一代入分类器。测试数据 x_i 的邻域根据以下规则确定：

$$\mathscr{N}_{\text{classification}}(x_i) = \begin{cases} \epsilon\text{-}半径(x_i), & 当 \mid \epsilon\text{-}半径(x_i) \mid > k \text{ 时} \\ k\text{-}近邻(x_i), & 其他 \end{cases} \tag{8.2}$$

方程 (8.2) 表明 ϵ-半径法连接半径 ϵ 内的所有节点，不考虑节点的标签类型。如果半径 ϵ 内的区域为稀疏区域，即在这个区域内的节点数小于 k 个，那么模型采用 k-近邻算法确定链接。包含测试数据的修改后的网络为分类网络。在高级分类模型中，每一种类别的数据都形成一个网络组件。当网络中插入测试数据后，各个组件（类）通过一系列复杂的网络度量方法来计算插入这个测试数据后网络模式形成中所产生的变化。如果网络没有变化或仅有轻微变化，那么可以认为测试数据属于该类组件。此时，高级分类器将判断测试数据具有较大的可能属于该类别。相反，如果这些测试数据插入后网络模式变动较大，那么高级分类器将判定测试数据属于该类别的可能性较小。

图 8-4b 所示为高级分类模型执行分类的过程原理图。当利用传统的 ϵ-半径法将三角形测试数据插入后，形成了新的分类网络。由于该数据的插入，组件变成 $\mathscr{G}_{C_1}^l$、$\mathscr{G}_{C_2}^l$ 和 $\mathscr{G}_{C_3}^l$，如图 8-4b 中圆圈标示出来的部分。同时，也可能会出现某些网络组件不与此测试样本共享任何链接，如本例中的 $\mathscr{G}_{C_3}^l$。在这种情况下，测试数据将不符合该类组件的模式形成规则。对于至少共享一个链接的组件，即本例中的 $\mathscr{G}_{C_1}^l$ 和 $\mathscr{G}_{C_2}^l$，每一个组件分别计算测试样本插入后对其模式形成的影响。即当模型计算测试数据对 $\mathscr{G}_{C_1}^l$ 组件模式形成的影响大小时，测试数据与 $\mathscr{G}_{C_2}^l$ 组件的链接将被忽略，反之亦然。

与此同时，模型还将构造一个低级分类器用于判断测试样本可能所属的类别。最后，模型将两个分类器得到的预测结果组合，进而得到最终结果。低级分类技术和高级分类技术分别从不同角度判断测试数据集。低级分类技术通常对分布良好、分离均匀的数据集具有较好的分类能力，而高级分类技术具有识别数据语义的能力。我们也可以以这样一种方式理解模型的分类过程：低级分类技术保证了分类器的基本性能，高级分类技术则探索了隐藏在数据集中的复杂和特殊模式。

8.3.2　混合分类框架的构建

高级分类器可以通过精确捕获数据间的结构来完善模型的性能。为此，我们引入了一种混合分类技术 F。它由两种分类器的凸组合构成：

1. 低级分类器：可以是任何传统的分类技术，如决策树、支持向量机（SVM）、神经网络、贝叶斯学习或 k-近邻分类器等。
2. 高级分类器：根据训练数据或训练网络的模式对测试样本进行分类。

由混合框架计算得到的测试样本 $x_i \in \mathscr{X}_{\text{test}}$ 属于类别 $y \in \mathscr{Y}$ 的评估值，记作 $F_i^{(y)}$：

$$F_i^{(y)} = (1-\rho)L_i^{(y)} + \rho H_i^{(y)} \tag{8.3}$$

其中，$L_i^{(y)} \in [0,1]$ 和 $H_i^{(y)} \in [0,1]$ 分别表示测试样本 x_i 是组件 y 成员的低级分类预测评估值和高级分类预测评估值。$\rho \in [0,1]$ 为权重系数，用于确定两种分类器在分类决策中的权重。当 $L_i^{(y)} = 1$ 且 $H_i^{(y)} = 1$ 时，从低级分类器的角度来看，测试样本 x_i 与组件 y 中数据的基本特征完全相同；从高级分类器的角度来看，测试样本 x_i 完全符合组件 y 中数据的模式。与之相反，当 $L_i^{(y)} = 0$ 且 $H_i^{(y)} = 0$ 时，从低级分类器的角度来看，测试样本 x_i 与组件 y 中数据的基本特征完全不相同；从高级分类器的角度来看，测试样本 x_i 与组件 y 中数据的模式完全不相符。这两个极端值之间的取值代表了分类过程中的不确定性，这种不确定性也存在于大多数分类任务中。值得注意的是，由于两个变量的系数之和为 1，所以式（8.3）为两个变量的凸组合。而 $L_i^{(y)}$ 和 $H_i^{(y)}$ 的取值范围都是 $[0,1]$，因此 $F_i^{(y)}$ 的取值范围也是 $[0,1]$。所以，式（8.3）提供了一种模糊分类的方法。当 $\rho=0$ 时，式 (8.3) 转换成普通的低级分类决策。

测试样本 x_i 与所有的类 $y \in \mathcal{Y}$ 通过式 (8.3) 分别进行计算，得到的结果最大时的标签 y 即为测试样本 x_i 所属的标签类别。测试样本 x_i 的标签记作 $\hat{y}_i$，数学表达式为：

$$\hat{y}_i = \max_{y \in \mathcal{Y}} F_i^{(y)} \tag{8.4}$$

下面我们进一步对高级分类预测评估值 H 进行分析。高级分类器使用生成的训练网络分析数据的模式形成。同时，训练网络的基本假设是：

1. 每一类标签 $y \in \mathcal{Y}$，都对应一个网络的单独组件。

2. 每一类标签 $y \in \mathcal{Y}$，都对应一个具有代表性且唯一的网络组件。

考虑到训练网络的这两个属性，分类器可以通过选择适当的网络计算方法，组合量化数据的模式形成。这些被适当选择的网络计算方法用于度量类组件的相关模式。我们通常需要从不同的角度捕捉网络的结构特性，如严格局部特性、混合特性和全局特性等⊖。高级分类器可以对任意规模大小的网络进行度量。假设高级分类器 H 包含 $m(m>0)$ 个网络计算方法，高级分类器预测样本 x_i 属于类 y 的评估值，记为 $H_i^{(y)}$，数学表达式为：

$$H_i^{(y)} = \frac{\sum_{u=1}^{m} \alpha(u) [1 - f_i^{(y)}(u)]}{\sum_{g \in \mathcal{Y}} \sum_{u=1}^{m} \alpha(u) [1 - f_i^{(g)}(u)]} \tag{8.5}$$

其中，$\alpha(u) \in [0,1] (\forall u \in \{1, \cdots, m\})$ 是用户定义的参数，表示每个网络计算方法在分类过程中的权重值。$f_i^{(y)}(u)$ 函数表示第 u 个网络计算方法评估第 i 个数据项是否属于类 y 的评估值。式 (8.5) 用于判断测试样本 x_i 是否与类 y 呈现相同的模式或组织特征。式 (8.5) 中的分母用于分数化最终的评估结果。当且仅当方程 (8.5) 满足式 (8.6) 的条件，方程才是网络计算方法的有效凸组合。

$$\sum_{u=1}^{m} \alpha(u) = 1 \tag{8.6}$$

$f_i^{(y)}(u)$ 的函数表达式为：

$$f_i^{(y)}(u) = \Delta G_i^{(y)}(u) p^{(y)} \tag{8.7}$$

式中，$\Delta G_i^{(y)}(u) \in [0,1]$，表示样本 x_i 连接到类组件 y 后第 u 个网络计算方法计算结果的变化值。$p^{(y)} \in [0,1]$ 表示类 y 包含数据项数目占数据总体数目的比例。

根据训练网络的基本假设，我们知道训练网络的每一类标签都具有代表性。因此，判断测试样本 x_i 是否属于某一类可以通过检查该数据的插入是否引起类组件网络度量的巨大变化来进行。如果数据插入某些组件后，该组件的变化值较小，则可以认为测

⊖ 关于复杂网络的计算方法详见 2.3.5 节。

试数据 x_i 与组成该组件的其他训练数据属于同一类，即 x_i 与该组件的数据具有相同的模式。当插入测试数据 x_i 后，网络组件的结构特性保持不变，就会出现这种情况。否则，如果其插入导致网络组件度量值显著变化，那么从结构意义上我们可以认为 x_i 不属于这一类组件。此时，类组件的结构属性由于 x_i 的插入而发生了改变。式（8.5）和式（8.7）可以很好地分辨这两种情况。同时我们还可以看到，$f(u)$ 的一个很小变化会导致 H 的输出值很大，反之亦然。下面用一个简单的例子来说明这个问题。

例子 8.2 假设某网络由大小相等的两个组件 A 和 B 组成。为了简单起见，仅使用一个网络计算方法来度量网络的模式，即 $m=1$。我们的目标是对测试样本 x_i 进行分类。如果 $\Delta G_i^{(A)}(1)=0.7$，$\Delta G_i^{(B)}(1)=0.3$，那么从网络模式的角度来看，测试样本 x_i 属于组件 B 的可能性更大，因为它的插入对组件 B 的模式影响比对组件 A 的要小。

一个数据集通常包含多个不同大小的类，而许多网络计算方法对组件的大小十分敏感。为了避免组件大小对度量结果的影响，在方程（8.7）中引入了 $p^{(y)}$ 值，其数学表达式为：

$$p^{(y)} = \frac{1}{V} \sum_{u=1}^{m} \mathbb{1}_{[y_u = y]} \tag{8.8}$$

其中 V 为节点数量，$\mathbb{1}_{[\cdot]}$ 为指示函数，如果其参数在逻辑上为真则返回 1，反之则返回 0。

下面的例子说明参数 $p^{(y)}$ 的作用。

例子 8.3 假设某网络由两个组件 A 和 B 组成，组件 A 的大小是组件 B 的 10 倍。根据式（8.8）可以得到 $p^{(A)}=\frac{10}{11}$，$p^{(B)}=\frac{1}{11}$。如果没有参数 $p^{(y)}$，我们可以预计组件 A 中网络度量的变化要比组件 B 中的变化小得多，这是因为组件大小不同造成的影响。即使测试样本 x_i 属于组件 B 的可能性更大，这种情况也可能发生。但是由于参数 $p^{(y)}$ 的存在，消除了组件大小不同对网络度量大小的影响。通过参数 $p^{(y)}$ 的引入，当测试样本与组件连接时，我们可以根据组件大小来调整拓扑描述符变化值的大小。

8.4 高级分类器的构建方法

文献[24,28]提出了两种基于网络的高级分类器构建方法。第一种是将三个经典网络计算方法——网络同配性、聚类系数和平均度相结合；第二种是利用随机游走过程的动力学特性。下面分别对它们进行介绍。

8.4.1 传统的基于网络度量方法的高级分类器构建

在本节中，首先介绍的是第一个实现高级分类器的算法，该算法由三个复杂网络度量方法组成：同配性、聚类系数和平均度。尽管这里选择的是这三种方法，其他经典的网络度量方法也可以利用式（8.5）插入高级分类器中形成新算法。选择这三种方法的原因分别是：同配性不仅考虑当前节点及其邻域内的节点，而且考虑第二级邻域内的节点（邻域的邻域）、第三级邻域内的节点等；聚类系数通过计算当前节点及其邻域内的两个节点所形成的三角形数量来度量网络的局部结构；度可以准确度量网络中局部或节点的连接数量信息。这三种方法可以从局部到全局度量网络的拓扑性质。因此，三种方法的结合可以系统地度量并描述底层网络的模式。下面我们首先回顾这三种网络度量方法，并介绍如何将它们应用到高级分类器中。

8.4.1.1 同配性

同配性是指网络中的节点倾向于与度数相似的其他节点相连。同配性的概念在复杂网络基本原理的章节中进行了介绍（参见定义 2.36）。我们需要确定测试数据 x_i 属于类 y 的可能性，现在我们利用网络同配性导出 $\Delta G_i^{(y)}(1)$。类 y 插入测试数据 x_i 之前的同配系数为 $r^{(y)}$，该系数在模型训练阶段得到。然后，在测试阶段使用前述的网络形成技术，将数据 x_i 临时插入类 y，计算得到类 y 在当前状态下的同配系数，记作 $r'^{(y)}$。这个过程分别对所有的类 $y \in \mathscr{Y}$ 重复进行。在这个过程中，可能有某一类 $u \in \mathscr{Y}$ 与数据 x_i 不相邻，没有任何连接，此时 $r^{(u)} = r'^{(u)}$，由此我们可能得到数据 x_i 与类 u 完美融合的错误结论，这是需要避免的。为了克服这个问题，一个简单的后处理过程是必要的：对于所有与数据 x_i 没有任何连接的组件 $u \in \mathscr{Y}$，令 $r^{(u)} = -1$，$r'^{(u)} = 1$，即两者完全不同。我们可以把这种后处理方式理解为数据 x_i 与组件 u 的模式没有任何相似性，因为它们之间不相连。

对于所有的类 $y \in \mathscr{Y}$，$\Delta G_i^{(y)}(1)$ 的计算公式定义为：

$$\Delta G_i^{(y)}(1) = \frac{\mid r'^{(y)} - r^{(y)} \mid}{\sum_{u \in \mathscr{Y}} \mid r'^{(u)} - r^{(u)} \mid} \tag{8.9}$$

式中分母用于将结果归一化。根据式（8.9）可以知道，当类 y 中插入数据 x_i 后同配系数变化较大时，$\Delta G_i^{(y)}(1)$ 的值较大。根据式（8.7）可以进一步得到 $f_i^{(y)}(1)$ 的值也较大。此时，根据式（8.5）可以计算得到样本 x_i 属于类 y 的评估值 H 将较小。与之相反，当类 y 中插入数据 x_i 后同配系数变化较小时，$\Delta G_i^{(y)}(1)$ 值较小，从而 $f_i^{(y)}(1)$ 值也较小，此时样本 x_i 属于类 y 的评估值 H 将较大。通过这种方式，高级分类器可以判断测试样本对类的结构和模式特征的影响。

8.4.1.2 聚类系数

聚类系数度量网络中的节点以三角形的方式聚集在一起的紧密程度。聚类系数的概念也在复杂网络基本原理的章节中进行了介绍（参见定义 2.46 和定义 2.47）。我们知道，聚类系数较大的组件通常具有局部高密度连接的模块化结构，具有较小平均聚类系数的组件往往具有较长的连接，而没有高密度的局部结构。基于这一特点，我们可以在高级分类器中使用聚类系数。

$\Delta G_i^{(y)}(2)$ 的推导与上一节的情况相似，除了对于所有与数据 x_i 没有任何连接的类 $u \in \mathscr{Y}$ 的基本假设，此时令 $CC^{(u)} = 0$，$CC'^{(u)} = 1$，即两者完全不同。$\Delta G_i^{(y)}(2)$ 的计算公式定义为：

$$\Delta G_i^{(y)}(2) = \frac{|CC'^{(y)} - CC^{(y)}|}{\sum_{u \in \mathscr{Y}} |CC'^{(u)} - CC^{(u)}|} \tag{8.10}$$

式中 $CC^{(u)}$ 和 $CC'^{(u)}$ 分别表示插入数据 x_i 之前和之后类组件 u 的聚类系数。

8.4.1.3 平均度

度的概念也在复杂网络基本原理的章节中进行了介绍（参见定义 2.10 和定义 2.12）。组件的连通性根据组件中节点的平均度来量化，这是一种相对简单的度量方法。这一度量方法自身在网络中识别模式的能力较弱，因为平均值不能准确描述组件中大多数的节点。但是，如果将平均度与其他网络计算方法结合使用，其模式识别能力会显著增强。

$\Delta G_i^{(y)}(3)$ 的推导也与前面类似，除了对于所有与数据 x_i 没有任何连接的类 $u \in \mathscr{Y}$ 的基本假设，这里我们令

$$\langle k'^{(u)} \rangle = \max\left(\langle k^{(u)} \rangle - \min_j(k_j^{(u)}), \max_j(k_j^{(u)}) - \langle k^{(u)} \rangle\right) \tag{8.11}$$

即与组件度的最大差值。$\Delta G_i^{(y)}(3)$ 的计算公式定义为：

$$\Delta G_i^{(y)}(3) = \frac{|\langle k'^{(y)} \rangle - \langle k^{(y)} \rangle|}{\sum_{u \in \mathscr{Y}} |\langle k'^{(u)} \rangle - \langle k^{(u)} \rangle|} \tag{8.12}$$

其中 $\langle k'^{(u)} \rangle$ 和 $\langle k^{(u)} \rangle$ 分别表示插入数据 x_i 之后和之前类组件 u 的平均度。

8.4.2 基于随机游走的高级分类器构建

本小节介绍高级分类器的第二种实现算法[28]。这种方法不利用经典的网络计算方法，而是在输入数据构造的网络中，使用随机游走过程的动力学特性提取网络的高级信息。首先我们介绍这种算法相关的概念。⊖

⊖ 关于随机游走的详细介绍见 2.4.4 节。

随机游走可以理解为在 P 维数据空间中随机访问数据点的过程。每一步游走遵循的规则是：访问最近 μ 步中未访问过的数据点。换句话说，游走过程中 $\mu-1$ 步是不重复的。这个数量可以理解为随机游走过程存储器产生的排斥力，阻止了在这个时间间隔内再次访问它们。每一步随机游走可以分解为两个过程：持续时间为 t 的初始瞬时过程和持续时间为 c 的循环过程。由于随机游走必须根据网络拓扑结构进行，因此游走过程可能会陷入一个没有可去的相邻节点的死胡同。这种情况下，我们认为循环的长度是空的。尽管这个规则很简单，但当 $\mu>1$ 时，这种运动却极为复杂[15]。此外，瞬时部分和循环部分的长度取决于存储器 μ 的长度。

在前面设计的高级分类器中，采用了三种经典的网络度量方法，即平均度、聚类系数和同配性。那么我们可能会有疑问，这三种选定的网络度量方法是否足以完全提取网络的模式？如果足够的话，还有没有其他度量方法可以用来构造新的高级分类器？这个问题也可以转换为：我们可以选择哪些网络度量方法来组成高级分类器，以及如何定义它们的权重。当我们采用随机游走构建高级分类器时，这些问题都可以迎刃而解。首先，这种方法提出了统一的获取数据模式的方法。我们不需要像之前的方法那样去考虑选择哪些方法来构建高级分类器。通过这个新方法，我们可以通过不断调整随机游走过程存储器的长度，利用随机游走过程的不同动力学特性提取从局部到全局的网络信息和复杂的网络特征。当随机游走的存储器较小时，提取网络的局部结构特征。随着存储器逐渐增大，游走过程被迫逐渐远离起点，从而学习网络的全局特性。其次，简化了模型选择过程。正如在式（8.5）中可以看到的，高级分类器的几个学习权重必须小心调整，因为数据集中包含的数据众多，前一种方法的模型选择过程可能需要相当长的时间，因此在大规模的数据集中前一种方法的计算量巨大。在基于随机游走的新方法中，我们利用有效的统计方法来调整学习权重，在训练数据内进行调整或拟合，由此在很大程度上降低了模型选择的工作量。

除了这些优势外，随机游走过程也呈现出一些有趣的特点。其中之一是决定数据类别的存储器的临界值。对于一个特定的类 $y\in\mathscr{Y}$，存储器极值的选取十分关键，当选取更大的内存值时瞬时状态和循环状态的长度不发生改变。这种情况在内存大小足够大时会出现。当发生这种现象时，我们认为随机游走产生了类组件的"复杂性饱和"，网络的全局拓扑结构和组织特征被认为是完全意义上的随机游走过程。这种现象可能与复杂网络环境的相变有关。

基于随机游走的高级分类器预测评估值为：

$$H_i^{(y)} = K_H \sum_{\mu=0}^{\mu_c^{(y)}} w_{\text{inter}}^{(y)}(\mu)\left[w_{\text{intra}}^{(y)}(\mu)T_i^{(y)}(\mu) + (1-w_{\text{intra}}^{(y)}(\mu))C_i^{(y)}(\mu)\right] \quad (8.13)$$

其中：

- $\mu_c^{(y)}$ 是一个极限值，它表示训练阶段类组件 y 执行随机游走的最大内存大小。

- $T_i^{(y)}(\mu)$ 和 $C_i^{(y)}(\mu)$ 分别表示类组件 y 中节点 i 随机游走过程的瞬时长度函数和循环长度函数，主要用于判断数据项 i 是否与类组件 y 具有相同的模式。

- $w_{\text{inter}}^{(y)}(\mu)$ 表示内存大小为 μ 的随机游走对类组件 y 的权重值。注意该参数的下标为 inter，该参数主要表示 μ 不同时的随机游走过程。

- $w_{\text{intra}}^{(y)}(\mu)$ 表示内存大小为 μ 的随机游走对类组件 y 的瞬时过程的权重值。$(1-w_{\text{intra}}^{(y)}(\mu))$ 表示内存大小为 μ 的随机游走对循环过程的权重值。

- K_H 为归一化常数，保证了高级分类器 H 的模糊性。

8.4.2.1　瞬时过程 $T_i^{(y)}(\mu)$ 和循环过程 $C_i^{(y)}(\mu)$ 的求解

插入测试数据 x_i 后，类 $y \in \mathscr{Y}$ 结构的变化定义为：

$$
\begin{aligned}
T_i^{(y)}(\mu) &= 1 - \Delta t_i^{(y)}(\mu) p^{(y)} \\
C_i^{(y)}(\mu) &= 1 - \Delta c_i^{(y)}(\mu) p^{(y)}
\end{aligned}
\tag{8.14}
$$

式中 $\Delta t_i^{(y)}(\mu), \Delta c_i^{(y)}(\mu) \in [0,1]$，分别表示插入测试数据 x_i 后类组件 y 随机游走过程的瞬时过程变化长度和循环过程变化长度，$p^{(y)} \in [0,1]$ 为训练数据中与类组件 y 相关的数据所占的比例。

假设内存 μ 为定值，分别从类组件 y 的各个节点进行随机游走，得到平均瞬时过程长度 $\langle t^{(y)}(\mu) \rangle$ 和平均循环过程长度 $\langle c^{(y)}(\mu) \rangle$。假设测试样本 $x_i \in \mathscr{X}_{\text{test}}$，插入任意类组件 y 中后，重新计算得到瞬时过程长度 $\langle t'^{(y)}_i(\mu) \rangle$ 和循环过程长度 $\langle c'^{(y)}_i(\mu) \rangle$，在所有的类组件 $y \in \mathscr{Y}$ 中执行这个过程。当某些类组件 $u \in \mathscr{Y}$，与测试样本 x_i 没有任何连接时，我们预先为 $\langle t'^{(u)}_i(\mu) \rangle$ 和 $\langle c'^{(u)}_i(\mu) \rangle$ 设定一个较大的值。

由此，得到 $\Delta t_i^{(y)}$ 和 $\Delta c_i^{(y)}$ 的数学表达式为：

$$
\begin{aligned}
\Delta t_i^{(y)} &= \frac{|\langle t'^{(y)}_i(\mu) \rangle - \langle t^{(y)}(\mu) \rangle|}{\sum_{u \in \mathscr{Y}} |\langle t'^{(u)}_i(\mu) \rangle - \langle t^{(u)}(\mu) \rangle|} \\
\Delta c_i^{(y)} &= \frac{|\langle c'^{(y)}_i(\mu) \rangle - \langle c^{(y)}(\mu) \rangle|}{\sum_{u \in \mathscr{Y}} |\langle c'^{(u)}_i(\mu) \rangle - \langle c^{(u)}(\mu) \rangle|}
\end{aligned}
\tag{8.15}
$$

式中，分母用于归一化最终结果。根据式（8.15）可以得到，当类组件的瞬时过程变化长度 $\Delta t_i^{(y)}$ 和循环过程变化长度 $\Delta c_i^{(y)}$ 较大时，将得到较小的 $T_i^{(y)}(\mu)$ 值和 $C_i^{(y)}(\mu)$ 值；反之，较小的变化将得到较大的 $T_i^{(y)}(\mu)$ 值和 $C_i^{(y)}(\mu)$ 值。

存储器 μ 的大小对分类的结果影响较大。根据式（8.13），以上过程在 $\mu \in [0, \mu_c]$ 的取值范围内重复进行。由此分类器捕获到每一个类组件从局部到全局的复杂模式。当 μ 取值较小时，随机游走过程的瞬时过程长度和循环过程长度也将较小，此时，游走过程将不会远离起始点，随机游走过程将获取类组件的局部结构特征。随着 μ 值逐步增大，游走过程将不得不走更远，随机游走过程将有很大机会获取类组件的全局结构特征。

8.4.2.2　瞬时过程权重值 $w_{\mathrm{intra}}^{(y)}(\mu)$ 的求解

参数 $w_{\mathrm{intra}}^{(y)}(\mu)$ 的求解思路是：将随机游走过程的瞬时过程和循环过程长度看成类组件的特有属性，假设内存 μ 为定值，如果瞬时过程长度和循环过程长度变化较小，则说明类组件的各个数据点具有同质性，否则，具有较强的异质性。当类组件中插入测试数据后，如果导致了类组件同质性而不是异质性的降低，那么认为该数据对类组件结构的影响较大。也就是说，测试数据的插入将更大程度影响同质性，而较少影响异质性的变化。基于这个原因，我们利用训练集插入后引起的瞬时过程和循环过程长度的变化对参数 $w_{\mathrm{intra}}^{(y)}(\mu)$ 进行定义。

首先介绍参数 $w_{\mathrm{intra}}^{(y)}(\mu)$ 的数学表达式。假设存储器大小 μ 为定值，对于某一类 $y \in \mathscr{Y}$，瞬时过程和循环过程长度的变化分别为 $\sigma_t^{(y)}(\mu)$ 和 $\sigma_c^{(y)}(\mu)$，那么 $\forall \mu \in \{0, \cdots, \mu_c\}$，其瞬时过程权重值 $w_{\mathrm{intra}}^{(y)}(\mu)$ 为：

$$w_{\mathrm{intra}}^{(y)}(\mu) = \frac{\sigma_c^{(y)}(\mu) + 1}{\sigma_t^{(y)}(\mu) + \sigma_c^{(y)}(\mu) + 2} \tag{8.16}$$

$$1 - w_{\mathrm{intra}}^{(y)}(\mu) = \frac{\sigma_t^{(y)}(\mu) + 1}{\sigma_t^{(y)}(\mu) + \sigma_c^{(y)}(\mu) + 2} \tag{8.17}$$

式（8.16）和式（8.17）分别表示随机游走中瞬时过程的权重值和循环过程的权重值。注意，在确定这些参数时，我们使用了拉普拉斯平滑技术，每个变量在基础取值的基础上都增加了 1。这保证了式（8.16）和式（8.17）对于任意 $\sigma_t^{(y)}(\mu) \times \sigma_c^{(y)}(\mu) \in \mathbb{R}^2$ 都适用。

8.4.2.3　随机游走过程权重值 $w_{\mathrm{inter}}^{(y)}(\mu)$ 的求解

为了得到随机游走不同存储器大小 μ 对过程权重的影响，我们采用了与前一节相同的评价策略——方差法，即对总方差（瞬时与循环方差之和）较小的游走过程设定较高的权重值。这一策略与前述的根据同质性变化而不是异质性变化确定瞬时过程权重值的策略相同。

假设存储器大小 μ 为定值，$\mu \in \{0, \cdots, \mu_c\}$，对于某一类 $y \in \mathscr{Y}$，瞬时过程和循环过程长度的变化分别为 $\sigma_t^{(y)}(\mu)$ 和 $\sigma_c^{(y)}(\mu)$，那么存储器大小为 μ 的随机游走过程对类组件 y 的权重值 $w_{\mathrm{inter}}^{(y)}(\mu)$ 为：

$$
\begin{aligned}
w_{\mathrm{inter}}^{(y)}(\mu) &= \frac{\sum_{\Delta=0, \Delta \neq \mu}^{\mu_c^{(y)}} \sigma_t^{(y)}(\Delta) + \sigma_c^{(y)}(\Delta)}{\sum_{\rho=0}^{\mu_c^{(y)}} \sum_{\Delta=0, \Delta \neq \rho}^{\mu_c^{(y)}} \sigma_t^{(y)}(\Delta) + \sigma_c^{(y)}(\Delta)} \\
&= \frac{k_{\mathrm{inter}}^{(y)} - (\sigma_t^{(y)}(\mu) + \sigma_c^{(y)}(\mu))}{\mu_c^{(y)} k_{\mathrm{inter}}^{(y)}}
\end{aligned} \tag{8.18}
$$

其中：

$$k_{\text{inter}}^{(y)} = \sum_{\Delta=0}^{\mu_c^{(y)}} \sigma_t^{(y)}(\Delta) + \sigma_c^{(y)}(\Delta) \tag{8.19}$$

如果 μ 不变时 $\sigma_t^{(y)}(\mu) + \sigma_c^{(y)}(\mu)$ 值较大，那么该 μ 值下的随机游走的权重值 $w_{\text{inter}}^{(y)}(\mu)$ 相较于其他存储器大小 $\Delta \neq \mu$ 下的随机游走的权重值 $w_{\text{inter}}^{(y)}(\Delta)$ 要小。相反，当函数值之和较小时，那么 $w_{\text{inter}}^{(y)}(\mu)$ 值将较大，表明此条件下的随机游走在学习过程中较为重要。

8.5　高级分类器的数值分析

这一节对基于随机游走的动力学特性的高级分类器的性能进行分析。8.5.1 节介绍在不确定问题中高级分类器应用的样本，从样本中我们可以看到高级分类器的优势；8.5.2 节介绍高级分类器参数的敏感性分析。

8.5.1　高级分类器应用样本

图 8-5 上半部分中，原始数据网络是由 9 个圆点组成的线段组件和 1000 个方形点密集组成的圆环形组件构成的。网络形成参数为 $k=1$，$\epsilon=0.07^{\ominus}$。传统的低级分类器处理这个问题时将采用基于高斯核函数的模糊支持向量机技术[16]，参数为 $C=2^2$，$\gamma=2^{-1}$。本例的任务是将从中间到右下角的 14 个三角形测试样本分类。在对测试样本分类后，将测试样本合并到与其标签相同的训练集中（这个过程也可以称为自我学习）。图 8-5 下半部分为对应的三角形测试样本被归类为圆点类所要求的最小 $\rho_{\min}$ 值。从这个例子我们可以看到，三角形的测试样本可以被认为属于圆点线段类组件，即使重新分类后该线段将穿过圆环组件所在的密集区域。本例的另一个特点是，当测试样本远离圆环形组件时（简单分类情况），只需要很小的 $\rho_{\min}$ 值就可以实现将其划分为圆点类；但是当测试样本"穿越"圆环组件时（复杂分类情况），就需要较大的 $\rho_{\min}$ 值才能实现将其划分为圆点类。这表明高级机器学习分类在复杂分类情况下十分有效。

8.5.2　参数敏感性分析

本小节通过模拟对基于随机游走过程的高级分类器进行参数的敏感性分析。因为基于随机游走的高级分类器可以根据网络结构自我调节和学习，所以模型选择程序变得切实可行。

　⊖　这个半径可以覆盖直线上的任意两个相邻顶点。

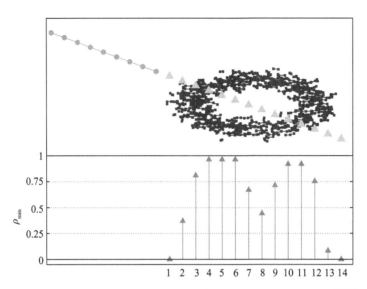

图 8-5 将三角形测试数据分类为圆点类成员所要求的最小 $\rho_{\min}$ 值[28]

8.5.2.1 网络形成有关参数的分析

网络形成阶段在高级分类器学习过程中起着至关重要的作用。这个阶段通过参数 k 和 ϵ 来控制。对于每一个数据项（节点），分类器通过计算半径为 ϵ 的超球体中数据项的数量来判断它存在于稀疏还是密集区域。如果计算得到的数据项数目比参数 k 值小，那么该节点属于稀疏区域，通过 k-近邻算法来确定节点的类别；如果计算得到的数据项数目比参数 k 值大，那么该节点属于密集区域，通过 ϵ-半径算法来确定节点的类别。k 值大小与训练数据集包含的数目 V 相关，这个判断过程中可能出现的结果是：

- 如果 $k{\rightarrow}V$，那么所有节点都位于稀疏区域，此时模型通常会利用 k-近邻算法确定节点的类别，参数 ϵ 可忽略。
- 如果 $k{\rightarrow}0$，那么所有节点都位于密集区域，此时模型通常会利用 ϵ-半径算法确定节点的类别。
- 如果 $\epsilon{\rightarrow}\infty$，那么所有节点都位于密集区域，此时模型通常会利用 ϵ-半径算法确定节点的类别，参数 k 可忽略。
- 如果 $\epsilon{\rightarrow}0$，那么所有节点都位于稀疏区域，此时模型通常会利用 k-近邻算法确定节点的类别。

除了上述情况之外，当 k 和 ϵ 取中间值时，模型同时采用 k-近邻算法和 ϵ-半径算法判断节点的类别。

8.5.2.2 存储器临界值的分析

文献［28］提出了存储器临界值 $\mu_c^{(y)}$ 的一种特殊状态：复杂性饱和。为了便于理解这个状态，我们通过一组数据的模拟结果来进行说明。

我们利用 UCI 数据库中经典的数据集——葡萄酒数据集（不平衡类）来进行实验[8]。图 8-6a 和图 8-6b 分别表示了葡萄酒数据集中每个类组件的瞬时状态和循环状态长度。对于瞬时状态，从图中我们可以看到，随着 μ 值的增加，瞬时状态的长度也随之增加；当 μ 增加到一定大小之后，类组件的瞬时状态长度将稳定在一定的水平。与之不同的是，循环状态的长度表现出另一种状态，大致可以分为三个阶段：（1）μ 值较小时，循环状态长度与 μ 值成正比；（2）随着 μ 值的增加，循环状态长度与 μ 值成反比；（3）当 μ 增加到一定大小之后，类组件的循环状态长度将稳定在一定的水平。对于这种现象，我们可以理解为：

- 当 μ 较小时，瞬时状态和循环状态也将很小，因为随机游走的存储器大小是非常有限的。此时，我们可以认为游走过程几乎没有任何限制。

- 随着 μ 值的增加，瞬时状态的长度随之增加，而循环状态的长度达到极大值，随后开始降低。这个峰值说明游走从一个类组件到达了另外一个类组件，表明了网络拓扑结构的复杂性。因此，这是利用网络拓扑结构获取网络类组件模式的最重要的区间。

- 当 μ 增加到一定大小之后，游走过程将很容易陷入死循环。当游走过程当前所在节点的整个邻域节点都包含在存储器 μ 中时，就会发生这种情况。此时，瞬时状态长度将非常大，而循环状态长度将趋近于 0，即图 8-6a 和图 8-6b 中的稳定区域。在这个区域中，游走过程已经覆盖了类组件的所有节点，并且随着存储器 μ 值的增加，不会再捕获任何新的拓扑特征或类组件的模式形成过程。此时，我们可以认为游走过程已经完全描述了类组件的复杂拓扑结构，达到了饱和状态。此时，μ 值的迭代计算过程结束。

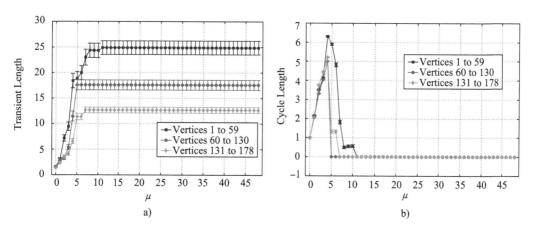

图 8-6　葡萄酒数据集的瞬时状态和循环状态长度[28]。网络形成的参数：$k=3$，$\epsilon=0.04$

通过上述分析我们可以知道，当选择了合适大小的存储器临界值 $\mu_c^{(y)}$，$y\in\mathscr{Y}$，即

图 8-6 中稳定区域的 μ 值后，高级分类器的精度将稳定在一定水平。而更大的临界值 μ 只会导致冗余计算，此时精度不会提高也不会减少。

数据集中观测到的复杂性饱和现象也与网络中的相变有关。当 $\mu < \mu_c$ 时，网络中的随机游走过程尚处于探索阶段，参数 μ 变化时，瞬时状态和循环状态的长度也随之动态变化。在这个初始探索阶段，参数 μ 对随机游走动力学特性的变化十分敏感。当 $\mu = \mu_c$ 时，游走过程从探索阶段过渡到稳定阶段，此时，对于所有的 $\mu \geqslant \mu_c$，网络的拓扑结构限制了随机游走，其动力学特性不再改变，瞬时状态和循环状态的长度不再产生变化。当网络更加密集时，随机游走过程将会有更多的路径可以选择，此时存储器的临界值较之前将有所提升。在这一点上，对于一个完整的图，网络拓扑的 μ_c 将完全等于无网络（网格）的方法。

基于上述的研究基础，估算存储器临界值 $\mu_c^{(y)}$ 的方法可以是：对于某个类组件，随机游走的动力学特性计算从 $\mu = 0$ 开始进行。完成第一步计算以后，μ 值递增，如此重复迭代计算，并记录 μ 的迭代次数。$t^{(y)}(\mu)$ 和 $c^{(y)}(\mu)$ 分别为计算得到的瞬时状态长度值和循环状态长度值拟合的函数值。如果 $t^{(y)}(\mu)$ 和 $c^{(y)}(\mu)$ 的导数值 $t'^{(y)}(\mu)$ 和 $c'^{(y)}(\mu)$ 等于 0，记录下此时的 $\mu_c^{(y)}$ 值和迭代次数。如果后面的几步迭代过程中 $t'^{(y)}(\mu)$ 和 $c'^{(y)}(\mu)$ 仍然等于 0，学习过程到此终止，μ 值不再递增迭代。

8.6   应用：手写数字识别

在这一节中，我们通过手写数字识别案例展示高级分类器的实用特性。为了简化模型选择过程，本例中利用随机游走的线性组合构建高级分类器。

8.6.1 节介绍手写识别在实际应用中的重要性，以及识别中存在的主要难点。8.6.2 节介绍本例中用于自动识别任务的数据集形成过程。8.6.3 节介绍一种在训练网络构建中将要使用的图像相似性计算方法。8.6.4 节介绍一些可用于混合分类框架中分析模型鲁棒性的低级分类技术。8.6.5 节介绍由低级和高级分类器适当组合而成的混合分类器性能的计算结果。8.6.6 节介绍手写数字识别网络样本，还说明高级分类器在现实世界网络中如何实现数字的识别和分类。

8.6.1   相关研究

手写识别是计算机从文件、照片、触摸屏、数据集或其他设备接收和解释可识别的手写输入的能力[17,30]。理想情况下，手写识别系统可以识别和理解任意的手写内容[3]。近年来，手写识别是图像处理和模式识别领域中最吸引人也极具挑战性的研究领域之一，学者们的关注度一直很高[22]。这项研究可以很好地改善人机交互能力，也极大地促进了许多工作的自动化发展[3,30]。手写识别可以分为离线识别和实时识别两种。在离线识别中，通过电子设备获取手写数据，手写数据的识别过程可以采用图像识别方法进行。在实时识别中，通过与时间相关的函数获得连续点的坐标进行手写数据识别，此时，完整的手写数据图像未知[22,30]。为了减少识别处理时间和文字识别的精度，文献[11,21,22]介绍了几种研究成果。由于手写识别问题较多，目前仍然有许多问题需要我们来研究解决，比如对失真图像或非线性变换图像的有效识别等[3,6,30]。鉴于手写识别中存在的实际问题，本书尝试利用复杂网络方法构造数据网络，根据数据网络的拓扑特征来进行手写数字和字母识别研究。

8.6.2　手写数字数据集 MNIST

手写数字识别是评价模式识别算法优劣的常用方法。在这里，我们使用的是在美国国家标准与技术研究院（NIST）标准数据集基础上，经过一定调整而得到的数据集，称为 MNIST 数据集[14]。原始的 NIST 标准数据集中，训练数据采集自美国人口普查局的工作人员，测试数据采集自美国高中生。考虑到训练集和测试集的数据分布不完全相同，因此利用 NIST 数据集实现识别功能难度较大。

MNIST 数据集中包含 60000 个训练数据和 10000 个测试数据，均以图片的形式存储。MNIST 训练集中一半的数据以及测试集中一半的数据来自 NIST 训练数据集，而 MNIST 另一半的训练集和另一半的测试集由 NIST 测试数据集的数据构成。MNIST 数据集中关于十个数字的样本容量基本相同。与文献［14］一样，对于样本数据也需要进行一定的预处理，即在保留样本图像纵横比的基础上，将图片进行灰度化处理，最终的图像像素为 20×20。

8.6.3　图像相似性计算算法

在基于网络的数据表示法中，数据项（图像）用节点表示，数据之间的关系用边表示。连接两个节点（图像）的边也具有一定的权值，权值的大小表示两个节点的关系，即相似程度。每个图像都可以用一个"正方形"$\eta \times \eta$ 矩阵表示。对于矩形图像，需要进行预处理将其转换为正方形图像。通常，我们将每一个像素值的取值范围归一化于区间[0,1]上，即任意的数据项（图像）x_i 是一个 $\eta \times \eta$ 维矩阵，图像的每一个像素 $x_i^{(u,j)} \in [0,1]$，$\forall (u,j) \in \{1, \cdots, \eta\} \times \{1, \cdots, \eta\}$。

为了构建网络，我们还需要一个度量数据之间相似性的函数。传统的方法是通过计算图像中像素到像素之间的距离来衡量，这种方法在完整地表达数据方面是存在缺陷的，因为当图像旋转或纵横比发生变化时，用这种方法将做出错误的判断。为了克服这一缺点，本书提出了一种基于图像固有特征值的度量方法。这种方法的步骤是：

首先，删除每个数据项（图像）之间的权重值，以消除数据之间的干扰，然后计算图像的最大特征值 ϕ。文献[10,33]中介绍了寻找实数非对称矩阵最大特征值的方法。因为特征值的大小与图像所具有的变化有关，所以特征值是图像信息的载体[13]。特征值越大，说明图像所具有的信息越多。因此，我们可以只提取图像的最大特征值，而忽略较小的特征值，因为较小的特征值不能完整地表达图像的信息。另外，为了突出最大特征值的重要性，我们将其转化为每个数据的权重值，当数据的特征值越大时，它所具有的权重也就越大。

那么当我们考虑图像 x_i 和 x_j 相似程度比较的问题时，这个问题就转化为它们的最大特征值 ϕ 的比较。我们首先对图像的各个特征值进行排序，得到 $|\lambda_i^{(1)}| \geqslant |\lambda_i^{(2)}| \geqslant \cdots \geqslant |\lambda_i^{(\phi)}|$ 和 $|\lambda_j^{(1)}| \geqslant |\lambda_j^{(2)}| \geqslant \cdots \geqslant |\lambda_j^{(\phi)}|$，其中 $|\lambda_i^{(k)}|$ 表示第 i 个数据项的第 k 个特征值。此时，图像 i 和图像 j 的差异度 $d(i,j)$ 为：

$$d(i,j) = \frac{1}{\rho_{\max}} \sum_{k=1}^{\phi} \beta(k) \left[\, |\lambda_i^{(k)}| - |\lambda_j^{(k)}| \,\right]^2 \tag{8.20}$$

其中，$\rho \in [0,1]$，$\rho_{\max} > 0$ 是标准化常数，$\beta: \mathbb{N}^* \rightarrow (0,\infty)$ 表示由用户选定的单调递减函数。图像 i 和图像 j 的相似度 $s(i,j) = 1 - d(i,j)$。

8.6.4 混合分类框架中的低级分类技术

本章随后的计算机模拟中还将分别使用三种低级分类技术。关于前两种技术的设置和体系结构特性的详细信息可以参考文献 [14]。

- 感知神经网络：神经元的输出值为输入像素值的加权和。神经元的最大输出值（包括对神经元所施加的偏置）表示输入数据的具体类型。
- k-近邻分类器：相似性为欧式距离的倒数，其中 $k=3$。
- 基于网络的 ϵ-半径分类器：基于 ϵ-半径网络形成技术的分类器，差异度为 $\phi=4$ 的最大特征值的加权和。

8.6.5 混合分类器的性能

图 8-7 所示为网络环境下三种低级分类技术分别与高级分类器结合使用的性能表现。从图中可以看到，感知神经网络单独进行数据分类可以达到的准确率为 88%，而随着柔度系数的小幅增加，当 $\rho=0.2$ 时，则可以使模型的准确率提高到 91%。对于 k-近邻算法，分类器单独使用的精度为 95%，当 $\rho=0.25$ 时，混合分类器的精度达到 97.6%。对于加权特征值算法，当 $\rho=0$ 时分类器单独使用的精度为 98%，而当 $\rho=0.2$ 时，混合分类器的精度可以达到 99.1%。从结果我们可以看到，混合分类器的分类效果显著增强，即使在第三种情况下，分类器的改进也具有十分重要的意义，因为

提高已经具有非常高准确率的分类器的性能是一项艰巨的任务。

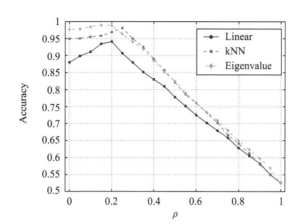

图 8-7　利用 MNIST 数据库数据比较不同的传统分类技术与高级分类技术混合后对分类器识别准确度的影响[28]。通过结果我们可以看到，二者的恰当结合可以提高数据识别的准确率，提高分类器的性能

8.6.6　手写数字识别样本

本节中，我们介绍手写数字识别的应用样本。

为了问题的简化，我们只考虑两类数据：数字"5"和数字"6"。图 8-8a 和图 8-8b 所示为利用数字样本的简单网络进行数字分类的网络示意图。

在图 8-8a 所示的例子中，小方框数字 5 和数字 6 为训练数据，测试数据为大方框数字，本例的任务是识别大方框中的数字。如果只应用低级分类器，那么测试数据很可能被识别为数字 6，因为测试数据邻域内的训练数据中 6 多于 5。但是，当我们考虑其拓扑结构，即高级属性时，那么我们将有更大的可能性认为测试样本是数字 5 类的成员。因为相较于类 6 的数据模式，测试数据更符合类 5 的数据模式。从结构上来看，如果测试数据插入到类 5 中，它将会延伸类 5 的"水平线"。因此，在类 5 中插入测试数据后，类组件结构的改变很小，即拓扑描述符（瞬时过程和循环过程）不会出现较大变化。但是，如果将测试数字插入到类 6 中，考虑到插入测试样本之前类 6 的组件中没有圈，而插入后组件中形成了圈，这种变化将会使组件的拓扑结构出现明显的变化。

图 8-9a 和图 8-9b 表示测试数据插入类 5 后瞬时状态和循环状态长度的变化情况仿真模拟结果。正如前面我们分析的，我们可以看到，类 5 拓扑结构变化很小，这表明测试样本与数据类 5 所形成的类组件模式一致性很强。图 8-9c 和图 8-9d 表示测试数据插入类 6 后瞬时状态和循环状态长度的变化情况仿真模拟结果。在这里我们看到，拓扑结构的变化较大，这表明测试数据与数据类 6 所形成的类组件模式差异较大。

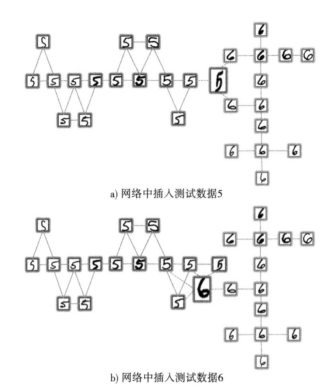

a) 网络中插入测试数据5

b) 网络中插入测试数据6

图 8-8 利用 MNIST 数据集的子集样本对网络模式形成的影响分析样本[28]。小方框数字 5 和数字 6 为训练数据集，大方框数字为测试数据

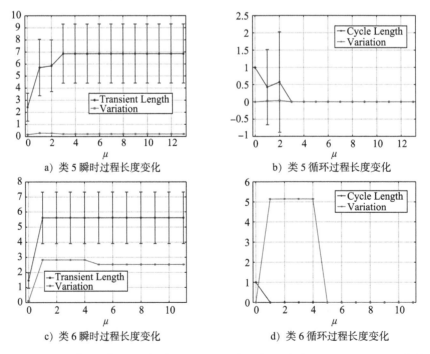

a) 类 5 瞬时过程长度变化

b) 类 5 循环过程长度变化

c) 类 6 瞬时过程长度变化

d) 类 6 循环过程长度变化

图 8-9 图 8-8a 所示网络插入测试数据后，两种类组件的瞬时过程和循环过程的变化情况仿真模拟[28]

通过上述分析我们可以得到：高级分类器能够正确地将测试数据识别为数字 5。对于图 8-8b 所示的网络也可以进行类似的分析。当插入测试样本分别插入到数字类 5 组件和数字类 6 组件后，网络的瞬时状态和循环状态长度变化情况如图 8-10 所示。我们也得到利用高级分类器将测试样本正确地识别为数字 6 的结论。

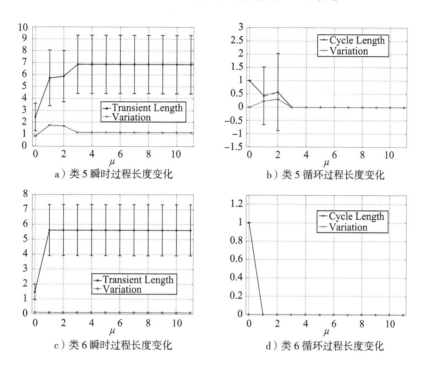

a）类 5 瞬时过程长度变化　　　　　　　　b）类 5 循环过程长度变化

c）类 6 瞬时过程长度变化　　　　　　　　d）类 6 循环过程长度变化

图 8-10　图 8-8b 所示网络插入测试数据后，两种类组件的瞬时过程和循环过程的变化情况仿真模拟[28]

8.7　本章小结

本章我们提出了一种将低级分类器和高级分类器结合而成的新的分类器框架。其中，低级分类器根据数据的物理特性对其进行分类，高级分类器通过比较测试数据插入训练数据网络后，网络拓扑性质的变化情况来判断和实现数据分类，结合二者的结论得到最终的分类结果。

除了提出这种新的混合分类框架外，本章还提出了两种网络环境下构建高级分类器的方法。第一种方法基于经典网络计算方法，分类器由三种经典网络度量方法（网络同配性、聚类系数和平均度）组合而成。第二种方法利用随机游走过程的动力学特性，分类器根据网络中随机游走的瞬时状态和循环状态变化情况的线性加权组合得到数据分类结果。其中，随机游走根据不同的存储器临界值重复进行，由此分类器可以获取网络从局部（小临界值时）到全局（大临界值时）的全部网络信息。

为了更好地评价混合分类框架的性能，我们利用测试数据对其进行了分析。混合分类框架的一个非常有趣的特性是，当样本的复杂性增加时，高级分类器的权重也必须增加，这也表明了高级分类器在复杂情况下分类的实用性较强。

将高级分类技术应用于手写体数字识别时，我们发现，混合分类器能在一定条件下提高分类器的识别率。需要注意的是，单独使用高级分类器效果通常都不太理想。而当高级分类技术与低级别分类技术适当结合使用时，可以有效提高分类器的分类性能。

参考文献

1. Berners-Lee, T., Hendler, J., Lassila, O.: The semantic web. Sci. Am. **284**(5), 34–43 (2001)
2. Binaghi, E., Gallo, I., Pepe, M.: A cognitive pyramid for contextual classification of remote sensing images. IEEE Trans. Geosci. Remote Sens. **41**(12), 2906–2922 (2003)
3. Bishop, C.M.: Pattern Recognition and Machine Learning (Information Science and Statistics). Springer, New York (2007)
4. Blum, A., Mitchell, T.: Combining labeled and unlabeled data with co-training. In: Proceedings of the 11th Annual Conference on Computational Learning Theory, pp. 92–100 (1998)
5. Chapelle, O., Schölkopf, B., Zien, A. (eds.): Semi-Supervised Learning. Adaptive Computation and Machine Learning. MIT Press, Cambridge, MA (2006)
6. Duda, R.O., Hart, P.E., Stork, D.G.: Pattern Classification. Wiley, New York, NY (2001)
7. Feigenbaum, L., Herman, I., Hongsermeier, T., Neumann, E., Stephens, S.: The semantic web in action. Sci. Am. **297**(6), 90–97 (2007)
8. Lichman, M., UCI machine learning repository, University of California, Irvine, School of Information and Computer Sciences (2013)
9. Gallagher, B., Tong, H., Eliassi-rad, T., Faloutsos, C.: Using ghost edges for classification in sparsely labeled networks. In: Knowledge Discovery and Data Mining, pp. 256–264 (2008)
10. Goldhirsch, I., Orszag, S.A., Maulik, B.K.: An efficient method for computing leading eigenvalues and eigenvectors of large asymmetric matrices. J. Sci. Comput. **2**, 33–58 (1987)
11. Govindan, V.K., Shivaprasad, A.P.: Character recognition: a review. Pattern Recogn. **23**, 671–683 (1990)
12. Haykin, S.S.: Neural Networks and Learning Machines. Prentice Hall, Englewood Cliffs, NJ (2008)
13. Jolliffe, I.T.: Principal Component Analysis. Springer Series in Statistics, New York (2002)
14. LeCun, Y., Bottou, L., Bengio, Y., Haffner, P.: Gradient-based learning applied to document recognition. Proc. IEEE **86**(11), 2278–2324 (1998)
15. Lima, G.F., Martinez, A.S., Kinouchi, O.: Deterministic walks in random media. Phys. Rev. Lett. **87**(1), 010603 (2001)
16. Lin, C.F., Wang, S.D.: Fuzzy support vector machines. IEEE Trans. Neural Netw. **13**, 464–471 (2002)
17. Liu, C.L., Sako, H., Fujisawa, H.: Performance evaluation of pattern classifiers for handwritten character recognition. IJDAR **4**, 191–204 (2002)
18. Lu, D., Weng, Q.: Survey of image classification methods and techniques for improving classification performance. Int. J. Remote Sens. **28**(5), 823–870 (2007)
19. Macskassy, S.A., Provost, F.: Classification in networked data: a toolkit and a univariate case study. J. Mach. Learn. Res. **8**, 935–983 (2007)
20. Micheli, A.: Neural network for graphs: a contextual constructive approach. IEEE Trans. Neural Netw. **20**, 498–511(3) (2009)
21. Mori, S., Suen, C.Y., Yamamoto, K.: Historical review of OCR research and development. Proc. IEEE **80**, 1029–1058 (1992)

22. Pradeep, J., Srinivasan, E., Himavathi, S.: Diagonal based feature extraction for handwritten alphabets recognition system using neural network. Int. J. Comput. Sci. Inf. Technol. **3**, 27–38 (2011)

23. Shadbolt, N., Berners-Lee, T., Hall, W.: The semantic web revisited. IEEE Intell. Syst. **6**, 96–101 (2006)

24. Silva, T.C., Zhao, L.: Network-based high level data classification. IEEE Trans. Neural Netw. Learn. Syst. **23**(6), 954–970 (2012)

25. Silva, T.C., Zhao, L.: Network-based stochastic semisupervised learning. IEEE Trans. Neural Netw. Learn. Syst. **23**(3), 451–466 (2012)

26. Silva, T.C., Zhao, L.: Semi-supervised learning guided by the modularity measure in complex networks. Neurocomputing **78**(1), 30–37 (2012)

27. Silva, T.C., Zhao, L.: Stochastic competitive learning in complex networks. IEEE Trans. Neural Netw. Learn. Syst. **23**(3), 385–398 (2012)

28. Silva, T.C., Zhao, L.: High-level pattern-based classification via tourist walks in networks. Inform. Sci. **294**(0), 109–126 (2015). Innovative Applications of Artificial Neural Networks in Engineering

29. Skolidis, G., Sanguinetti, G.: Bayesian multitask classification with gaussian process priors. IEEE Trans. Neural Netw. **22**(12), 2011–2021 (2011)

30. Theodoridis, S., Koutroumbas, K.: Pattern Recognition. Academic, London (2008)

31. Tian, B., Azimi-Sadjadi, M.R., Haar, T.H.V., Reinke, D.: Temporal updating scheme for probabilistic neural network with application to satellite cloud classification. IEEE Trans. Neural Netw. **11**(4), 903–920 (2000)

32. Tian, Y., Yang, Q., Huang, T., Ling, C.X., Gao, W.: Learning contextual dependency network models for link-based classification. IEEE Trans. Data Knowl. Eng. **18**(11), 1482–1496 (2006)

33. Tsai, S.H., Lee, C.Y., Wu, Y.K.: Efficient calculation of critical eigenvalues in large power systems using the real variant of the Jacobi-Davidson QR method. IET Gener. Transm. Distrib. **4**, 467–478 (2010)

34. Tuia, D., Camps-Valls, G., Matasci, G., Kanevski, M.: Learning relevant image features with multiple-kernel classification. IEEE Trans. Geosci. Remote Sens. **48**(10), 3780–3791 (2010)

35. Williams, D., Liao, X., Xue, Y., Carin, L.: On classification with incomplete data. IEEE Trans. Pattern Anal. Mach. Intell. **29**(3), 427–436 (2007)

36. Zhang, D., Mao, R.: Classifying networked entities with modularity kernels. In: International Conference on Information and Knowledge Management, pp. 113–122 (2008)

37. Zhang, H., Liu, J., Ma, D., Wang, Z.: Data-core-based fuzzy min-max neural network for pattern classification. IEEE Trans. Neural Netw. **22**(12), 2339–2352 (2011)

38. Zhang, T., Popescul, A., Dom, B.: Linear prediction models with graph regularization for web-page categorization. In: Conference on Knowledge Discovery and Data Mining, pp. 821–826. Association for Computing Machinery, New York (2006)

39. Zhu, X.: Semi-supervised learning literature survey. Tech. Rep. 1530, Computer Sciences, University of Wisconsin-Madison (2005)

40. Zhu, S., Yu, K., Chi, Y., Gong, Y.: Combining content and link for classification using matrix factorization. In: Special Interest Group on Information Retrieval, pp. 487–494. Association for Computing Machinery, New York (2007)

基于网络的无监督学习专题研究：随机竞争学习

摘要 现实生活中出现的众多商业和日常问题必须在特定的约束条件下解决，例如禁止人的外部干预就是这样的约束条件。追究其原因可能是人参与的成本过高，或者其本身的物理或经济背景不可行。本章讨论的主题——无监督学习（机器学习技术之一）可以很好地解决此类问题。例如，无监督技术可以检测到社交网络中的社团，在生物网络中识别具有相同生物功能的蛋白质组等。本章我们将着重研究无监督学习问题，重点分析基于复杂网络理论的无监督学习方法。具体而言，我们主要讨论一种基于随机非线性动力学系统的竞争学习模型。该模型非常有趣，在稀疏网络上表现出强烈的线性特征，在人工或者实际网络上具有良好的学习性能。在最初状态下，一组粒子以随机方式释放到网络节点。随着时间推移，它们分别按照与粒子攻防行为有关的随机和优先行走的凸随机组合来穿越网络。当每个社团或数据集簇由单个粒子支配时，竞争游走过程达到动态平衡。该算法的直接应用就是社团检测和数据聚类。实质上，一旦网络按照原始数据构建完成之后，数据聚类问题就可以被认为是社团检测问题。在这种情况下，一个节点对应于一个数据样本，节点间的连边由网络构建方法建立。

9.1 引言

由于缺少水、食物、配偶、领地等资源，自然界和人类社会在进化过程中自发形成了竞争机制。竞争学习是一种重要的机器学习方法，已经在人工神经网络中广泛应用。早期的成果包括著名的自组织映射（Self Organizing Map，SOM）[19]、微分竞争学习（Differential Competitive Learning，DCL）[20]、自适应共振理论（Adaptive Resonance Theory，ART）[6,14]。从那时起，众多竞争学习神经网络算法被提出，而且也在实际当中得到了应用，比如数据聚类、数据可视化、模式识别和图像处理[4,7,9,10,22,41]。毫无疑问，竞争学习是无监督学习领域内的主要成就之一。

本章将要提到的基于网络的无监督学习是竞争学习算法的一种。本质上，该模型依赖于文献 [32] 提出的各向同性多重粒子竞争机制。此后，粒子竞争技术得到了强化，通过引入随机非线性动力学，形式化的数学模型出现，并且应用在了数据聚类问题当中[35]。在本章，通过一些经验和理论分析方法来探讨粒子竞争算法原理，同时，对于其存在的不足也将重点讨论。考虑到交互式游走过程模型与许多自然和人工系统相对应，目前此类系统的理论相对缺乏，因此对该模型的分析是理解这类系统的重要步骤。

首先我们给出该算法模型的基本概念，随后重点讨论关于粒子竞争模型应用中的几个有趣的问题。问题之一是如何建立有效的评估指标，以评估数据集中可能的集簇或社团的数目。结果表明，与指标有关的动态变量主要通过网络中粒子的竞争行为来构造，这些指标的评估与粒子竞争过程的动力机制合二为一。因此，考虑到集簇的数量远小于数据样本的数量，则计算集簇数目的过程不会增加模型的时间复杂度。在数据聚类中，确定实际的集簇数目是一个重要问题[38,40]，粒子竞争模型的出现起到了重要的推动作用。

此外，我们还讨论了用于检测重叠集簇结构的指标，在某些假设下，由于竞争过程中的嵌入性，也不会增加模型的时间复杂度。

基于这些理论基础，本章最后讨论模型在手写数字和字母聚类中的具体应用。从计算结果来看，竞争模型能够很好地将手写数字和字母的若干变化和变形聚集到相应的集簇中。

9.2　随机竞争学习算法模型

本节主要讨论由多重粒子构成的竞争动力学系统。

9.2.1节介绍模型背后的力学机制；9.2.2节构建粒子竞争模型依赖的随机动力系统转移矩阵；9.2.3节正式提出对应的动力系统的定义；9.2.4节探讨了评估数据集中最可能社团数量的应用情况；9.2.5节介绍了另外一种检测重叠节点和社团的方法；9.2.6节讨论了模型参数的敏感性分析；最后，9.2.7节分析了粒子竞争算法的收敛问题。

9.2.1　模型原理

考虑存在一个网络 $\mathcal{G}=(\mathcal{V},\mathcal{E})$，其中 $\mathcal{V}$ 表示节点集合，$\mathcal{E}\subset\mathcal{V}\times\mathcal{V}$ 表示连边集合。网络中共有 $V=|\mathcal{V}|$ 个节点和 $E=|\mathcal{E}|$ 条连边。在竞争学习模型中，一组粒子 $\mathcal{K}=\{1,\cdots,K\}$ 随机放入到网络的节点中。实质上，每一个粒子可以被设想为一面旗，其目标是征服新的节点，同时捍卫其当前占领的节点。鉴于网络中节点的数量有限，粒子间的竞争自然会发生，节点在整个竞争过程中相当于资源。当粒子访问任意节点时，它在该节点加强自身的控制能力，同时削弱所有其他竞争粒子在同一节点上的支配作用。

最终，每个粒子被限制在类似于社团的子图当中。按照这样的方式，社团结构就会出现。对于一个包含三个社团的人工聚类网络，图 9-1a 和 b 描述了粒子被随机放入到网络中节点的初始条件，以及粒子竞争系统的长时动态过程。

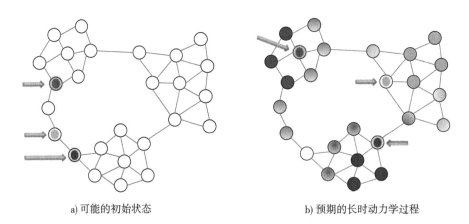

a) 可能的初始状态   b) 预期的长时动力学过程

图 9-1   粒子竞争模型的初始条件和长时动力学过程

由于竞争效应，粒子要么处于活跃状态，要么处于沉寂状态。每当粒子处于活跃状态时，它会同时受到两种相互正交的游走规则的引导，这两种规则分别为随机游走和优先游走。随机游走状态下允许粒子随机访问邻居节点，而忽视它们的当前条件和邻域。因此，随机游走是一种无条件的规则，它只依赖于不可变的网络拓扑结构，决定着粒子在网络中的动力学过程。相反，优先游走规则是粒子通过强化它们已经占领的节点而不是访问非控制节点来完成粒子的防御行为。该游走规则是有条件限制的，主要取决于对邻近粒子的控制能力。因此，用于描述攻击行为的模型是固定的，而描述防御行为的模型是可变的，主要依赖于粒子和时间因素。

在粒子竞争过程中，每个粒子都通过一个随时间变化的能量变量来描述，该变量反映粒子的即时游走能力。当粒子访问它所控制的节点时，该变量值增加；而当它访问其竞争对手控制的节点时，变量值减小。如果该变量值降到最小阈值时，粒子能量就会耗尽，回到它所控制的节点上。基于这种机制，网络中粒子数量总是恒定不变的。在学习过程中，粒子能量的耗尽与无监督学习算法的平滑假设有关，因为该过程可以为粒子控制的社团划分边界。

9.2.2   转移矩阵的推导

在竞争过程中，每个粒子 $k \in \mathcal{K}$ 表现两种不同类型的游走规则：

- **随机游走**：可用矩阵 $\mathbf{P}_{\text{rand}}^{(k)}$ 来表示，允许粒子在整个网络上移动，而不考虑防御先前控制的节点。

- 优先游走：可用矩阵 $\mathbf{P}_{\text{pref}}^{(k)}$ 来表示，负责诱导粒子强化对先前占领节点的控制，有效地为粒子访问占领节点而非随机节点提供便利。

考虑随机向量 $p(t)=[p^{(1)}(t),p^{(2)}(t),\cdots,p^{(K)}(t)]$ 表示网络中 K 个粒子集合的位置，其第 k 项 $p^{(k)}(t)$ 表示为网络中的粒子 k 在时间 t 所处的位置，即 $p^{(k)}(t)\in\mathscr{V}$，$\forall k\in\mathscr{K}$。为了获得所有粒子的当前状态，我们引入随机向量 $S(t)=[S^{(1)}(t),\cdots,S^{(K)}(t)]$，其中第 k 项 $S^{(k)}(t)\in\{0,1\}$ 表示为粒子 k 在时间 t 处于活跃状态（$S^{(k)}(t)=0$）还是沉寂状态（$S^{(k)}(t)=1$）。当粒子处于活跃状态时，它执行随机-优先的组合游走；当粒子处于沉寂状态时，粒子将其游走策略切换到一个新的转移矩阵，表示为 $P_{\text{rean}}^{(k)}(t)$。该矩阵的作用是迫使粒子回到其已控制的节点，为使其获得能量，这一步骤称为复苏过程。当粒子获得足够的能量后，它将再次在网络中游走。至此，我们就可以定义一个转移矩阵，它控制着粒子游走到未来状态（$p(t+1)=[p^{(1)}(t+1),p^{(2)}(t+1),\cdots,p^{(K)}(t+1)]$）的概率分布，即：

$$\mathbf{P}_{\text{transition}}^{(k)}(t)\triangleq(1-S^{(k)}(t))[\lambda\mathbf{P}_{\text{pref}}^{(k)}(t)+(1-\lambda)\mathbf{P}_{\text{rand}}^{(k)}]+S^{(k)}(t)\mathbf{P}_{\text{rean}}^{(k)}(t) \quad (9.1)$$

其中，k 为粒子索引；$\lambda\in[0,1]$ 用于调节优先游走和随机游走的比例，较大的 λ 值更偏向于优先游走；$\mathbf{P}_{\text{transition}}^{(k)}(i,j,t)$ 表示粒子 k 在时刻 t 完成从节点 i 到节点 j 的转移。下面我们给出随机游走和优先游走矩阵。

对于每一对 $(i,j)\in\mathscr{V}\times\mathscr{V}$ 的随机游走矩阵表示为：

$$\mathbf{P}_{\text{rand}}^{(k)}(i,j)\triangleq\frac{\mathbf{A}_{ij}}{\sum_{u\in\mathscr{V}}\mathbf{A}_{iu}} \quad (9.2)$$

其中，$\mathbf{A}_{ij}$ 表示网络邻接矩阵 A 的第 (i,j) 项。随机游走矩阵意味着相邻节点 j 被节点 i 访问的概率与连接这两个节点的边的权重成正比。该矩阵与时间无关，且网络中每个粒子都相同，因此，上标 k 可以被省略。

为了推导优先转移矩阵 $P_{\text{pref}}^{(k)}(t)$，我们这里引入下面的随机向量：

$$\mathbf{N}_i(t)\triangleq[\mathbf{N}_i^{(1)}(t),\mathbf{N}_i^{(2)}(t),\cdots,\mathbf{N}_i^{(K)}(t)]^T \quad (9.3)$$

其中，$\dim(\mathbf{N}_i(t))=K\times 1$；$T$ 为转置运算符；$\mathbf{N}_i(t)$ 记录网络中每个粒子直到时刻 t 访问节点 i 的总次数。特别地，第 k 项 $\mathbf{N}_i^{(k)}(t)$ 表示粒子 k 直到时刻 t 访问节点 i 的次数。因此，网络中每个粒子访问所有节点次数的矩阵可以定义为：

$$\mathbf{N}(t)\triangleq[\mathbf{N}_1(t),\mathbf{N}_2(t),\cdots,\mathbf{N}_V(t)]^T \quad (9.4)$$

其中，$\dim(\mathbf{N}(t))=V\times K$。下面我们正式给出节点 i 的控制向量 $\overline{\mathbf{N}}_i(t)$：

$$\overline{\mathbf{N}}_i(t)\triangleq[\overline{\mathbf{N}}_i^{(1)}(t),\overline{\mathbf{N}}_i^{(2)}(t),\cdots,\overline{\mathbf{N}}_i^{(K)}(t)]^T \quad (9.5)$$

其中，$\dim(\overline{\mathbf{N}}_i(t))=K\times 1$；$\overline{\mathbf{N}}_i(t)$ 表示在时刻 t 网络中所有粒子访问节点 i 的相对频率。特别地，第 k 项 $\overline{\mathbf{N}}_i^{(k)}(t)$ 表示在时刻 t 粒子 k 访问节点 i 的相对频率。因此，所有节点

的控制矩阵定义为：

$$\bar{\mathbf{N}}(t) \triangleq \left[\bar{\mathbf{N}}_1(t), \bar{\mathbf{N}}_2(t), \cdots, \bar{\mathbf{N}}_V(t)\right]^T \tag{9.6}$$

其中，$\dim(\bar{\mathbf{N}}(t)) = V \times K$。算术上，$\bar{\mathbf{N}}_i(k)(t)$ 定义为：

$$\bar{\mathbf{N}}_i^{(k)}(t) \triangleq \frac{\mathbf{N}_i^{(k)}(t)}{\sum_{u \in \mathscr{K}} \mathbf{N}_i^{(u)}(t)} \tag{9.7}$$

基于以上内容，优先游走规则可以定义为：

$$\mathbf{P}_{\text{pref}}^{(k)}(i,j,t) \triangleq \frac{\mathbf{A}_{ij} \bar{\mathbf{N}}_j^{(k)}(t)}{\sum_{u \in \mathscr{V}} A_{iu} \bar{\mathbf{N}}_u^{(k)}(t)} \tag{9.8}$$

公式（9.8）表示在优先游走规则下，粒子 k 在时刻 t 从节点 i 到节点 j 的转移概率。可以看出，每个粒子都有与其优先游走相关的转移矩阵。此外，每个矩阵都是与时间有关的，其变化主要依赖于时刻 t 所有节点的控制矩阵 $\bar{\mathbf{N}}(t)$。由于粒子的优先游走规则直接取决于它们对特定节点的访问频率，当粒子对一个确定的节点进行的访问越多时，该粒子重复访问同一个节点的概率就越大。而且，如果粒子在节点上的控制能力得到加强，那么所有其他粒子在同一节点上的控制水平就会减弱。该特性发生在式（9.7）的归一化过程中：如果某个粒子的控制能力增加，其他粒子的控制能力必须下降，结果总和仍然为 1。

为方便理解，下面我们通过几个样本来进行说明。

例子 9.1 考虑图 9-2 网络中的两个粒子，分别为深灰色和浅灰色，以及 4 个节点。为便于说明，这里只描述了当前正在访问节点 1 的深灰色粒子的位置。本例子主要讨论控制向量在确定转移矩阵结果中起到的作用。图中也给出了各节点在时刻 t 的控制向量。节点的所属情况（节点的颜色）根据对该节点进行控制的最高能级的粒子来确定的。例如，对于节点 1，深灰色粒子赋予 60% 的控制权，而浅灰色粒子仅占 40%。我们的问题是求解深灰色粒子的转移矩阵，即式（9.1）。假设在时刻 t，深灰色粒子处于活跃状态，有 $S^{(\text{red})} = 0$。因此，式（9.1）中凸组合的第二项可以删除。基于式（9.2），可得深灰色粒子的随机游走矩阵：

$$\mathbf{P}_{\text{rand}}^{(\text{red})} = \begin{bmatrix} 0 & 1/3 & 1/3 & 1/3 \\ 1 & 0 & 0 & 0 \\ 1 & 0 & 0 & 0 \\ 1 & 0 & 0 & 0 \end{bmatrix} \tag{9.9}$$

以及 $t+1$ 时刻的优先游走矩阵：

$$\mathbf{P}_{\text{pref}}^{(\text{red})}(t+1) = \begin{bmatrix} 0 & 0.57 & 0.07 & 0.36 \\ 1 & 0 & 0 & 0 \\ 1 & 0 & 0 & 0 \\ 1 & 0 & 0 & 0 \end{bmatrix} \tag{9.10}$$

最后，当粒子处于活跃状态时（式（9.1）），根据随机和优先矩阵的加权组合，确定 $t+1$ 时刻深灰色粒子的转移矩阵。如果 $\lambda=0.8$，矩阵可写为：

$$\mathbf{P}_{\text{transition}}^{(\text{red})}(t+1) = 0.2 \begin{bmatrix} 0 & 1/3 & 1/3 & 1/3 \\ 1 & 0 & 0 & 0 \\ 1 & 0 & 0 & 0 \\ 1 & 0 & 0 & 0 \end{bmatrix} + 0.8 \begin{bmatrix} 0 & 0.57 & 0.07 & 0.36 \\ 1 & 0 & 0 & 0 \\ 1 & 0 & 0 & 0 \\ 1 & 0 & 0 & 0 \end{bmatrix}$$

$$= \begin{bmatrix} 0 & 0.52 & 0.12 & 0.36 \\ 1 & 0 & 0 & 0 \\ 1 & 0 & 0 & 0 \\ 1 & 0 & 0 & 0 \end{bmatrix} \tag{9.11}$$

因此，当前处于节点 1 的深灰色粒子访问节点 2 的概率（52%的概率）比其他粒子高。这种行为可以通过调整参数来控制。较大的 λ 值诱导粒子执行大范围的优先游走，即粒子以频繁的方式不断地访问它们所控制的节点；相反，较小的 λ 值给随机游走项提供了更大的权重，使得粒子类似于传统的马尔可夫游走，即 $\lambda \to 0^{[8]}$。在极端情况下，当 $\lambda=0$，竞争机制被删除，模型减少到多个非交互式随机游走。

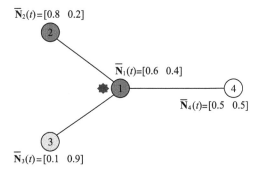

图 9-2   一种典型情况，即深灰色粒子当前位于节点 1，在下一次迭代中必须访问一个
         邻居。为了便于说明，图中给出了每个节点的控制向量，其中两项分别表示
         深灰色和浅灰色粒子的控制能力。本例含有深灰色和浅灰色两个粒子。另外，
         白色表示在时刻 t 没有被系统中任何粒子控制的节点

下面我们给出 $\mathbf{P}_{\mathrm{rean}}^{(k)}(t)$ 矩阵的定义，其作用是驱使一个沉寂的粒子 $k \in \mathscr{K}$ 回到其已控制的节点，目的是再一次获得能量（复苏过程）。假设粒子 k 是在能量完全耗尽时访问节点 i，此情况下，粒子必须回到其在时刻 t 已经控制的任意节点 j 上，有：

$$\mathbf{P}_{\mathrm{rean}}^{(k)}(i,j,t) \triangleq \frac{\mathbb{1}\left[\arg\max\limits_{m \in \mathscr{K}}(\bar{\mathbf{N}}_j^{(m)}(t)) = k\right]}{\sum_{u \in \mathscr{V}} \mathbb{1}\left[\arg\max\limits_{m \in \mathscr{K}}(\bar{\mathbf{N}}_u^{(m)}(t)) = k\right]} \tag{9.12}$$

其中，$\mathbb{1}_{[.]}$ 为指示函数，如果参数在逻辑上为真返回 1，否则为 0；运算符 $\arg\max\limits_{m \in \mathscr{K}}(.)$ 返回一个索引 M，其中 $\bar{\mathbf{N}}_u^{(M)}(t)$ 在所有的 $\bar{\mathbf{N}}_u^{(m)}(t)(m=1,2,\cdots,K)$ 中为最大值。注意到，当取粒子 k 所控制的节点子集时，式（9.12）趋向于均匀分布。对于所有的非控制节点，转移概率为 0。可以看出，转移概率与网络的拓扑结构无关。如果在时刻 t 没有节点被粒子 k 控制，则以随机方式把它放到网络中的任意节点（在整个网络上为均匀分布）。

例子 9.2　图 9-3 说明了粒子的复苏过程。由于深色粒子访问了多个非控制的节点，致使其能量耗尽。复苏是将其转移到一个由其控制的节点上，不考虑网络拓扑结构的影响。该过程有以下可能，即由于其领域将被相同的粒子控制，其能量有较高的概率在下一次迭代中被更新。

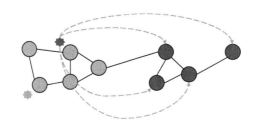

图 9-3　粒子的复苏过程示意图。深色粒子能量耗尽，被迫转移到其控制的节点上；转移概率在其控制节点上服从均匀分布

假设随机向量 $E(t) = [E^{(1)}(t), \cdots, E^{(K)}(t)]$ 表示为每个粒子所拥有的能量。特别地，其第 k 项 $E^{(k)}(t)$ 表示为在时刻 t 粒子 k 的能量水平。据此，能量更新规则可表示为：

$$E^{(k)}(t) = \begin{cases} \min(\omega_{\max}, E^{(k)}(t-1)+\Delta), & \mathrm{owner}(k,t) \\ \max(\omega_{\min}, E^{(k)}(t-1)-\Delta), & \neg\mathrm{owner}(k,t) \end{cases} \tag{9.13}$$

其中，参数 $\omega_{\min}$ 和 $\omega_{\max}$ 分别为粒子拥有的最小和最大能量水平，因此，$E^{(k)}(t) \in [\omega_{\min}, \omega_{\max}]$。$\mathrm{owner}(k,t)$ 定义为：

$$\mathrm{owner}(k,t) = \left(\arg\max\limits_{m \in \mathscr{K}}\left(\bar{\mathbf{N}}_{p^{(k)}(t)}^{(m)}(t)\right) = k\right) \tag{9.14}$$

上式是一个逻辑表达式，即粒子 k 在时刻 t 访问的节点被相同的粒子控制时返回为真，反之，返回为假；$\dim(E(t))=1\times K$；$\Delta>0$ 表示粒子在时刻 t 接收到的能量增加。式（9.13）中的第一项表示当粒子 k 访问它所控制的节点 $p^{(k)}(t)$ 时，粒子的能量增加，即 $\arg\max\limits_{m\in\mathbb{K}}(\overline{\mathbf{N}}^{(m)}_{p^{(k)}(t)}(t))=k$。类似地，式（9.13）中的第二项表示当粒子访问竞争对手控制的节点时，粒子的能量递减。因此，在这个模型中，如果粒子在竞争区域游走时，就会受到惩罚，以尽量减少网络中无目的的游走。

$S(t)$ 主要用于确定每个粒子在任一时刻 t 的游走策略，它实际上是一个指示函数，定义为：

$$S^{(k)}(t) = \mathbb{1}_{[E^{(k)}(t)=\omega_{\min}]} \tag{9.15}$$

其中，$\dim(S(t))=1\times K$。特别地，当 $E^{(k)}(t)=\omega_{\min}$ 时，$S^{(k)}(t)=1$；否则，$S^{(k)}(t)=0$。

下面，我们将用一些简单明了的例子来阐述上述概念。

例子 9.3 考虑图 9-4 中的网络。假设网络中有两个粒子——深灰色和浅灰色，它们分别位于节点 13 和节点 1。当两个粒子访问的节点隶属于竞争粒子时，它们的能级下降。在这种情况下，考虑到两个粒子在时刻 t 都达到了最小允许能量，即 $\omega_{\min}$。因此，依据公式（9.15），两个粒子处于沉寂状态，即 $S^{(\text{red})}(t)=1$，$S^{(\text{blue})}(t)=1$。同时，与每个粒子相关联的转移矩阵在公式（9.1）中只保留第二项。根据动力学机制，这些粒子将被转移到它们所控制的区域，以补充它们的能量，转移过程与网络拓扑结构无关。另外，该机制服从（9.12）式的分布。鉴于此，在时刻 t，深灰色粒子的转移矩阵为：

$$\mathbf{P}^{(\text{red})}_{\text{transition}}(i,j,t) = \frac{1}{7}, \forall i\in\mathscr{V}, j\in\{v_1,v_2,\cdots,v_7\} \tag{9.16}$$

$$\mathbf{P}^{(\text{red})}_{\text{transition}}(i,j,t) = 0, \forall i\in\mathscr{V}, j\in\mathscr{V}\setminus\{v_1,v_2,\cdots,v_7\} \tag{9.17}$$

以及浅灰色粒子的转移矩阵为：

$$\mathbf{P}^{(\text{blue})}_{\text{transition}}(i,j,t) = \frac{1}{6}, \forall i\in\mathscr{V}, j\in\{v_{10},v_{11},\cdots,v_{15}\} \tag{9.18}$$

$$\mathbf{P}^{(\text{blue})}_{\text{transition}}(i,j,t) = 0, \forall i\in\mathscr{V}, j\in\mathscr{V}\setminus\{v_{10},v_{11},\cdots,v_{15}\} \tag{9.19}$$

同样，我们可以验证沉寂粒子被转移的过程与网络拓扑结构无关。另外，具体到访问哪一个控制节点服从均匀分布，而且节点同样只接待控制它们的粒子。

从（9.1）式可以看出，每个粒子都有一个转移矩阵。为方便起见，把它们集合到一起，用 $\mathbf{P}_{\text{transition}}(t)$ 表示，表征随机向量 $p(t)$ 到 $p(t+1)$ 的转移过程，该矩阵在 9.3 节中将被证明是有用的。给定时刻 t 系统的状态，我们可以发现 $p^{(k)}(t+1)$ 和 $p^{(u)}(t+1)$ 对于每一对 $(k,u)\in\mathscr{K}\times|\mathscr{K}, k\neq u$ 都是独立的。另外一种看待这一事实的方法是，

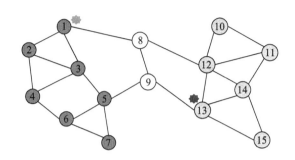

图9-4　一个典型的复苏过程示意图。图中有深灰色和浅灰色两个粒子，在时刻 t 分别位于节点 13 和 1。网络共有 15 个节点。当两个粒子访问的节点隶属于不同的竞争粒子时，它们的能级下降。该例子中，假设两个粒子的能级能降到最小值 ω_{min}。节点颜色表示在时刻 t 由高能级的粒子所控制。白色表示非控制节点

给定每个粒子的上一时刻位置，通过公式（9.1）可以发现，下一个粒子的位置只依赖于网络的拓扑结构（随机项）和前一步邻居节点的控制能力（优先项）。此时，$\mathbf{P}_{transition}(t)$ 可以写为：

$$\mathbf{P}_{transition}(t) = \mathbf{P}_{transition}^{(1)}(t) \bigotimes \cdots \bigotimes \mathbf{P}_{transition}^{(k)}(t) \qquad (9.20)$$

其中，$\bigotimes$ 为 Kronecker 张量积算子。按照此种方式，网络中所有粒子的转移矩阵均可以获得。

另外，当 $K \geqslant 2$ 时，$p(t)$ 是一个向量，我们不太可能再采用常规方式定义矩阵 $\mathbf{P}_{transition}(t)$ 的行 $p(t)$。鉴于此，需要定义一个可逆映射 $f: \mathcal{V}^K \mapsto \mathbb{N}$。函数 f 把输入向量映射为一个标量，它反映了输入向量中元组的自然次序。例如，$p(t) = [1, 1, \cdots, 1, 1]$（所有粒子在节点 1 上）表示初始状态；$p(t) = [1, 1, \cdots, 1, 2]$（除了最后一个粒子位于节点 2 以外，其他粒子都在节点 1 上）表示第二次更新状态；等等，直到更新为标量 V^K。因此，利用该映射，我们可以完全操控矩阵 $\mathbf{P}_{transition}(t)$。

备注 9.1　公式（9.2）中矩阵 $\mathbf{P}_{transition}(t)$ 的维数比较高，即 $V^K \times V^K$ 维。为节省计算空间，可以使用与每个粒子相关联的单个转移矩阵（因此，我们有 K 个矩阵的集合，如式（9.1）中，每一个矩阵的维数为 $V \times V$）来模拟粒子转移的动态变化。不失一般性，可以采用下面的方法：一旦 K 个矩阵集合的每一步转移完成，就可以使用新粒子的位置与随机向量的结合来确定粒子的定位 $p(t+1)$。利用该方法，实现矩阵的稀疏模式，矩阵计算的空间复杂度不超过 $\mathscr{O}(KV)$。

9.2.3　随机非线性动力系统的定义

首先，我们把上文所有提到的用于描述动力系统状态 $\mathbf{X}(t)$ 的动态变量放到一个矩阵内，即：

$$\mathbf{X}(t) = \begin{bmatrix} p(t) \\ \mathbf{N}(t) \\ E(t) \\ S(t) \end{bmatrix} \tag{9.21}$$

进而给出粒子竞争模型的动力系统：

$$\phi: \begin{cases} p^{(k)}(t+1) = j, j \sim \mathbf{P}_{\text{transition}}^{(k)}(t) \\ \mathbf{N}_i^{(k)}(t+1) = \mathbf{N}_i^{(k)}(t) + \mathbb{1}_{[p^{(k)}(t+1)=i]} \\ E^{(k)}(t+1) = \begin{cases} \min(\omega_{\max}, E^{(k)}(t)+\Delta), \text{owner}(k,t) \\ \max(\omega_{\min}, E^{(k)}(t)-\Delta), \neg\,\text{owner}(k,t) \end{cases} \\ S^{(k)}(t+1) = \mathbb{1}_{[E^{(k)}(t+1)=\omega_{\min}]} \end{cases} \tag{9.22}$$

上式系统 ϕ 的第一个方程说明的是节点 i 到邻点 j 的转移规则，其中节点 j 根据 (9.1) 式中的时变转移矩阵来确定。换句话说，可以按照转移矩阵 $\mathbf{P}_{\text{transition}}(t)$ 的分布情况产生随机数来获得 $p(t+1)$。第二个方程记录的是直到时间 t 节点 i 被粒子 k 访问的次数。第三个方程用于更新进入网络的所有粒子的能级。最后，第四个方程用于说明粒子的状态是活跃还是沉寂，这取决于其实际能级。另外，值得注意的是，系统 ϕ 是非线性的，这是由指示函数的非线性特征导致的。

上式也可以采用矩阵的形式表示：

$$\phi: \begin{cases} p(t+1) = \mathbf{f}_p(p(t)), \quad \mathbf{f}_p(p(t)) \sim \mathbf{P}_{\text{transition}}(t) \\ \mathbf{N}(t+1) = \mathbf{f}_{\mathbf{N}}(\mathbf{N}(t), p(t+1)) \\ E(t+1) = f_E(\mathbf{N}(t+1), p(t+1)) \\ S(t+1) = f_S(E(t+1)) \end{cases} \tag{9.23}$$

其中，$\mathbf{f}_p(.)$、$\mathbf{f}_{\mathbf{N}}(.)$、$f_E(.)$ 和 $f_S(.)$ 为随机矩阵函数，其参数由式 (9.22) 给定。该系统的一个重要特征是马尔可夫特性（见 9.1 节内容）。

接下来我们讨论如何确定动力系统状态 $\mathbf{X}(0)$ 的初始条件。首先，要明确粒子是随机进入网络的，即 $p(0)$ 的值为随机集合。粒子竞争方法有一个比较有趣的特性，即由于竞争的存在，粒子的初始位置不会影响社团检测或数据聚类结果。

根据下面的表达式来设定矩阵 $\mathbf{N}(0)$ 的初始值：

$$\mathbf{N}_i^{(k)}(0) = \begin{cases} 2, & \text{如果粒子 } k \text{ 在节点 } i \text{ 处产生} \\ 1, & \text{其他} \end{cases} \tag{9.24}$$

备注 9.2　对矩阵 $\mathbf{N}(0)$ 进行初始化可能显得笨拙，但是有其数学方面的原因。控制矩阵 $\bar{\mathbf{N}}(0)$ 是矩阵 $\mathbf{N}(0)$ 的行归一化形式。因此，如果同一行内的所有项都为零，则式 (9.8) 是没有意义的。为了克服这个问题，除最初生成粒子的项设为 2 以外，矩阵

$\mathbf{N}(0)$ 的所有其他项均被设为 1。此种方法为竞争机制提供了一致的初始状态。

由于粒子之间需要公平的竞争，所有粒子 $k \in \mathcal{K}$ 都以相同的能级开始：

$$E^{(k)}(0) = \omega_{\min} + \left(\frac{\omega_{\max} - \omega_{\min}}{K} \right) \tag{9.25}$$

最后，所有粒子在竞争过程开始时都是活跃状态，即：

$$S^{(k)}(0) = 0 \tag{9.26}$$

9.2.4 计算社团数目的方法

动力系统描述的粒子竞争算法产生了大量有用的信息。其中一些动态变量可以用来解决社团检测以外的其他问题。本节我们将利用文献［35］中的数据集来讨论检测社团数目的方法。因此，为评估这些方法，我们将用到一个称为平均最大控制水平的指标，主要用于监测竞争模型本身产生的信息。其数学表示如下：

$$\langle R(t) \rangle = \frac{1}{V} \sum_{u \in \mathcal{V}} \max_{m \in \mathcal{K}} (\bar{\mathbf{N}}_u^{(m)}(t)) \tag{9.27}$$

其中，$\bar{\mathbf{N}}_u^{(m)}(t)$ 表示粒子 m 在时刻 t 对节点 u 的控制水平（见式（9.7））；$\max\limits_{m \in \mathcal{K}} (\bar{\mathbf{N}}_u^{(m)}(t))$ 表示在时刻 t 作用于节点 u 上的最大控制水平。

其基本思路描述如下。对于一个拥有 K 个社团的网络，如果我们把 K 个粒子放入网络中，每个粒子将控制一个社团。因此，粒子不会干扰其他粒子的作用区域。因此，$\langle R(t) \rangle$ 取大值。极端情况下，当每个节点由一个单一粒子支配，$\langle R(t) \rangle$ 为 1。然而，如果在网络中放入的粒子数超过 K，一个以上的粒子共享一个社团将不可避免。因此，它们将在同一组节点内展开竞争。在这种情况下，一个粒子将降低其他粒子所施加的控制水平，反之亦然。结果，$\langle R(t) \rangle$ 取小值。相反，如果在网络中放入的粒子数不超过 K，一些粒子将试图控制多个社团。同样，$\langle R(t) \rangle$ 取小值。采用此种方法，通过计算每个 K 值时指标的最大值，可以有效地估计实际的社团或集群的数量。

事实证明，进入网络的最佳粒子数 K 正是它所拥有的真实社团的数目。该评估指标既可以用于估计实际的社团或集群的数量，也可用于估计粒子数目 K。有关最后一点内容将在 9.2.6 节做介绍，主要讨论粒子竞争模型中参数的敏感性。

9.2.5 重叠结构的检测方法

文献［36］提出了在给定的网络中检测重叠结构或节点的方法。为此，由粒子竞争产生的控制矩阵 $\bar{\mathbf{N}}(t)$ 将发挥重要作用。当任意粒子 k 在一个特定节点上施加的最大控制力比另一个粒子在同一节点上所施加的第二大控制力大得多时，可以认为，这个节点被粒子 k 强支配，其他粒子不再对该节点有影响。因此，这种节点出现重叠的可能性较小。相反，当这两个控制力相似时，可以认为所关注的节点具有重叠特性。综合考虑，此类特性可以用模型来表示。如果假设 $M_i(x,t)$ 表示在时刻 t 对节点 i 施加的第 x 大的控制力，则节点 i 的重叠度 $O_i(t)\in[0,1]$ 可以由下式给出：

$$O_i(t) = 1 - (M_i(1,t) - M_i(2,t)) \tag{9.28}$$

也就是说，重叠度 $O_i(t)$ 度量了网络中任意一对粒子对节点 i 施加的最大与次大控制力的差异。

9.2.6　参数敏感性分析

粒子竞争模型含有一组未知参数。特别是，计算中我们需要给定粒子数目(K)、优先游走的期望占比(λ)、每个粒子获得或失去的能量(Δ)以及停止因子(ε)。在本节，我们将讨论如何根据所要处理的数据集来设定这些参数。

9.2.6.1　参数 λ 的影响

参数 λ 用于平衡网络中所有粒子优先游走和随机游走的比例。我们知道，模型中的优先项与粒子的防御行为有关，而随机项与粒子的探索行为有关。如果给定较小的 λ 值，意味着偏重随机而非优先访问。随着 λ 值的增加，则倾向于强化已控制的节点而不是探索新的节点。这两个性质在社团检测中起着不同的作用，下面我们将讨论通过结合两者来提高社团检测任务的性能。

为了分析参数 λ 在学习过程中的作用，我们采用由 Lancichinatti 等人[21]提出的方法（见 6.2.4 节）来生成人工聚类网络。网络节点数目取 10000，网络平均度为 15。我们通过改变混合参数来评估网络中的社团检测率。

图 9-5a～d 描述了粒子竞争模型中社团检测与参数 λ 的关系。对于不同的 γ（幂律指数）和 β（社团大小分布指数），设定平衡参数 λ 的值为 0（完全随机游走）到 1（完全优先游走）。

从分析结果可以看出，粒子竞争算法的社团检测率对参数 λ 非常敏感。通过选择不同的 γ 和 β 值，可以发现以下规律：当 $\lambda=0$ 或 $\lambda=1$，粒子竞争模型不能产生令人满意的结果，其值分别对应完全随机游走和完全优先游走。结果表明这两项的混合可以显著地提高算法的性能，其中一个原因是因为随机和优先游走在社团检测过程中起着不同的作用：虽然随机扩大了社团边界，但优先则保证了社团的核心地位。通过调整参数 λ 实现了社团边界的扩展速度和保证控制节点子集的平衡。通过分析，当选择合适的 λ 值时，粒子竞争算法为社团边界的持续增长和防御提供了良好的平衡结果。

根据经验，当 $0.2\leqslant\lambda\leqslant0.8$ 时，该模型在网络中提供了良好的社团检测率。

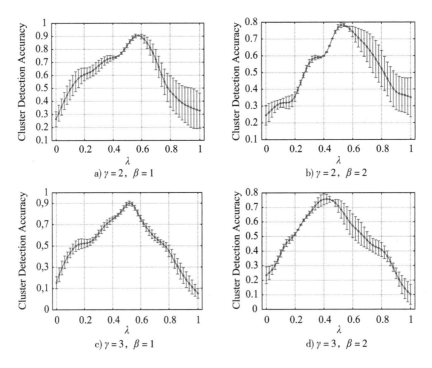

图 9-5 社团检测与参数 λ[36]。$\Delta=0.15$；考虑到峰值的出现，可以看出参数 λ 对整个
模型的性能是敏感的；模拟 30 次取平均值

9.2.6.2 参数 Δ 的影响

如式（9.13）描述的，参数 Δ 负责更新粒子的能级。我们采用上文提到的相同类型的人工聚类网络来分析。图 9-6a～d 给出了粒子竞争模型中与参数 Δ 相关的社团检测率。同样，可以发现竞争模型对参数 Δ 的极值表现不好。当 Δ 较小时，粒子不会受到足够的惩罚，因此它们的能量不会经常被耗尽。因此，粒子经常会访问属于竞争粒子的节点，有进入其他社团核心的可能。而且，网络中的所有节点都将处于不断的竞争之中，社团之间的边界无法建立和巩固。此时，该算法的性能表现较差。在另一个极端条件下，当 Δ 较大时，一旦粒子访问受其他粒子支配的节点时，它们的能量就会不断地耗尽，从而经常返回到它们的社团核心。此时，竞争模型对粒子的初始位置变得敏感。在 $t=0$ 时，一旦我们把粒子随机地放入网络中，它们在复苏过程将不会冒险远离自己的初始位置。因此，每当粒子在网络中的位置相对邻近时，社团检测率的结果就会很差。通过这种方式，粒子不可能从其他粒子那里夺取节点的所有权。我们把这种现象称为"硬标签"。

在图 9-6a～d 中，可以发现另外一个有趣的规律，即当 $0.1 \leqslant \Delta \leqslant 0.4$ 时，竞争模型对 Δ 的变化具有鲁棒性。

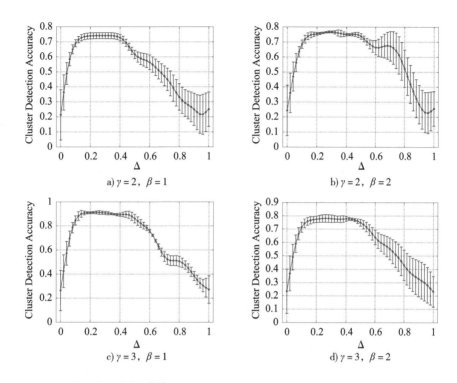

图 9-6　社团检测率与参数 Δ [36]。$\lambda=0.6$；在 $0.1\leqslant\Delta\leqslant0.4$ 区间时，竞争模型对 Δ 的变化不具敏感性；模拟 30 次取平均值

9.2.6.3　参数 K 的影响

参数 K 表示放入到网络中用于完成整个社团检测过程的粒子数目。与粒子竞争算法的所有其他参数相比，参数 K 是评价模型性能的最为敏感的参数。因此，在采用粒子竞争模型时，准确确定参数 K 的值是一个非常重要的问题。在粒子竞争过程中，每个粒子控制一个社团，用于估计网络中实际社团数量的一个启发式的方法就是计算适当的 K 值。也就是说，我们可以采用指数 $\langle R(t)\rangle$ 来估计粒子 K 的数量，并将其作为数据集中社团的个数。数学上，我们选择一个 K 的候选值 $K_{\text{candidate}}$ 来最大化指数 $\langle R(t)\rangle$，即 $\langle R(t)_{\max}\rangle$，有：

$$K = \{ K_{\text{candidate}} \in \mathbb{N} : \langle R(t)\rangle = \langle R(t)_{\max}\rangle \} \tag{9.29}$$

其中，$\langle R(t)_{\max}\rangle$ 为：

$$\langle R(t)_{\max}\rangle = \arg \max_{|\mathscr{K}| \in \mathbb{N}} \frac{1}{V} \sum_{u \in \mathscr{V}} \max_{m \in \mathscr{K}}(\bar{\mathbf{N}}_u^{(m)}(t))$$

$$\propto \arg \max_{|\mathscr{K}| \in \mathbb{N}} \sum_{u \in \mathscr{V}} \max_{m \in \mathscr{K}}(\bar{\mathbf{N}}_u^{(m)}(t)) \tag{9.30}$$

在计算方面，粒子竞争算法迭代过程中，参数 K 由 2 逐渐增加到一个小的正数，同时，当 $\langle R(t)_{\max}\rangle$ 出现时维持 K 的值不变。另外，计算中我们不需要尝试比较大的

K 值，因为社团的数量通常比数据样本的数量少得多。

9.2.7　收敛分析

在本节，我们给出了两种粒子竞争算法停止准则，它们都假定粒子竞争算法收敛。因为粒子竞争模型是一个可以无限进化的动力系统，因此停止准则将变得尤为重要。从本质上看，我们需要研究作为停止准则时$\langle R(t)\rangle$和$\big|\overline{\mathbf{N}}(t+1)-\overline{\mathbf{N}}(t)\big|_\infty$的特性。细节上，主要把它们的状态看作是时间的函数，并用经验分析得出动力系统的收敛性。

在本节的讨论中，我们使用了如图 9-7a-c 所示的综合数据集，图中包含两个社团，分别为圆形和正方形。图 9-7a 中，两个社团独立分布，无重叠或交叉部分；图 9-7b 中，两个社团部分重叠；图 9-7c 中，社团之间有大范围的重叠。对于后者，聚类是非常困难的，因为平滑性和集簇假设不成立。

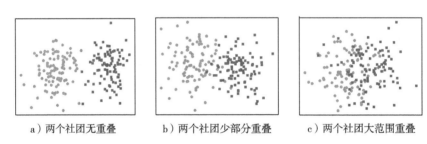

a）两个社团无重叠　　b）两个社团少部分重叠　　c）两个社团大范围重叠

图 9-7　包含两个社团的数据样本散点图[36]。利用两个均值和协方差不同的二维高斯分布构造的数据

下面我们重点分析 9.2.4 节中介绍的指数$\langle R(t)\rangle$在粒子竞争过程中随着时间的变化情况，模拟结果如图 9-8 所示。从图上看，两个重要的参数值得关注：（1）t_s，即模型到达稳定状态的时间；（2）稳定状态时测量区域的直径。注意，由于竞争总是发生，模型永远不会达到一个完美的稳定状态。更准确地说，由于粒子不断地访问网络中的节点，动态参数总是在准稳定态附近波动。这些波动是预料之中的，因为粒子随机游走特性的存在，导致粒子将访问它们不占优势的节点，如公式（9.1）中的第二项。这种行为在敌对粒子之间的节点控制上产生振荡。然而，如果网络中不存在随机游走，即只有优先游走，这些波动将消失，因为粒子的探索行为将不再存在。在这种情况下，粒子只具有防御类型的行为。另外，这两种游走行为（随机的和优先的）在竞争过程中都有其固定作用，去掉任意一种的过程将极大地影响社团检测或者聚类。因此，对于 λ 来说，有意义的值应取在 0 到 1 之间，而不是极值。

从图 9-8a～c 中可以看出，系统到达稳定状态的时刻（即图中的t_s）随着两个社团的重叠区域的增加而增大。此时，t_s 分别为 150、430、650。这是因为社团边界地区的竞争随着重叠范围的增加而变得更强，结果是，每个粒子的优势需要更长的时间才能建立。另外一个有趣的现象是 $\langle R(t) \rangle$ 约束区域的直径，其随着重叠范围的增加而增大。在这些模拟中，这些区域的直径分别是 0.06、0.07、0.08。

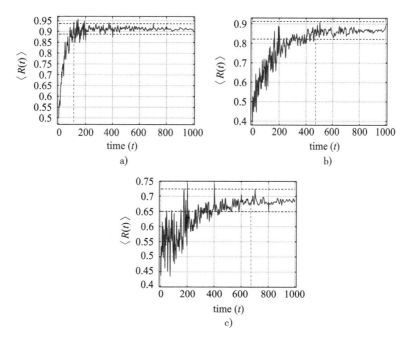

图 9-8　考虑 $\langle R(t) \rangle$ 的粒子竞争模型收敛分析[36]。模拟基于图 9-7 中的数据集

　　图 9-9 给出了 $|\overline{\mathbf{N}}(t+1) - \overline{\mathbf{N}}(t)|_{\infty}$ 随时间变化的动态过程。可以看出，随着时间的推移，$|\overline{\mathbf{N}}(t+1) - \overline{\mathbf{N}}(t)|_{\infty}$ 减小。因为每个粒子在任何给定的时间都必须访问至少一个节点，所以粒子的总访问次数总是在增加。在式（9.7）中，我们看到的总是分母增加的速度比分子快。因此，它给 $\overline{\mathbf{N}}(t)$ 提供了一个上限，据此，在迭代过程中，$|\overline{\mathbf{N}}(t+1) - \overline{\mathbf{N}}(t)|_{\infty}$ 趋向于减小。我们也可以通过理论计算进行验证，在 $t=1$ 时，粒子开始游走，$|\overline{\mathbf{N}}(t+1) - \overline{\mathbf{N}}(t)|_{\infty}$ 的最大变化由下式给出：

$$|\overline{\mathbf{N}}(1) - \overline{\mathbf{N}}(0)|_{\infty} \leqslant c\left(\frac{2}{V} - \frac{1}{V+1}\right) \tag{9.31}$$

其中，c 为正常数，其大小取决于竞争水平，反过来又与 λ 成正比。从 $t=0$ 到 $t=1$ 的最大变化量通过此上限来表示，而且当 $t=0$ 时，节点没有任何访问粒子，当 $t=1$ 时，该节点正好被一个粒子访问。将该方程推广到任意时刻 t，有：

$$|\overline{\mathbf{N}}(t+1) - \overline{\mathbf{N}}(t)|_{\infty} \leqslant c\left(\frac{t+2}{V+t} - \frac{t}{V+t+1}\right) \tag{9.32}$$

如前所述，对于任意 $t \leqslant \infty$，该模型在准平稳状态附近呈现上下波动，认为 $|\overline{\mathbf{N}}(t+1) - \overline{\mathbf{N}}(t)|_{\infty}$ 可以用作算法停止准则。

总之，我们发现粒子竞争算法最终没有收敛到一个固定点，但是系统的动态过程被限制在空间中的一个小的有限区域内。虽然从长远来看，社团已经发现，但粒子之间的竞争仍然发生。此时，粒子对于节点的控制能力不断变化，但随着时间的推移，由于访问次数在节点控制上的累积效应，变化的范围将减小。

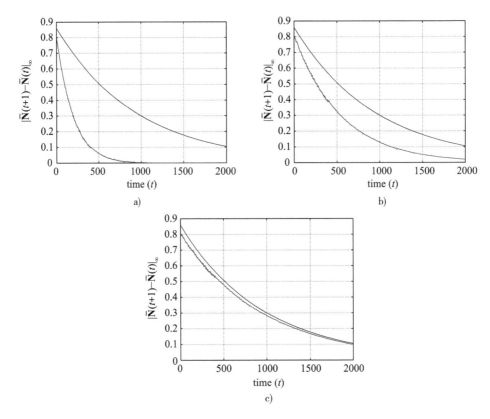

图 9-9　考虑 $|\bar{\mathbf{N}}(t+1)-\bar{\mathbf{N}}(t)|_{\infty}$ 的粒子竞争模型收敛分析[36]。模拟基于图 9-7 中的数据集；当 $c=K$ 时，理论解的上限用蓝色曲线表示

9.3　模型的理论分析

本节将对竞争系统进行理论分析。在特殊情况下，上文所提到的竞争系统会变为多个独立随机游走，文献［37］给出了一些分析结果，我们还将讨论一些新的观点。

9.3.1　数学分析

为了评估随机竞争学习模型的长时动力学特性，我们首先需要推导动力系统中不同状态之间的转移概率。假设系统 ϕ 的转移概率函数为 $P(\mathbf{X}(t+1)|\mathbf{X}(t))$，则系统状态的边缘概率可以用系统状态各组成部分的联合概率来表示，即 $P(\mathbf{X}(t))=\mathrm{P}(\mathbf{N}(t),$

$p(t),E(t),S(t)$。因此，转移概率函数可表示为：

$$P(\mathbf{X}(t+1) \mid \mathbf{X}(t))$$
$$= P(\mathbf{N}(t+1),p(t+1),E(t+1),S(t+1) \mid \mathbf{N}(t),p(t),E(t),S(t))$$
$$= P(S(t+1) \mid \mathbf{N}(t+1),p(t+1),E(t+1),\mathbf{N}(t),p(t),E(t),S(t))$$
$$\times P(\mathbf{N}(t+1),p(t+1),E(t+1) \mid \mathbf{N}(t),p(t),E(t),S(t))$$
$$= P_{S(t+1)} P(E(t+1) \mid \mathbf{N}(t+1),p(t+1),\mathbf{N}(t),p(t),E(t),S(t))$$
$$\times P(\mathbf{N}(t+1),p(t+1) \mid \mathbf{N}(t),p(t),E(t),S(t))$$
$$= P_{S(t+1)} P_{E(t+1)} P(\mathbf{N}(t+1) \mid p(t+1),\mathbf{N}(t),p(t),E(t),S(t))$$
$$\times P(p(t+1) \mid \mathbf{N}(t),p(t),E(t),S(t))$$
$$= P_{S(t+1)} P_{E(t+1)} P_{\mathbf{N}(t+1)} P_{p(t+1)} \tag{9.33}$$

其中，

$$P_{S(t+1)} = P(S(t+1) \mid \mathbf{N}(t+1),p(t+1),E(t+1),\mathbf{X}(t)) \tag{9.34}$$
$$P_{E(t+1)} = P(E(t+1) \mid \mathbf{N}(t+1),p(t+1),\mathbf{X}(t)) \tag{9.35}$$
$$P_{\mathbf{N}(t+1)} = P(\mathbf{N}(t+1) \mid p(t+1),\mathbf{X}(t)) \tag{9.36}$$
$$P_{p(t+1)} = P(p(t+1) \mid \mathbf{X}(t)) \tag{9.37}$$

接下来，我们将对式（9.34）至式（9.37）分别进行讨论。

9.3.1.1 $P_{p(t+1)}$

随机向量 $p(t+1)$ 直接由公式（9.20）中的 $\mathbf{P}_{\text{transition}}(t)$ 给出，反过来看，$\mathbf{P}_{\text{transition}}(t)$ 只需要通过 $p(t)$ 和 $\mathbf{N}(t)$ 获得（$\mathbf{X}(t)$ 为已知），那么下面的式子成立：

$$P_{p(t+1)} = P(p(t+1) \mid \mathbf{X}(t)) = \mathbf{P}_{\text{transition}}(\mathbf{N}(t),p(t)) \tag{9.38}$$

这里，我们利用 $\mathbf{P}_{\text{transition}}(\mathbf{N}(t),p(t))$ 来说明转移矩阵对于 $p(t)$ 和 $\mathbf{N}(t)$ 的依赖关系。

9.3.1.2 $P_{\mathbf{N}(t+1)}$

通过分析 $P_{\mathbf{N}(t+1)}=P(\mathbf{N}(t+1) \mid p(t+1),\mathbf{X}(t))$ 可以发现，除了先验状态 $\mathbf{X}(t)$ 之外，我们也知道随机向量 $p(t+1)$ 的值。因为 $p(t+1)$ 和 $\mathbf{N}(t)$ 是已知的，通过分析系统 ϕ 中第二个表达式给出的更新规则，也可以完全确定 $\mathbf{N}(t+1)$ 的值。因此，下面的等式成立：

$$P_{\mathbf{N}(t+1)} = P(\mathbf{N}(t+1) \mid p(t+1),\mathbf{X}(t))$$
$$= \mathbb{1}_{[\mathbf{N}(t+1)=\mathbf{N}(t)+\mathbf{Q}_{N(p(t+1))}]} \tag{9.39}$$

其中，$\mathbf{Q}_N(p(t+1))$ 为一个维度为 $V \times K$ 的矩阵，其大小依赖于 $p(t+1)$ 的值。$\mathbf{Q}_N(p(t+1))$ 的第 (i,k) 项由下式给出：

$$\mathbf{Q}_N(p(t+1))(i,k) = \mathbb{1}_{[p^{(k)}(t+1)=i]} \tag{9.40}$$

式（9.39）中指示函数的参数本质上是系统 ϕ 的第一个表达式，但这里是用矩阵来表示的。简言之，给定 $p(t+1)$ 和 $\mathbf{N}(t)$，如果 $\mathbf{N}(t+1)$ 的值是正确的，公式（9.39）所得的结果为 1，也就是说，它符合动力系统规则；否则，结果为 0。

9.3.1.3 $P_{E(t+1)}$

对于第三个因子 $P_{E(t+1)}$，我们已经知道先验状态 $\mathbf{X}(t)$ 以及 $p(t+1)$ 和 $\mathbf{N}(t+1)$。通过公式（9.7），我们可以从 $\mathbf{N}(t+1)$ 直接获得 $\overline{\mathbf{N}}(t+1)$ 的值，从概率上来讲，$\overline{\mathbf{N}}(t+1)$ 也是一个给定的值。鉴于此，结合公式（9.13），如果给定 $E(t)$、$p(t+1)$ 和 $\overline{\mathbf{N}}(t+1)$ 的信息，可以得到 $E(t+1)$ 的值。因此，$P_{E(t+1)}$ 的值可以被确定，与 $P_{\mathbf{N}(t+1)}$ 的计算类似，由下式得到：

$$P_{E(t+1)} = P(E(t+1) \mid \mathbf{N}(t+1), p(t+1), \mathbf{X}(t))$$

$$= \mathbb{1}_{[E(t+1) = E(t) + \Delta \times Q_E(p(t+1), \mathbf{N}(t+1))]} \tag{9.41}$$

其中，$Q_E(p(t+1), \mathbf{N}(t+1))$ 为维度为 $1 \times K$ 的随机向量，其大小依赖于 $\mathbf{N}(t+1)$ 和 $p(t+1)$ 的值。该矩阵的第 k 项由下式给出：

$$Q_E^{(k)}(p(t+1), \mathbf{N}(t+1)) = \mathbb{1}_{[\text{owner}(k,t+1)]} - \mathbb{1}_{[\neg\text{owner}(k,t+1)]} \tag{9.42}$$

注意到上式中指示函数的参数实际上是公式（9.13）的简洁形式。指示函数用来描述这一参数所具有的两种表现：粒子能量的增加或减少。假设粒子 k 正位于它所控制的节点，则公式（9.42）中的第一项有效，因此，$Q_E^{(k)}(p(t+1), \mathbf{N}(t+1)) = 1$；类似地，如果粒子 k 正位于其敌对粒子所控制的节点，则公式（9.42）中的第二项有效，即 $Q_E^{(k)}(p(t+1), \mathbf{N}(t+1)) = -1$。

9.3.1.4 $P_{S(t+1)}$

对于最后一个因子 $P_{S(t+1)}$，我们已经知道 $E(t+1)$、$\mathbf{N}(t+1)$、$p(t+1)$ 以及先验状态 $\mathbf{X}(t)$。通过对公式（9.15）进行分析，可以证明一旦知道 $E(t+1)$ 的值，$S(t+1)$ 的第 k 项可以计算得到。通过此方式，可以准确地得到 $P_{s(t+1)}$ 的值：

$$P_{S(t+1)} = P(S(t+1) \mid E(t+1), \mathbf{N}(t+1), p(t+1), \mathbf{X}(t))$$

$$= \mathbb{1}_{[S(t+1) = Q_S(E(t+1))]} \tag{9.43}$$

其中，$Q_S(E(t+1))$ 为 $1 \times K$ 维矩阵，其值依赖于 $E(t+1)$ 的值，其第 k 项可以通过下式计算得到：

$$Q_S^{(k)}(E(t+1)) = \mathbb{1}_{[E^{(k)}(t+1) = \omega_{\min}]} \tag{9.44}$$

9.3.1.5 转移概率函数

将式（9.38）、（9.39）、（9.41）和（9.43）代入式（9.33），我们能够得到竞争动力系统的转移概率函数，即：

$$P(\mathbf{X}(t+1) \mid \mathbf{X}(t)) = \mathbb{1}_{[\mathbf{N}(t+1) = \mathbf{N}(t) + Q_N(p(t+1))]}$$

$$\times \mathbb{1}_{[S(t+1) = Q_S(E(t+1))]}$$

$$\times \mathbb{1}_{[E(t+1) = E(t) + \Delta Q_E(p(t+1)), \mathbf{N}(t+1)]}$$

$$\times \mathbf{P}_{\text{transition}}(\mathbf{N}(t), p(t))$$

$$= \mathbb{1}_{[\text{Compliance}(t)]} \mathbf{P}_{\text{transition}}(\mathbf{N}(t), p(t)) \tag{9.45}$$

其中，Compliance(t)是一个逻辑表达式，即：

$$\text{Compliance}(t) = \left[\mathbf{N}(t+1) = \mathbf{N}(t) + \mathbf{Q}_N(p(t+1))\right]$$

$$\wedge \left[S(t+1) = Q_S(E(t+1))\right] \wedge \left[E(t+1)\right.$$

$$= E(t) + \Delta Q_E(p(t+1), \mathbf{N}(t+1))\right] \tag{9.46}$$

也就是说，Compliance(t)包含所有必须满足的规则，式（9.45）的指示函数结果才为
1。如果提供给式（9.45）的所有值都符合系统的动力学过程，则 Compliance(t)为真，
指示函数结果为 1；否则，如果有一个参数不满足系统（式（9.46））要求，则"逻辑
与"链的结果为假，Compliance(t)也为假，指示函数结果为 0，形成零值转移概率。

9.3.1.6 边缘分布 $P(\mathbf{N}(t))$

在上述章节中的转移概率基础上，现在我们将重点关注边缘分布 $P(\mathbf{N}(t))$。首先，
我们给出系统 ϕ 的马尔可夫特性的相关证明：

命题 9.1 $\{\mathbf{X}(t) : t \geq 0\}$ 为马尔可夫过程。

证明：我们试图证明系统 ϕ 的全部特征只与现在的状态有关，即它独立于过去的
所有状态。考虑到这一点，在给定状态轨迹完整历史的情况下，在时刻 $t+1$ 特定事件
X_{t+1} 的转移概率表达式，由下式给出：

$$P(\mathbf{X}(t+1) \in X_{t+1} \mid \mathbf{X}(t), \cdots, \mathbf{X}(0))$$

$$= P\left(p_{t+1} : \begin{bmatrix} f_N(\mathbf{N}(t), p_{t+1}) \\ f_E(\mathbf{N}(t+1), p_{t+1}) \\ f_S(E(t+1)) \end{bmatrix} \in X_{t+1} \mid \mathbf{X}(t), \cdots, \mathbf{X}(0) \right) \tag{9.47}$$

注意到，p_{t+1} 的计算结果只依赖于 $\mathbf{N}(t)$ 和 $p(t)$，则：

$$P\left(p_{t+1} : \begin{bmatrix} f_N(\mathbf{N}(t), p_{t+1}) \\ f_E(\mathbf{N}(t+1), p_{t+1}) \\ f_S(E(t+1)) \end{bmatrix} \in X_{t+1} \mid \mathbf{X}(t), \cdots, \mathbf{X}(0) \right)$$

$$= P\left(p_{t+1} : \begin{bmatrix} f_N(\mathbf{N}(t), p_{t+1}) \\ f_E(\mathbf{N}(t+1), p_{t+1}) \\ f_S(E(t+1)) \end{bmatrix} \in X_{t+1} \mid \mathbf{X}(t) \right)$$

$$= P(\mathbf{X}(t+1) \in X_{t+1} \mid \mathbf{X}(t)) \tag{9.48}$$

因此，根据式（9.48），认为 $\{\mathbf{X}(t) : t \geq 0\}$ 是一个马尔可夫过程，因为它只取决于
当前状态来决定下一个状态，与系统过去的历史情况是不相关的。   ■

分布 $P(\mathbf{N}(t))$ 的计算策略来源于系统状态的联合分布边缘化过程，即，$P(\mathbf{X}(0),$
$\cdots, \mathbf{X}(t))$。数学上，在联合分布 $P(\mathbf{X}(0), \cdots, \mathbf{X}(t))$ 上使用命题 1 的结论，有：

$$P(\mathbf{X}(0),\cdots,\mathbf{X}(t)) = P(\mathbf{X}(t) \mid \mathbf{X}(t-1))$$
$$\times P(\mathbf{X}(t-1) \mid \mathbf{X}(t-2))$$
$$\times \cdots \times P(\mathbf{X}(1) \mid \mathbf{X}(0)) P(\mathbf{X}(0)) \tag{9.49}$$

对公式（9.49）中的每一项采用控制系统 ϕ 的转移函数（公式（9.45），得到：

$$P(\mathbf{X}(0),\cdots,\mathbf{X}(t)) = P(\mathbf{X}(0)) \prod_{u=1}^{t-1} \big[\mathbb{1}_{[\text{Compliance}(u)]} \mathbf{P}_{\text{transition}}(\mathbf{N}(u), p(u)) \big] \tag{9.50}$$

其中，$P(\mathbf{X}(0)) = P(\mathbf{N}(0), p(0), E(0), S(0))$。但是，我们感兴趣的是边缘分布 $\mathbf{N}(t)(t \to \infty)$。我们可以计算式（9.50）的联合分布得到它，通过将随机变量的所有可能值相加，即 $\mathbf{N}(t-1),\cdots,\mathbf{N}(0), p(t),\cdots,p(0), E(t),\cdots,E(0), S(t),\cdots,S(0)$。对于任意时刻 t，需要考虑 $\mathbf{N}(t)$ 的极限，因为 $\mathbf{N}(t)$ 中每一项的取值范围为 $[1,\infty)$。通过分析，我们希望找到对于任意时刻 t 矩阵 $\mathbf{N}(t)$ 每一项的极值，这样可以保证超过这些极值的概率为 0。引理 9.1 将详细地说明。

引理 9.1 $\forall (i,k) \in \mathscr{V} \times \mathscr{K}, t \in \mathbb{N}, \mathbf{N}_i^{(k)}(t)$ 的最大值为

$$\mathbf{N}_{i_{\max}}^{(k)}(t) = \begin{cases} \left\lceil \dfrac{t+1}{2} \right\rceil + 1, & t \geqslant 0 \text{ 且 } a_{ii} = 0 \\ t+2, & t \geqslant 0 \text{ 且 } a_{ii} > 0 \end{cases} \tag{9.51}$$

证明：该证明是基于粒子的轨迹使 $\mathbf{N}_i^{(k)}(t)$ 以最快速度增加的过程。在这种情况下，我们假设粒子 k 是在节点 i 上产生的；否则，根据公式（9.24）的第二个表达式其永远达不到最大的理论值。为了清楚起见，考虑两个具体例子，如图 9-10 所示。

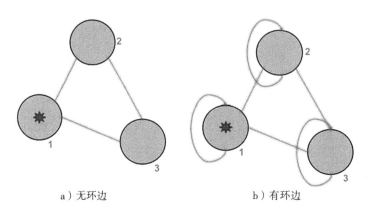

a）无环边 b）有环边

图 9-10 给定时刻 t，为得到 $\mathbf{N}(t)$ 中最大值而构造的任意网络

对于第一个例子，$\forall i \in \mathscr{V}: a_{ii} = 0$。假设粒子 k 在 $t=0$ 时刻从节点 i 开始游走。当粒子 k 访问节点 i 的邻居并立即返回节点 i 时，增加 $\mathbf{N}_i^{(k)}(t)$ 的最快方式就会产生。重复该过程直到时刻 t，$\mathbf{N}_i^{(k)}(t)$ 则变为式（9.51）中的第一个式子。

对于第二个例子，$\exists i \in \mathscr{V}: a_{ii} > 0$。假设粒子 k 在 $t=0$ 时刻从节点 i 开始游走。

很明显，整个游走过程中，当粒子 k 总是穿过环边时，会出现增加 $\mathbf{N}_i^{(k)}(t)$ 的最快方式。此时，$\mathbf{N}_i^{(k)}(t)$ 能达到的最大值由式（9.51）中的第二个式子给出。依据公式（9.24）中的第二个表达式，"+2" 的出现是因为粒子最初处于节点 i。 ■

接下来，我们分析随机向量 $E(t)$ 的性质。$E(t)$ 的第 k 项上限总是 $\omega_{\max}$，所以，如果 $\omega_{\max} < \infty$，则上限有确切意义。然而，该项不接受 $\omega_{\min}$ 和 $\omega_{\max}$ 之间的整数值。引理 9.2 提供了该区间内 $E(t)$ 所有的可能取值。

引理 9.2　$\forall k \in \mathscr{K}$，$t \in \mathbb{N}$，$E^{(k)}(t)$ 的值域为：

$$\mathscr{D}_E \triangleq \left\{ \omega_{\min} + \frac{\omega_{\max} - \omega_{\min}}{K} + n\Delta, n = \{-\lfloor n_i \rfloor, \cdots, \lfloor n_m \rfloor\} \right\}$$

$$\bigcup \left\{ \omega_{\min} + n\Delta, n = \left\{1, 2, \cdots, \left\lfloor \frac{\omega_{\max} - \omega_{\min}}{\Delta} \right\rfloor \right\} \right\}$$

$$\bigcup \left\{ \omega_{\max} - n\Delta, n = \left\{1, 2, \cdots, \left\lfloor \frac{\omega_{\max} - \omega_{\min}}{\Delta} \right\rfloor \right\} \right\} \tag{9.52}$$

其中，$n_i = \dfrac{\omega_{\max} - \omega_{\min}}{K\Delta} \geqslant 0$，且 $n_m = \dfrac{\omega_{\max} - \omega_{\min}}{\Delta} \left(1 - \dfrac{1}{K}\right) \geqslant 0$。

证明：该证明过程可以分为三个部分。第一部分用于为 $E^{(k)}(0)$ 提供与 Δ 倍数相关的所有值（见式（9.25））。当 $n = n_i$ 时，获得最小值，即：

$$n_i = \frac{\left(\omega_{\min} + \dfrac{\omega_{\max} - \omega_{\min}}{K}\right) - \omega_{\min}}{\Delta} = \frac{\omega_{\max} - \omega_{\min}}{K\Delta} \tag{9.53}$$

当 $n = n_m$ 时，获得最大值，即：

$$n_m = \frac{\omega_{\max} - \left(\omega_{\min} + \dfrac{\omega_{\max} - \omega_{\min}}{K}\right)}{\Delta} = \frac{\omega_{\max} - \omega_{\min}}{\Delta} \left(1 - \frac{1}{K}\right) \tag{9.54}$$

一段时间后，粒子 k 可能获得这两种极端情况能量值之一，即 $\omega_{\min}$ 和 $\omega_{\max}$。考虑到式（9.13）中的运算符 $\max(.)$，有必要给出与这两个偏移量有关的 Δ 的多个数值。当偏移量分别取 $\omega_{\min}$ 和 $\omega_{\max}$ 时，第二和第三部分正好满足这一点。一旦粒子进入这些集合中的一个，它就永远不会离开它们。因此，所有值都已被正确映射。 ■

最后，$S(t)$ 的任意项的上限为 1，因为它是一个布尔值变量。由于 $P(\mathbf{X}(0), \cdots, \mathbf{X}(t)) = P(\mathbf{N}(0), p(0), E(0), S(0), \cdots, \mathbf{N}(t), p(t), E(t), S(t))$，则关于 $\mathbf{N}(t)$ 的联合分布有：

$$P(\mathbf{N}(t)) = \sum_{\sim \mathbf{N}(t)} P(\mathbf{X}(0), \cdots, \mathbf{X}(t)) \tag{9.55}$$

其中，$\sim \mathbf{N}(t)$ 意思是，除了 $\mathbf{X}(t) = [\mathbf{N}(t), p(t), E(t), S(t)]^T$ 中的 $\mathbf{N}(t)$ 外，对 $\mathbf{X}(0), \cdots, \mathbf{X}(t)$ 所有可能的值求和。在公式（9.55）中应用公式（9.50），我们能得到 $P(\mathbf{N}(t))$，如下：

$$P(\mathbf{N}(t)) = \sum_{\sim \mathbf{N}(t)} \left\{ P(\mathbf{X}(0)) \prod_{u=1}^{t-1} \left[\mathbb{1}_{[\text{Compliance}(u)]} \mathbf{P}_{\text{trans}}(\mathbf{N}(u), p(u)) \right] \right\} \qquad (9.56)$$

利用引理 9.1 和 9.2 展开公式（9.56），得：

$$P(\mathbf{N}(t)) = \sum_{p^{(1)}(0) \in \mathscr{V}} \sum_{p^{(2)}(0) \in \mathscr{V}} \cdots \sum_{p^{(K)}(0) \in \mathscr{V}} \cdots \sum_{p^{(K)}(t) \in \mathscr{V}}$$

$$\times \sum_{N_1^{(1)}(0)=1}^{N_{1\,\text{max}}^{(1)}(0)} \sum_{N_1^{(2)}(0)=1}^{N_{1\,\text{max}}^{(2)}(0)} \cdots \sum_{N_V^{(K)}(0)=1}^{N_{V\,\text{max}}^{(K)}(0)} \cdots \sum_{N_V^{(K)}(t-1)=1}^{N_{V\,\text{max}}^{(K)}(t-1)}$$

$$\times \sum_{E^{(1)}(0) \in \mathscr{D}_{\text{E}}} \sum_{E^{(2)}(0) \in \mathscr{D}_{\text{E}}} \cdots \sum_{E^{(K)}(0) \in \mathscr{D}_{\text{E}}} \cdots \sum_{E^{(K)}(t) \in \mathscr{D}_{\text{E}}}$$

$$\times \sum_{S^{(1)}(0)=0}^{1} \sum_{S^{(2)}(0)=0}^{1} \cdots \sum_{S^{(K)}(0)=0}^{1} \cdots \sum_{S^{(K)}(t)=0}^{1}$$

$$\left\{ P(\mathbf{X}(0)) \prod_{u=1}^{t-1} \left[\mathbb{1}_{[\text{Compliance}(u)]} \mathbf{P}_{\text{trans}}(\mathbf{N}(u), p(u)) \right] \right\} \qquad (9.57)$$

公式（9.57）中首行求和符号的意思是传导 $p(0), \cdots, p(t)$ 所有可能的值。第二行求和符号的意思是传导 $\mathbf{N}(0), \cdots, \mathbf{N}(t-1)$ 所有可能的取值，其中上限是通过引理 9.1 给定的。第三行对 $E(0), \cdots, E(t)$ 所有可能的值求和，其中它利用了引理 9.2 的集合 $\mathscr{D}_{\text{E}}$。最后一行对 $S(0), \cdots, S(t)$ 所有值求和。

备注 9.3　这一理论分析增加了一个有趣的特性，即粒子竞争模型也可以接受围绕初始状态的不确定性，即 $P(\mathbf{X}(0)) = P(\mathbf{N}(0), p(0), E(0), S(0))$。换句话说，粒子的初始位置可以被概念化为一个真正的分布函数。

9.3.1.7　控制矩阵的分布

控制矩阵 $\overline{\mathbf{N}}(t)$ 的分布为分组节点所需的基本信息。首先，$\mathbf{N}(t)$ 的正整数倍数组成相同的 $\overline{\mathbf{N}}(t)$，因此，$\mathbf{N}(t) \rightarrow \overline{\mathbf{N}}(t)$ 的映射非单映射，不是可逆的。下面我们通过一个例子来说明此问题。

例子 9.4　考虑一个含有三个粒子和两个节点的网络。在时刻 t，对于 $\mathbf{N}(t)$，假设随机过程能够产生两个不同的状态，即：

$$\mathbf{N}(t) = \begin{bmatrix} 1 & 1 & 1 \\ 1 & 2 & 3 \end{bmatrix} \quad \mathbf{N}'(t) = \begin{bmatrix} 2 & 2 & 2 \\ 2 & 4 & 6 \end{bmatrix} \qquad (9.58)$$

将（9.58）应用到公式（9.7）可以发现上述两种状态产生相同的 $\overline{\mathbf{N}}(t)$，即：

$$\overline{\mathbf{N}}(t) = \begin{bmatrix} 1/3 & 1/3 & 1/3 \\ 1/6 & 1/3 & 1/2 \end{bmatrix} \qquad (9.59)$$

鉴于此，$\mathbf{N}(t) \rightarrow \overline{\mathbf{N}}(t)$ 的映射不能是单映射，也不能是可逆的。

在进一步推导如何从 $\mathbf{N}(t)$ 中计算 $\overline{\mathbf{N}}(t)$ 之前。让我们提出一些有用的辅助结果。

定理 9.3　对于任意时刻 t，$\forall(i,k)\in\mathscr{V}\times\mathscr{K}$，以下式子成立：

(a) $\overline{\mathbf{N}}_i^{(k)}(t)$ 的最小值为：

$$\overline{\mathbf{N}}_{i_{\min}}^{(k)}(t) = \frac{1}{1+\sum_{u\in\mathscr{K}\setminus\{k\}}\mathbf{N}_{i_{\max}}^{(u)}(t)} \tag{9.60}$$

(b) $\overline{\mathbf{N}}_i^{(k)}(t)$ 的最大值为：

$$\overline{\mathbf{N}}_{i_{\max}}^{(k)}(t) = \frac{\mathbf{N}_{i_{\max}}^{(k)}(t)}{\overline{\mathbf{N}}_{i_{\max}}^{(k)}(t)+(K-1)} \tag{9.61}$$

证明：(a) 根据式（9.7），如果满足以下三个条件，则得到最小值：(i) 粒子 k 最初不在节点 i 生成；(ii) 粒子 k 从不访问节点 i；(iii) 所有的其他 $K-1$ 个粒子 $u\in\mathscr{K}\setminus\{k\}$ 以最快的方式访问节点 i，即它们按照定理 9.1 所给定的路径游走。按照此种方式，节点 i 被其他粒子访问 $\sum_{u\in\mathscr{K}\setminus\{k\}}\mathbf{N}_{i_{\max}}^{(u)}(t)$ 次。然而，对于式（9.24）第二个表达式中 $\mathbf{N}(0)$ 的初始条件，我们必须在节点 i 的总访问次数上加 1。因此，总的访问次数为 $1+\sum_{u\in\mathscr{K}\setminus\{k\}}\mathbf{N}_{i_{\max}}^{(u)}(t)$。考虑到此种情况，把式（9.7）代入此式，得到式（9.60）。

(b) 如果满足以下三个条件，则得到最大值：(i) 粒子 k 最初在节点 i 生成；(ii) 粒子 k 以最快的方式访问节点 i；(iii) 所有的其他粒子 $u\in\mathscr{K}\setminus\{k\}$ 从不访问节点 i。此时，节点 i 共计有 $\overline{\mathbf{N}}_{i_{\max}}^{(k)}(t)+(K-1)$ 次访问，其中第二项为 $\mathbf{N}(0)$ 的初始化值，如式（9.24）中的第二项。据此，与式（9.7）结合，得到式（9.61）。　■

备注 9.4　如果网络中无环边，则式（9.60）变为：

$$\overline{\mathbf{N}}_{i_{\min}}^{(k)}(t) = \frac{1}{1+(K-1)\mathbf{N}_{i_{\max}}^{(k)}(t)} \tag{9.62}$$

引理 9.4　将 num/den 表示为任意不可约分数。对于给定的时刻 t，$\forall(i,k)\in\mathscr{V}\times\mathscr{K}$，集合 $\mathscr{I}_t$ 内存在 $\overline{\mathbf{N}}_i^{(k)}(t)$ 的所有值。集合 $\mathscr{I}_t$ 的元素由满足以下约束的元素组成：

(a) 最小值由式（9.60）中的表达式给定。

(b) 最大值由式（9.61）中的表达式给定。

(c) 由 (a) 和 (b) 给定区间内的不可约分数，有：

　　Ⅰ. num, den$\in\mathbb{N}^*$

　　Ⅱ. num$\leqslant\mathbf{N}_{i_{\max}}^{(k)}(t)$

　　Ⅲ. den$\leqslant\sum_{u\in\mathscr{K}}\mathbf{N}_{i_{\max}}^{(u)}(t)$

证明：（a）和（b）来源于引理 9.3；对于（c），首先，我们知道 $\mathbf{N}_i^{(k)}(t)$ 只能取整数。根据式（9.7），$\overline{\mathbf{N}}_i^{(k)}(t)=$num/den 为整数的比率，则 num 和 den 必须是整数，命题 I 成立。另外，num 记录的是单个粒子完成访问的次数，它的上界由引理 9.1 中的 $\mathbf{N}_{i_{\max}}^{(k)}(t)$ 给定，因此，命题 II 成立。同样，对于同一表达式，den 记录所有粒子完成访问的次数，证明命题 III 成立。   ■

该集合 $\mathscr{I}_t$ 的另一个有趣特性将在下面的引理中讨论。

引理 9.5　给定时刻 $t \leqslant \infty$，引理 9.4 中所表示的集合 $\mathscr{I}_t$ 总是有限的。

证明：为了证明这个引理，需要证明引理 9.4 中所有的集合都是有限的。

（a）和（b）都是标量，因此，它们是有限集。（c）中命题 I 表示分子和分母的下限。命题 II 和 III 分别揭示了分子和分母的上限。此外，从命题 I 可以推断由上限和下限构成的区间是离散的。因此，从这两个极限可以得到的不可约分数是有限的。

对于任意时刻 t，所有的子集都是有限的，由于集合 $\mathscr{I}_t$ 是所有这些子集的并，因此它对于任意 t 也是有限的。   ■

引理 9.4 通过集合 $\mathscr{I}_t$ 的定义提供了 $\overline{\mathbf{N}}(t)$ 的参考值。这里，我们简单地将此概念推广到 $V \times K$ 维矩阵 $\overline{\mathbf{N}}(t)$ 的空间，此时，矩阵中的每一项为集合 $\mathscr{I}_t$ 的元素，即：

$$\mathscr{M}_t \triangleq \{\overline{\mathbf{N}} : \overline{\mathbf{N}}_i^{(k)}(t) \in , \mathscr{I}_t, \forall (i,k) \in \mathscr{V} \times \mathscr{K}\} \tag{9.63}$$

基于以上讨论，我们现在可以提出一种确定 $\overline{\mathbf{N}}(t)$ 分布的简洁方法。按照上述假设，$P(\overline{\mathbf{N}}(t))$ 可以通过对 $u\mathbf{N}(t), u \in \{1, \cdots, t\}$ 所有倍数的值求和计算得到，有 $f(u\mathbf{N}(t)) = \overline{\mathbf{N}}(t)$，其中 f 为式（9.7）中定义的归一化函数。因此，有：

$$P(\overline{\mathbf{N}}(t) = \mathbf{U} : \mathbf{U} \in \mathscr{M}_t) = \sum_{u=1}^{t} P(f(u\mathbf{N}(t)) = \mathbf{U}) \tag{9.64}$$

其中，求和的上限由保守的方法得到。事实上，$\mathbf{N}_i^{(k)}(t) > \mathbf{N}_{i_{\max}}^{(k)}(t)$ 发生的概率为零。

随着时间 t 的推移，$P(\overline{\mathbf{N}}(t))$ 为节点分组提供了足够多的信息。在这种情况下，它们被相应地分配给施加最高控制级别的粒子。由于控制级别是连续的随机变量，该模型的输出结果是模糊的。

9.3.2　粒子竞争模型与传统的多粒子随机游走

多粒子随机游走在动力系统的建模中有广泛应用[8]。在这些系统中，粒子之间不能相互通信。事实上，多粒子随机游走模型可以理解为多个独立粒子随机游游走的结合。而我们在本章中讨论的粒子竞争模型允许不同粒子之间的通信。通信过程通过控制矩阵来表达，该矩阵对每个节点从网络中接收到的粒子访问进行编码记录。之所以会出现这种情况，是因为访问的比例是通过一种归一化过程计算出来的，该归一化过程有效地将所有粒子的游走动力学相互纠缠在一起。[⊖]

当 $\lambda=0$ 及 $\Delta=0$ 时，粒子之间的相互作用或通信过程可以被暂停。这相当于说，本章研究的粒子竞争模型是传统的多粒子随机游走动力系统的推广。当 $\lambda>0$ 时，竞争机制起作用，随机和优先结合的游走过程产生。在这种情况下，能量补充过程取决于 Δ 的选择。

下面我们将证明，当 $\lambda=0$ 及 $\Delta=0$ 的条件满足时，粒子竞争模型与多粒子随机游走产生一样的动力学过程。

命题 9.2　如果满足 $\lambda=0$ 及 $\Delta=0$，系统 ϕ 转变为多粒子随机游走过程。

证明：首先，当 $\lambda=0$ 时，转移矩阵记录优先游走过程的部分 $\mathbf{P}_{\text{pref}}(t)$ 被移除。事实上，当 $\lambda=0$ 时，$\mathbf{N}(t)$ 与 $p(t)$ 之间的耦合关系不再存在，因为 $\mathbf{P}_{\text{pref}}(t)$（起耦合作用）的计算步可以被忽略。另外，如果 $\Delta=0$，粒子永远不会沉寂。鉴于这些特点，动力系统 ϕ 很容易用传统的马尔可夫过程来描述，即：

$$p(t+1) = p(t)\mathbf{P}_{\text{transition}} \tag{9.65}$$

其中，$\mathbf{P}_{\text{transition}}=\mathbf{P}_{\text{rand}}\otimes\mathbf{P}_{\text{rand}}\otimes\cdots\otimes\mathbf{P}_{\text{rand}}$，$p(t)$ 为一个包含所有粒子状态的向量。另外，系统 ϕ 生成的 $\mathbf{N}(t)$ 与定义（2.68）介绍的马尔可夫链势能矩阵所产生的完全一致，这可以证明粒子之间的独立性特征。换句话说，$\mathbf{N}(t)$ 可以通过随机过程 $\{p(t):t\geqslant 0\}$ 计算得到。

通过计算 $\mathbf{N}(0)$，我们可以近似描述 $\mathbf{N}(t)$，只要将矩阵方程 $\mathbf{N}(t+1)=\mathbf{N}(t)+Q$ 进行迭代。其中，Q 由式（9.40）给出。因此，有：

$$\mathbf{N}(t) = \begin{bmatrix} 1 & \cdots & 1 \\ 1 & \cdots & 1 \\ \vdots & & \vdots \\ 1 & \cdots & 1 \end{bmatrix} + \sum_{i=1}^{t} \begin{bmatrix} \mathbb{1}_{[p^{(1)}(i)=1]} & \cdots & \mathbb{1}_{[p^{(K)}(i)=1]} \\ \mathbb{1}_{[p^{(1)}(i)=2]} & \cdots & \mathbb{1}_{[p^{(K)}(i)=2]} \\ \vdots & & \vdots \\ \mathbb{1}_{[p^{(1)}(i)=V]} & \cdots & \mathbb{1}_{[p^{(K)}(i)=V]} \end{bmatrix} \tag{9.66}$$

由于此过程是随机的，在给定粒子初始位置 $p(0)$ 的情况下，很容易获得访问次数 $\mathbf{N}(t)$ 的期望值。另外，$\mathbb{E}[\mathbb{1}_{[A]}]=P(A)$，则有：

$$\mathbb{E}[\mathbf{N}(t) \mid p(0)] = \begin{bmatrix} 1 & \cdots & 1 \\ 1 & \cdots & 1 \\ \vdots & & \vdots \\ 1 & \cdots & 1 \end{bmatrix} + \sum_{i=0}^{t} \begin{bmatrix} \mathbf{P}^i(p_1(0),1) & \cdots & \mathbf{P}^i(p_K(0),1) \\ \mathbf{P}^i(p_1(0),2) & \cdots & \mathbf{P}^i(p_K(0),2) \\ \vdots & & \vdots \\ \mathbf{P}^i(p_1(0),V) & \cdots & \mathbf{P}^i(p_K(0),V) \end{bmatrix} \tag{9.67}$$

⊖　回想一下在式（9.7）中对控制矩阵的每一项的评估。

其中，$\mathbf{P}^i\,(p_j(0),1)$ 表示 $\mathbf{P}^i_{\text{transition}}$ 次幂的第 $(p_j(0),1)$ 项。另外，在马尔可夫链中，截断势能矩阵[8] 表示为：

$$R_t(v,k) \triangleq \sum_{i=0}^{t} \mathbf{P}^i_{\text{transition}}(v,k) \tag{9.68}$$

通过式 (9.68)，式 (9.67) 的矩阵方程的每一项可以写成：

$$\mathbb{E}[\mathbf{N}_i^{(j)}(t)\,|\,p(0)] = 1 + R_t(p_j(0),i) \tag{9.69}$$

从式 (6.69) 可以推断，依照马尔可夫链理论，每一个粒子都将执行一个独立的随机游走行为。因此，我们可以得出这样的结论，即当 $\lambda=0$ 且 $\Delta=0$ 时，系统 ϕ 的所有状态服从传统的马尔可夫链过程。　■

命题 9.2　认为当 $\lambda=0$ 且 $\Delta=0$ 时，系统 ϕ 转变为多粒子随机游走过程，即可以认为参与者之间存在盲目竞争；另外，当 $0<\lambda\leqslant1$ 时，参与者的游走方向确定。要注意的是，不管是何种情况，粒子的恢复过程仍取决于 Δ 的选择。

9.3.3　样本分析

为了便于理解，下面我们将通过一个例子来说明上述的理论结果。计算中，迭代过程限制为一次，即从 $t=0$ 到 $t=1$。该例子为一个包含 3 个节点的规则网络，如图 9-10a 所示，并且假设有两个粒子进入网络，即 $\mathscr{K}=\{1,2\}$。假设粒子 1 和 2 分别在在节点 1 和 2 产生，即在 $t=0$ 时我们确切知道粒子的初始位置。

$$P(\mathbf{X}(0)) = P\left(\mathbf{N}(0) = \begin{bmatrix} 2 & 1 \\ 1 & 2 \\ 1 & 1 \end{bmatrix}, p(0) = \begin{bmatrix} 1 & 2 \end{bmatrix}, E(0), S(0)\right) = 1 \tag{9.70}$$

依据上式，我们百分百确定粒子 1 和 2 分别产生于节点 1 和 2。$\mathbf{N}(0), E(0)$ 和 $S(0)$ 分别应满足式 (9.24)、(9.25) 和 (9.26)，否则，依据式 (9.45)，概率应该为 0。值得注意的是，竞争模型接受了粒子初始位置的不确定性，这样我们就可以确定每个粒子在不同位置产生的概率。该性质在文献 [32] 中没有涉及，它要求每个粒子都应有一个固定位置。

从图 9-10a 可以获得网络的邻接矩阵 $\mathbf{A}$，以及单个粒子随机游走的转移矩阵。我们已经知道，对于所有粒子来说随机矩阵都是一样的。因此，将式 (9.2) 代入 $\mathbf{A}$，有：

$$\mathbf{P}_{\text{rand}} = \begin{bmatrix} 0 & 0.50 & 0.50 \\ 0.50 & 0 & 0.50 \\ 0.50 & 0.50 & 0 \end{bmatrix} \tag{9.71}$$

给定 $\mathbf{N}(0)$，依照公式 (9.7) 计算得到 $\bar{\mathbf{N}}(0)$，即：

$$\bar{\mathbf{N}}(0) = \begin{bmatrix} 0.67 & 0.33 \\ 0.33 & 0.67 \\ 0.50 & 0.50 \end{bmatrix} \tag{9.72}$$

利用公式（9.8），得到与网络中每个粒子的优先游走相关联的矩阵：

$$\mathbf{P}_{\mathrm{pref}}^{(1)}(0) = \begin{bmatrix} 0 & 0.40 & 0.60 \\ 0.57 & 0 & 0.43 \\ 0.67 & 0.33 & 0 \end{bmatrix} \tag{9.73}$$

$$\mathbf{P}_{\mathrm{pref}}^{(2)}(0) = \begin{bmatrix} 0 & 0.57 & 0.43 \\ 0.40 & 0 & 0.60 \\ 0.33 & 0.67 & 0 \end{bmatrix} \tag{9.74}$$

为了简化计算，假设 $\lambda=1$，在时刻 $t=0$ 时公式（9.20）变为 $\mathbf{P}_{\mathrm{transition}}(0) = \mathbf{P}_{\mathrm{pref}}^{(1)}(0) \otimes \mathbf{P}_{\mathrm{pref}}^{(2)}(0)$，它的维度为 9×9，即：

$$\mathbf{P}_{\mathrm{transition}}(0) = \begin{bmatrix} 0 & 0 & 0 & 0 & 0.228 & 0.172 & 0 & 0.342 & 0.258 \\ 0 & 0 & 0 & 0.160 & 0 & 0.240 & 0.240 & 0 & 0.360 \\ 0 & 0 & 0 & 0.132 & 0.268 & 0 & 0.198 & 0.402 & 0 \\ 0 & 0.325 & 0.245 & 0 & 0 & 0 & 0 & 0.245 & 0.185 \\ 0.228 & 0 & 0.342 & 0 & 0 & 0 & 0.172 & 0 & 0.258 \\ 0.188 & 0.382 & 0 & 0 & 0 & 0 & 0.142 & 0.288 & 0 \\ 0 & 0.382 & 0.288 & 0 & 0.188 & 0.142 & 0 & 0 & 0 \\ 0.268 & 0 & 0.402 & 0.132 & 0 & 0.198 & 0 & 0 & 0 \\ 0.221 & 0.449 & 0 & 0.109 & 0.221 & 0 & 0 & 0 & 0 \end{bmatrix}$$

$$\tag{9.75}$$

由于在公式（9.70）中粒子 1 和 2 的初始位置分别在节点 1 和 2 上，所以 $p(t+1)$ 的状态为 $(1,2) \to 2$。因此，我们将焦点转移到矩阵 $\mathbf{P}_{\mathrm{transition}}(0)$ 的第二行，它完全刻画了动力系统下一状态的转移概率。对式（9.75）的第二行分析表明，系统的九种可能的"下一个状态"中，只有四个是可信的（剩余的概率值为 0）。此时，有：

$$P\left[\mathbf{N}(1) = \begin{bmatrix} 2 & 2 \\ 2 & 2 \\ 1 & 1 \end{bmatrix}, p(1) = \begin{bmatrix} 2 & 1 \end{bmatrix}, E(1), S(1) \mid \mathbf{X}(0) \right] = 0.160 \tag{9.76}$$

$$P\left[\mathbf{N}(1) = \begin{bmatrix} 2 & 1 \\ 2 & 2 \\ 1 & 2 \end{bmatrix}, p(1) = \begin{bmatrix} 2 & 3 \end{bmatrix}, E(1), S(1) \mid \mathbf{X}(0) \right] = 0.240 \tag{9.77}$$

$$P\left[\mathbf{N}(1) = \begin{bmatrix} 2 & 2 \\ 1 & 2 \\ 2 & 1 \end{bmatrix}, p(1) = \begin{bmatrix} 3 & 1 \end{bmatrix}, E(1), S(1) \mid \mathbf{X}(0) \right] = 0.240 \tag{9.78}$$

$$P\left[\mathbf{N}(1) = \begin{bmatrix} 2 & 2 \\ 1 & 2 \\ 2 & 2 \end{bmatrix}, p(1) = \begin{bmatrix} 3 & 3 \end{bmatrix}, E(1), S(1) \mid \mathbf{X}(0)\right] = 0.360 \quad (9.79)$$

其中，$\mathbf{X}(0)$由式（9.70）给出。与图 9-10a 对比，式(9.76)～式(9.79)表达的意思与其一致：由于环边是不允许的，所以存在概率值的状态空间只能是上述的四种状态。换句话说，从节点 1 开始，粒子只能做出两种选择，访问节点 2 或 3。当我们从节点 2 开始时，结论类似。因为它是一个联合分布，我们需要把这四种状态值相乘。此外，因为 $\lambda = 1$，转移概率将严重依赖于其对相邻节点的控制能力。在这种情况下，强控制节点形成排斥力排斥竞争粒子。因而，这些粒子的优先或者防御行为阻止了其他粒子访问该类型的节点。这正是式（9.79）所表达的意思，即考虑到节点 3 的中立性，不像其他的两个节点，$(1,2) \rightarrow (2,3)$ 也具有最高的转移概率。

备注 9.5　不失一般性，我们也可以使用两个 3×3 矩阵(式(9.73)和式(9.74))的集合来做计算。下面，我们使用该方法计算 $\mathbf{P}_{\text{transition}}(0)$ 的单个项来进行讨论。考虑到我们是根据式（9.76）来计算概率的，也就是说，粒子 1 完成从节点 1 到节点 2 的转移，而粒子 2 完成从节点 2 到节点 1 的转移。对于前者，根据粒子 1 的转移矩阵(见式(9.73))，有 $\mathbf{P}_{\text{pref}}^{(1)}(0)(1,2) = 0.40$；而对于后者(见式(9.74))，则有 $\mathbf{P}_{\text{pref}}^{(2)}(0)(2,1) = 0.40$。另外，$p(0) = [1,2]$ 以标量形式对应于 $\mathbf{P}_{\text{transition}}$ 的第二种状态，而 $p(1) = [2,1]$ 对应于 $\mathbf{P}_{\text{transition}}$ 的第四种状态，则 $\mathbf{P}_{\text{transition}}(0)(2,4) = \mathbf{P}_{\text{pref}}^{(1)}(0)(1,2) \times \mathbf{P}_{\text{pref}}^{(2)}(0)(2,1) = 0.40 \times 0.40 = 0.16$，等于式（9.75）中矩阵的相应项。

在进行边缘分布 $P(\mathbf{N}(1))$ 计算之前，我们需要为矩阵 $\mathbf{N}(1)$ 的任意项设置一个上限。这很容易从式（9.51）评估得到，因此，有 $\mathbf{N}_{i_{\max}}^{(k)}(1) = \mathbf{N}_{i_{\max}}^{(k)}(1) = 2, \forall (i,k) \in \mathscr{V} \times \mathscr{K}$，这意味着只需要对矩阵 $\mathbf{N}(0)$ 进行数值组合，这样每项只能取值 $\{1,2\}$，因为根据引理 9.1 较大的值产生的概率为 0。此外，我们需要遍历 $E(0)$ 和 $E(1)$ 的每一项的每一个可行值。为了做到这一点，设定 $\Delta = 0.25$，$\omega_{\min} = 0$，$\omega_{\max} = 1$。这样，我们就可以利用引理 9.2 计算 $E(t)$ 的值，即 $E(t) \in \{0, 0.25, 0.5, 0.75, 1\}$，而其他系统变量 $S(0)$ 和 $S(1)$ 的上下限是明确的。综上所述，我们已经有足够的信息来计算边缘分布 $P(\mathbf{N}(1))$，根据式（9.57），有：

$$P\left[\mathbf{N}(1) = \begin{bmatrix} 2 & 2 \\ 2 & 2 \\ 1 & 1 \end{bmatrix}\right] = 1 \times 0.160 = 0.160 \quad (9.80)$$

$$P\left[\mathbf{N}(1) = \begin{bmatrix} 2 & 1 \\ 2 & 2 \\ 1 & 2 \end{bmatrix}\right] = 1 \times 0.240 = 0.240 \quad (9.81)$$

$$P\left(\mathbf{N}(1)=\begin{bmatrix} 2 & 2 \\ 1 & 2 \\ 2 & 1 \end{bmatrix}\right)=1\times 0.240=0.240 \tag{9.82}$$

$$P\left(\mathbf{N}(1)=\begin{bmatrix} 2 & 2 \\ 1 & 2 \\ 2 & 2 \end{bmatrix}\right)=1\times 0.360=0.360 \tag{9.83}$$

最后一个任务是确定分布 $P(\overline{\mathbf{N}}(1))$。根据前一章节的步骤，我们需要找到区间内的所有不可约分数。这意味着只需要考虑包含 $\mathscr{I}_1$ 元素的矩阵 $\overline{\mathbf{N}}(t)$ 的项。鉴于先前的约束条件，则有 $\mathscr{I}_1=\{1/4,1/3,1/2,2/3,3/4\}$。观察到我们有完整的 $\mathbf{N}(1)$ 分布，应用式（9.64）很容易计算得到：

$$P\left(\overline{\mathbf{N}}(1)=\begin{bmatrix} 1/2 & 1/2 \\ 1/3 & 2/3 \\ 1/2 & 1/2 \end{bmatrix}\right)=0.160 \tag{9.84}$$

$$P\left(\overline{\mathbf{N}}(1)=\begin{bmatrix} 2/3 & 1/3 \\ 1/2 & 1/2 \\ 1/3 & 2/3 \end{bmatrix}\right)=0.240 \tag{9.85}$$

$$P\left(\overline{\mathbf{N}}(1)=\begin{bmatrix} 1/2 & 1/2 \\ 1/3 & 2/3 \\ 2/3 & 1/3 \end{bmatrix}\right)=0.240 \tag{9.86}$$

$$P\left(\overline{\mathbf{N}}(1)=\begin{bmatrix} 2/3 & 1/3 \\ 1/3 & 2/3 \\ 1/2 & 1/2 \end{bmatrix}\right)=0.360 \tag{9.87}$$

值得注意的是，$\mathbf{N}(t)$ 和 $\overline{\mathbf{N}}(t)$ 的概率之间的映射不是双射：在我们讨论的这个简单例子中，没有不同的 $\mathbf{N}(t)$ 可以生成相同的 $\overline{\mathbf{N}}(t)$，但是随着 t 的增加，这种情况很可能经常发生。重复这个过程，直到 t 足够大为止或者系统收敛到 $\overline{\mathbf{N}}(t)$ 的一个准稳态。

9.4 重叠节点及社团检测的数值分析

在本节中，我们给出一些仿真结果用于评估粒子竞争技术在检测重叠节点和社团方面的有效性。我们知道，评估每个节点重叠性质的指数是通过公式（9.28）来计算的。我们也将所得结果与经典的重叠节点检测进行了比较[11,12]。

9.4.1 扎卡里空手道俱乐部网络

首先，利用粒子竞争技术检测扎卡里空手道俱乐部（Zachary's Karate Club）网络的模糊群落结构[42]。扎卡里空手道俱乐部网络是一个著名的网络结构，它已经成为社团检测算法的基准。这个网络展示了 20 世纪 70 年代美国大学 34 个俱乐部成员之间的友谊模式。其中，节点表示俱乐部成员，如果两个成员彼此了解，则建立连边。网络形成后，俱乐部成员因为内部纠纷而分成两个社团，这使社团检测成为一个有趣的问题。图 9-11 给出了社团检测的计算结果。深灰色和浅灰色表示算法检测到的两类社团，只有节点 3（白色）被错误地分组为深灰色社团的成员。文献中，节点 3（见文献 [13]）和节点 10（见文献 [29]）经常被各类算法误判。这是因为它们在两个社团之间共享的边数是相同的，也就是说，它们本质上是相互重叠的，这使得聚类成为一个难题。我们应用粒子竞争模型的重叠指数进行计算，并在图 9-12 中给出计算结果。通过分析，节点 3 和节点 10 显示了最高的重叠指数，证实了之前的结论。此外，节点 9、14、20、29 和 32 也呈现出显著的重叠特性，因为它们位于社团的边界。

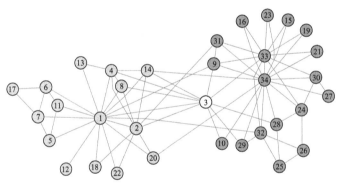

图 9-11　利用粒子竞争技术对扎卡里空手道俱乐部网络进行社团检测。深灰色和浅灰色表示不同的社团，只有白色（节点 3）被错误的分组

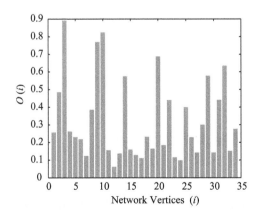

图 9-12　扎卡里空手道俱乐部网络中所有节点的重叠指数计算结果

9.4.2　海豚社交网络

海豚社交网络［26］是由生活在新西兰 Doubtful Sound 地区的 62 只宽吻海豚组成的网络。我们把海豚看成节点；如果某两只海豚经常在一起频繁活动，那么网络中相应的两个节点之间就会有一条边存在。图 9-13 给出了粒子竞争技术的社团检测结果。图中 5 个最大重叠度的节点以较大尺寸显示。在这种情况下，使 $\langle R(t) \rangle$ 最大化的粒子数目为 $K=2$，与研究人员 Lusseau 观察到的实际情况一致，即除海豚"PL"（为浅灰色社团的成员）之外，划分成的两个社团似乎与海豚群落的已知划分相吻合。Lusseau 通过 2 年的研究，认为宽吻海豚隶属于两个不同的群落，很显然是由于位于群落边界的海豚消失了。当这些海豚中的一些再次出现时，网络中的两个社团再次连接在一起。令人惊讶的是，位于边界的这些海豚是粒子竞争算法捕获的最大重叠的节点，即 DN63、Knit、PL、SN89 和 SN100，如图 9-13 所示。

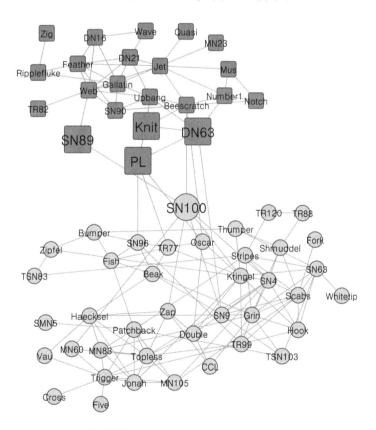

图 9-13　Lusseau 观察到的海豚社交网络。$K=2$ 且 $\lambda=0.6$；具有最高重叠结构的 5 个
　　　　节点以较大尺寸显示

9.4.3 《悲惨世界》人物关系网络

小说《悲惨世界》是维克多·雨果的作品，描述的是法国复辟后的社会现状，其主要人物关系可以用网络来表示。我们使用 Knuth 总结的 77 个人物列表[18]来构建网络，其中节点表示人物，如果在一个或多个场景中人物同时出现则建立连边[30]。在此例中，当粒子数 $K=6$ 时$\langle R(t)\rangle$达到最大。图 9-14 给出了粒子竞争技术的计算结果，其中 10 个最大重叠度的节点以较大尺寸显示。可以看出，社团结构清楚地反映了本书的主要情节。就像我们所知道的，主人公 Jean Valjean 和其对手（警察 Javert）为网络中具有重大重叠度的节点，因为他们是在雨果的作品中形成各自的追随者组成的社团中心。

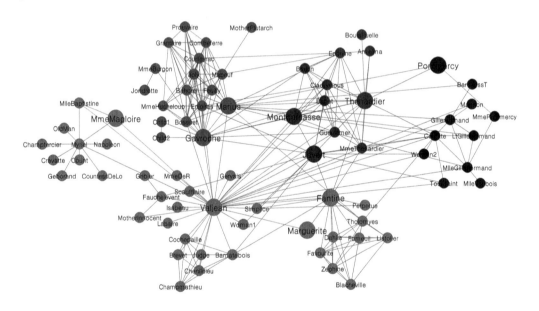

图 9-14 维克多·雨果的作品《悲惨世界》中主要人物的关系网络。$K=6$，$\lambda=0.6$；10 个最大重叠度的节点以较大尺寸显示

9.5 应用：手写数字识别和字母聚类

为了更加深刻地理解粒子竞争模型，本章回顾了粒子竞争算法在数据聚类中的应用[36]。我们使用了三个真实的包括手写数字和字母的数据集，它们来源于美国邮政（USPS）、美国标准技术研究所（MNIST）和字母识别（LR）数据集。

9.5.1 节简单介绍了数据集的情况；9.5.2 应用重叠指数计算了这三个数据集的最可能的社团数；最后，9.5.3 给出了数据聚类结果。

9.5.1　数据集情况

测试粒子竞争算法的数据集情况介绍如下：

- USPS 数据集：库中共包括 9298 张手写数字图像，数字从 0 到 9 分别有 1553、1269、929、824、852、716、834、792、708 和 821 张。该数据集是由美国邮政局资助的项目，位于纽约州立大学 Buffalo 分校的文件分析和识别中心（CEDAR）负责收集和整理。每张图像均为 16×16 像素的灰度值，关于数据集的更多情况请参考文献 [15]。计算中，我们采用了 8.6.3 节定义的加权特征值相似度量公式，但是，这里只使用了 4 个最大的特征值，而不是全部的 16 个。

  在这种情况下，我们采用了下面的 β 函数，即 $\beta = 16\exp\left(\dfrac{x}{3}\right)$。

- MNIST 数据集：原始库中图像的尺寸为 28×28。这里我们只使用由 10000 节点组成的数据集。此外，我们利用每个图像 28 个特征值的前 4 个特征值来计算相异度。同样，这里也用到了上述的 β 函数。更多信息请参考 8.6.2 节内容。

- LR 数据集：库中每个样本均由包含 16 个属性的向量组成，共计 20000 个节点。

由于这些数据集都不是以网络形式存在的，因此该方法的计算过程分为两个步骤：网络构建和数据聚类。在对数据进行预处理（标准化）之后，第一步就是利用 k-近邻方法（$k=3$）构造网络。关于距离的计算，对于 USPS 和 MNIST 数据集，我们采用加权特征值相异度方法；而对于 LR 数据集，我们采用欧式距离。在 LR 数据集上不采用加权特征值相异度计算方法的原因是该数据集不是图像格式，而仅是对图像的描述。因为后者是标量形式，所以我们不能采用相异度计算方法。第二步就是应用粒子竞争算法进行数据聚类。由于我们采用的是无监督学习，所以没有任何的外部信息，如标签或者外生知识等。相反，我们仅仅是通过粒子竞争机制发现数据之间的显式或隐式关系。

9.5.2　最优粒子数和集簇数

对于 USPS、MNIST 和 LR 数据集，图 9-15a～c 分别给出了最优 K 值的计算结果。可以看出，当粒子数等于网络中的集簇数时，$\langle R(t) \rangle$ 达到最大，证实了这种启发式算法的有效性。

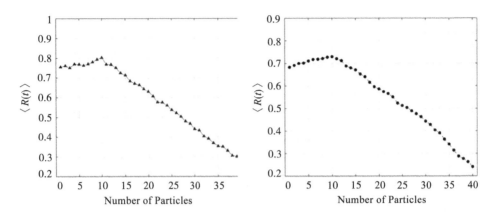

a）USPS数据集包含 10 个集簇，即从 0 到 9　　　　b）MNIST数据集包含 10 个集簇，即从 0 到 9

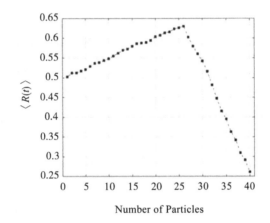

c）LR数据集包含 26 个集簇，即英文字母从 A 到 Z 。每次计算迭代 20 次，取平均值

图 9-15　真实数据集中最优粒子数 K（最优集簇数目）的确定（原数据集包含的组的数目）

9.5.3　手写数字或字母聚类

下面我们讨论利用粒子竞争算法进行"数字"和"字母"社团检测的计算结果。表 9-1 给出了多种算法的具体细节。MATLAB 全局优化工具箱中的遗传算法被用于粒子竞争模型相关参数的优化。具体来说，参数 λ 的取值范围为 $0.2 \leqslant \lambda \leqslant 0.8$，对于 USPS、MNIST、LR 的最优值分别为 0.58、0.60、0.60。关于初始进入网络中的粒子数目通过前面讨论的方法确定，也就是说，$\langle R(t) \rangle$ 达到最大值时的粒子数目，分别为 10、10、26。

表 9-1　数据聚类方法

算　法	参考文献
高斯混合模型（GMM）	[5]
k-均值	[27]
局部一致高斯混合模型（LCGMM）	[23]
归一化割谱聚类算法（Ncut）	[34]
归一化割嵌入的谱聚类算法（NcutEmb-All）	[33]
归一化割嵌入最大值的谱聚类算法（NcutEmb-Max）	[33]

表 9-2 给出了粒子竞争算法与表 9-1 中其他算法的数据聚类结果，其中部分数据来源于文献［33］和［23］。表中的平均值计算方法如下：（1）对于每个数据集，我们根据其平均性能对算法进行排序（平均聚类准确率），即最好的算法排名为 1，次之排名为 2，以此类推；（2）对于每一种算法，平均排名由其在所有数据集中的排名取平均值得到。从表可以看出，粒子竞争算法排名最靠前，展示了其优越的计算性能。

表 9-2　多种算法的数据聚类结果比较

算　法	USPS	MNIST	LR	平均排名
局部一致高斯混合模型	73.83	73.60	93.03	2.33
高斯混合模型	67.30	66.60	91.24	5.33
k-均值	69.80	53.10	87.94	6.33
归一化割谱聚类算法	69.34	68.80	88.72	5.67
归一化割嵌入的谱聚类算法	72.72	75.10	90.07	3.67
归一化割嵌入最大值的谱聚类算法	72.97	75.63	90.59	2.67
粒子竞争模型	80.46	74.53	91.37	2.00

为了进一步验证粒子竞争方法的有效性，我们对构成同一集簇的样本进行了检验。图 9-16 和图 9-17 分别给出了 MNIST 数据集中一些模式为"2"和"5"的集簇样本。这些样本使用以下策略选择：首先，计算构成每个模式集簇的最大测地线距离的节点（簇直径）；然后，选择有代表性的子集，其节点组成了簇直径的路径。从图可以看出，相邻的样本比远距离的样本更相似。基于以上分析，认为图表征方法能够捕捉到这些数字或字母的每一个变化，证明了该模型的有效性。

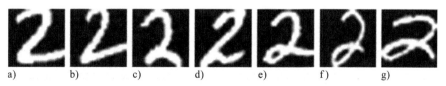

a)　　b)　　c)　　d)　　e)　　f)　　g)

图 9-16　被归类为模式 2 的一组样本。依据加权特征值相异函数，样本越邻近越相似；样本 a 到 g 以节点间最大测地线距离选择；在这种情况下，簇的直径为 17；这里只给出 7 个代表性样本

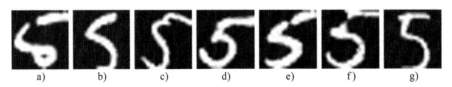

图 9-17 被归类为模式 5 的一组样本，同样，相邻样本比远距离样本更相似

9.6 本章小结

本章我们对复杂网络中竞争学习的定义进行了详细的讨论，该算法的基础是受自然和社会系统中的竞争过程所启发的。该模型中，几个粒子在网络中游走以探索领地，同时试图保卫自己的领地免受敌对粒子的攻击。如果一个粒子经常访问某个特定的节点，就会发现该节点上粒子的控制能力得到加强。同时，所有其他粒子在同一节点上的控制能力减弱，在长期动态过程中，每个粒子都被限制在网络的一个社团内。

粒子竞争模型具有非线性和随机性。由于数学模型是建立在数学形式上的，为了更好地理解竞争模型的基本性质，本章进行了理论和实证分析。收敛性分析表明，动力系统具有结构稳定性而不是渐近稳定性。这是一个有趣的特性，它更好地描述了真实问题（存在噪声和不可控的变量）的不确定性。此外，基于上述分析，我们发现该模型是网络中单个独立随机游走过程的推广，或者说，该模型在网络中的作用相当于一种信息交互。交互主要通过竞争机制展开，其内在逻辑为随机游走和优先游走的凸概率组合模型，而其泛化是通过调整系统参数 λ 和 Δ 的值来实现的。如果 $\lambda=0$，该模型简化为多个非交互粒子的随机游走；当 $\lambda>0$ 时，粒子间的沟通作用恢复。

此外，我们也对网络中重叠结构的检测和社团数目的估计进行了讨论，关于它们的计算也在模型中有所体现。

为验证模型的有效性，我们在人工和真实数据集上进行了数据聚类和社团检测的模拟仿真。计算结果表明，该模型对于数据聚类非常有效。最后，我们利用该算法在手写数字和字母数据集上进行了测试，并获得了较高的计算精度。

参考文献

1. Allinson, N., Yin, H., Allinson, L., Slack, J.: Advances in Self-Organising Maps. Springer, New York (2001)
2. Amorim, D.G., Delgado, M.F., Ameneiro, S.B.: Polytope ARTMAP: pattern classification without vigilance based on general geometry categories. IEEE Trans. Neural Netw. **18**(5), 1306–1325 (2007)

3. Athinarayanan, R., Sayeh, M.R., Wood, D.A.: Adaptive competitive self-organizing associative memory. IEEE Trans. Syst. Man Cybern. Part A **32**(4), 461–471 (2002)
4. Bacciu, D., Starita, A.: Competitive repetition suppression (CoRe) clustering: a biologically inspired learning model with application to robust clustering. IEEE Trans. Neural Netw. **19**(11), 1922–1940 (2008)
5. Bishop, C.M.: Pattern Recognition and Machine Learning (Information Science and Statistics). Springer, New York (2007)
6. Carpenter, G.A., Grossberg, S.: Self-organization of stable category recognition codes for analog input patterns. Appl. Opt. **26**(23), 4919–4930 (1987)
7. Chen, M., Ghorbani, A.A., Bhavsar, V.C.: Incremental communication for adaptive resonance theory networks. IEEE Trans. Neural Netw. **16**(1), 132–144 (2005)
8. Çinlar, E.: Introduction to Stochastic Processes. Prentice-Hall, Englewood Cliffs (1975)
9. Deboeck, G.J., Kohonen, T.K.: Visual Explorations in Finance: With Self-Organizing Maps. Springer, New York (2010)
10. do Rêgo, R.L.M.E., Araújo, A.F.R., Neto, F.B.L.: Growing self-reconstruction maps. IEEE Trans. Neural Netw. **21**(2), 211–223 (2010)
11. Fortunato, S.: Community detection in graphs. Phys. Rep. **486**, 75–174 (2010)
12. Fu, X., Wang, L.: Data dimensionality reduction with application to simplifying rbf network structure and improving classification performance. IEEE Trans. Syst. Man Cybern., Part B: Cybern. **33**(3), 399–409 (2003)
13. Girvan, M., Newman, M.E.J.: Community structure in social and biological networks. Proc. Natl. Acad. Sci. USA **99**(12), 7821–7826 (2002)
14. Grossberg, S.: Competitive learning: from interactive activation to adaptive resonance. Cogn. Sci. **11**, 23–63 (1987)
15. Hull, J.J.: A database for handwritten text recognition research. IEEE Trans. Pattern Anal. Mach. Intell. **16**, 550–554 (1994)
16. Jain, L.C., Lazzerini, B., Ugur, H.: Innovations in ART Neural Networks (Studies in Fuzziness and Soft Computing). Physica, Heidelberg (2010)
17. Kaylani, A., Georgiopoulos, M., Mollaghasemi, M., Anagnostopoulos, G.C., Sentelle, C., Zhong, M.: An adaptive multiobjective approach to evolving ART architectures. IEEE Trans. Neural Netw. **21**(4), 529–550 (2010)
18. Knuth, D.E.: The Stanford GraphBase: A Platform for Combinatorial Computing. ACM, New York (1993)
19. Kohonen, T.: The self-organizing map. Proc. IEEE **78**(9), 1464–1480 (1990)
20. Kosko, B.: Stochastic competitive learning. IEEE Trans. Neural Netw. **2**(5), 522–529 (1991)
21. Lancichinetti, A., Fortunato, S., Radicchi, F.: Benchmark graphs for testing community detection algorithms. Phys. Rev. E **78**(4), 046,110(1–5) (2008)
22. Liu, D., Pang, Z., Lloyd, S.R.: A neural network method for detection of obstructive sleep apnea and narcolepsy based on pupil size and EEG. IEEE Trans. Neural Netw. **19**(2), 308–318 (2008)
23. Liu, J., Cai, D., He, X.: Gaussian mixture model with local consistency. In: AAAI'10, vol. 1, pp. 512–517 (2010)
24. López-Rubio, E., de Lazcano-Lobato, J.M.O., López-Rodríguez, D.: Probabilistic PCA self-organizing maps. IEEE Trans. Neural Netw. **20**(9), 1474–1489 (2009)
25. Lu, Z., Ip, H.H.S.: Generalized competitive learning of gaussian mixture models. IEEE Trans. Syst. Man Cybern., Part B: Cybern. **39**(4), 901–909 (2009)
26. Lusseau, D.: The emergent properties of a dolphin social network. Proc. R. Soc. B Biol. Sci. **270**(Suppl 2), S186–S188 (2003)
27. MacQueen, J.B.: Some methods for classification and analysis of multivariate observations. In: Proceedings of the fifth Berkeley Symposium on Mathematical Statistics and Probability, vol. 1, pp. 281–297. University of California Press, Berkeley (1967)
28. Meyer-Bäse, A., Thümmler, V.: Local and global stability analysis of an unsupervised competitive neural network. IEEE Trans. Neural Netw. **19**(2), 346–351 (2008)
29. Newman, M.E.J.: Fast algorithm for detecting community structure in networks. Phys. Rev. E **69**(6), 066,133 (2004)
30. Newman, M.E.J.: Modularity and community structure in networks. Proc. Natl. Acad. Sci. **103**(23), 8577–8582 (2006)
31. Príncipe, J.C., Miikkulainen, R.: Advances in Self-Organizing Maps - 7th International Workshop, WSOM 2009. Lecture Notes in Computer Science, vol. 5629. Springer, New York (2009)

32. Quiles, M.G., Zhao, L., Alonso, R.L., Romero, R.A.F.: Particle competition for complex network community detection. Chaos **18**(3), 033,107 (2008)

33. Ratle, F., Weston, J., Miller, M.L.: Large-scale clustering through functional embedding. In: Proceedings of the European conference on Machine Learning and Knowledge Discovery in Databases - Part II, European Conference on Machine Learning and Principles and Practice of Knowledge Discovery in Databases (ECML PKDD), pp. 266–281. Springer, New York (2008)

34. Shi, J., Malik, J.: Normalized Cut and Image Segmentation. Tech. rep., University of California at Berkeley, Berkeley (1997)

35. Silva, T.C., Zhao, L.: Stochastic competitive learning in complex networks. IEEE Trans. Neural Netw. Learn. Syst. **23**(3), 385–398 (2012)

36. Silva, T.C., Zhao, L.: Uncovering overlapping cluster structures via stochastic competitive learning. Inf. Sci. **247**, 40–61 (2013)

37. Silva, T.C., Zhao, L., Cupertino, T.H.: Handwritten data clustering using agents competition in networks. J. Math. Imaging Vision **45**(3), 264–276 (2013)

38. Sugar, C.A., James, G.M.: Finding the number of clusters in a data set: an information theoretic approach. J. Am. Stat. Assoc. **98**, 750–763 (2003)

39. Tan, A.H., Lu, N., Xiao, D.: Integrating temporal difference methods and self-organizing neural networks for reinforcement learning with delayed evaluative feedback. IEEE Trans. Neural Netw. **19**(2), 230–244 (2008)

40. Wang, Y., Li, C., Zuo, Y.: A selection model for optimal fuzzy clustering algorithm and number of clusters based on competitive comprehensive fuzzy evaluation. IEEE Trans. Fuzzy Syst. **17**(3), 568–577 (2009)

41. Xu, R., II, D.W.: Survey of clustering algorithms. IEEE Trans. Neural Netw. **16**(3), 645–678 (2005)

42. Zachary, W.W.: An information flow model for conflict and fission in small groups. J. Anthropol. Res. **33**, 452–473 (1977)

基于网络的半监督学习专题研究：
随机竞争–合作学习

摘要 各类信息以不可思议的速度传播，数据的数量也不可想象。但在很多情况下，仅有一小部分数据可以得到标记，因为标记过程成本昂贵，而且费时费力。这种情况在实际应用中会经常碰到。为了获得部分已标记数据集的更好特征，半监督学习分类器通过已标记和未标记数据来学习。过去几年里，半监督学习已经作为一种新的机器学习技术得到越来越多的关注。在本章，我们将关注基于复杂网络方法的半监督学习分类器。在前几章介绍的粒子竞争模型将用于这一新范式。特别地，引入粒子之间合作的理念和改变原始算法内部机制，并使之适用于半监督学习环境，学习性能将得到提升。在无监督学习中，因为关于网络节点类别的先验知识不存在，所以粒子在网络中随机生成，而半监督学习则不同，其含有部分外部知识。这些知识由已标记数据样本表示，通常只占整个数据集的一小部分。此时，我们的目标是将标签从已标记数据样本传播到未标记数据样本。与前几章类似，我们将给出算法的数学理论分析，实际上，其很大一部分建立在上一章节的模型上。之后，我们将结合数值分析予以论证。我们也将讨论在错误标记数据中的应用表现，其中粒子竞争模型被用于检测和阻止错误标签的传播，学习过程中的错误标签传播往往归咎于噪声或错误的标记数据。

10.1 引言

正如第 3 章所述，半监督学习不同于无监督学习，前者通过预标记的数据项，将一些外部的知识纳入学习过程中。此外，半监督学习也不同于监督学习，因为前者在学习过程中同时使用标记和未标记数据。

在本章的开始，讨论半监督粒子竞争模型[3,11]。首先给出一些基本概念，随后讨论带噪声数据的机器学习问题。在这种情况下，标记的数据样本不完全可靠。当噪声被引入标记过程中或在获取数据样本时外部专家错误地标记数据样本时（人为失误），可能会出现训练数据不完全可靠的情况。虽然大多数的半监督学习算法都存在这些问题，但它们却假设其为完全可靠的训练数据。正如我们将看到，当这种假设存在较大问题时，学习的表现在很大程度上会受到影响。

出于在现实世界中的实用性考虑，我们进一步增强了多粒子半监督模型处理训练数据中这种不确定性的能力。为此，该模型配备了检测和防止错误标记数据的机制。这些机制只使用多粒子动力系统所产生的信息。因此，检测和预防不完整数据的流程被嵌入在模型中。结果表明，即使在训练数据可靠性较低的环境中，改进的粒子竞争模型也能提供良好的结果。我们分析了当训练数据集中增加噪声百分比或错误标记项时，模型的准确率是如何表现的。在本章的分析中，我们发现临界点的特点是窄边域，在已标记数据集中噪声增加一个小量，而模型的准确性会大大降低。我们比较了多粒子半监督模型与其他竞争技术的临界点，表明前者能承受更多的噪声环境。我们还表明，只要正确标记的数据比例占大多数，该模型一般可以正确地重新标记错误的节点。这个约束（正确标记的数据比例占大多数）是直观的，竞争模型在学习过程中使用了某种"自然选择"，通过网络拓扑结构促使大多数正确数据覆盖了少部分错误数据。

10.2 随机竞争-合作模型

这一节，我们将详细讨论粒子竞争模型的半监督学习技术[11]。

10.2.1 半监督学习与无监督学习的差异

多重交互粒子模型的半监督版本的主要不同是，每个粒子表示一个标记数据样本。每个粒子的目标是通过竞争方式访问和控制节点，将其标记节点的关联标签传播到其他未标记的节点。每个粒子所表示的标记节点称为该粒子的父节点。粒子总是在父节点处开始其动态过程。在粒子的复苏过程中，一旦能量耗尽，它们总是回归到对应的父节点，而不是随机节点。此外，施加在父节点上的控制对于竞争粒子的访问并不敏感，通过这种方式，保证了粒子始终控制父节点。

图 10-1 给出了粒子竞争模型半监督学习算法的初始条件。值得注意的是粒子的初始位置准确地对应于父节点。此外，这些粒子数与已标记数据样本个数相等。

这一改进强迫模型在局部范围内传播标签，因为每个粒子概率性地被限制在网络中的一个小区域内。因此，由于竞争机制，每个粒子仅访问可能与粒子的父节点标签相同的部分节点。这个概念可以粗略地理解为竞争框架中嵌入的"分而治之"效应。

回想一下，当 $\lambda=0$ 时，由于随机游走机制，粒子仅表现出探索行为。相反，当

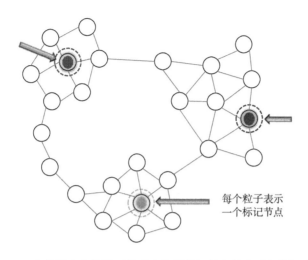

图 10-1　多粒子半监督学习模型中粒子的初始条件和"复苏"过程

$\lambda = 1$ 时，由于优先游走机制，粒子仅表现出防御性特征。另外，我们已经看到这两种游走的混合可以促进模型产生更好的结果。根据复苏过程中的决定性行为，粒子概率性地被限制在以对应的父节点为中心的区域内。这些区域的范围由权重因子 λ 决定。图 10-2 给出了这个概念的直观示意。当 λ 变小时，区域范围变大，即给予粒子更大的探索权重，同时削弱了防御行为。通过这种方式，当 λ 减少时，粒子们的控制领域会更频繁地交叉重叠。

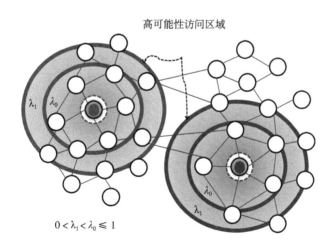

图10-2　在探索高可能性访问区域过程中平衡因子 λ 的影响

在半监督学习中，一个有趣的特点是粒子间潜在合作的出现。通常，可能在同一个类中有多个标记节点，因此会有不止一个节点代表相同类别，或代表它们相应父节点的标签。在这种情况下，这些粒子会表现出团队精神，因为它们传播相同的标签给未标记节点。通过采用这种方式，这些团队通过内部合作及外部互相竞争来建立它们类别的边界。

10.2.2 半监督学习环境

在半监督学习框架中，定义 $\mathcal{Y}$ 作为可能的类别集，其可以被半监督学习分类器预测。假设有一组数据样本集 $\mathcal{X} = \{x_1, \cdots, x_L, x_{L+1}, \cdots, x_{L+U}\}$，其中每个样本为含 P 维特征的向量，其形式为 $x_i = (x_{i1}, \cdots, x_{iP})$。前 L 个数据项给予初始化标记并构成已标记样本集 $\mathcal{L}$。剩余 U 数据项为未标记样本，组成未标记集 $\mathcal{U}$。因此，有 $\mathcal{X} = \mathcal{L} \cup \mathcal{U}$。对于任一 $x_i \in \mathcal{L}$，标签 $y_i \in \mathcal{L}$ 给定；相反，在 $\mathcal{U}$ 中的数据样本没有标签。我们的目标是将标签从 $\mathcal{L}$ 传播到 $\mathcal{U}$，同时不改变数据分布。实际上，未标记数据样本的比例要远远大于已标记的数据样本，即 $U \gg L$。

既然粒子竞争－合作模型是基于网络的技术，因而网络构建技术将被用于将向量数据转化为网络数据。因此，数据通过网络构建技术 $g: \mathcal{X} \mapsto \mathcal{G} = \langle \mathcal{V}, \mathcal{E} \rangle$ 被转化为图 $\mathcal{G}$，其中 $\mathcal{V} = \mathcal{L} \cup \mathcal{U}$ 是节点的集合，而 $\mathcal{E}$ 是边的集合。因此，网络中共有 $V = |\mathcal{V}|$ 个节点，每一个网络点 $v \in \mathcal{V}$ 对应于一个数据项 $x \in \mathcal{X}$，则 $V = L + U$。本质上，$\mathcal{V}$ 中每一个节点表示 $\mathcal{X}$ 中的一个数据样本。正如第 4 章所讨论的，$\mathcal{E}$ 中的边被恰当地通过网络构建过程建立。

10.2.3 竞争转移矩阵的修正

本节讨论无监督学习和半监督学习中转移矩阵的区别。除本节中予以特殊说明之外，这种方法等同于 9.2.2 节中推导的无监督学习转移矩阵。

此转移矩阵函数形式和无监督学习中的类似，我们回顾如下：

$$\mathbf{P}_{\text{transition}}^{(k)}(t) \triangleq (1 - S^{(k)}(t))[\lambda \mathbf{P}_{\text{pref}}^{(k)}(t) + (1-\lambda)\mathbf{P}_{\text{rand}}^{(k)}] + S^{(k)}(t)\mathbf{P}_{\text{rean}}^{(k)}(t) \quad (10.1)$$

基本上，技术上的差异体现在每个包含转换矩阵的矩阵是如何定义的。具体来说，相比无监督学习，随机和优选机制无须任何修正。然而复苏矩阵因为以下两个原因而需要调整：

- 我们必须在局部标签扩散行为中建立从已标记节点到未标记节点的标签扩散过程模型。为此，我们不能在网络中随机地将粒子从一个地方传输到另一个地方，因为这样的标记决策是非平滑的。

- 我们必须表现出外部信息的存在，这些信息存在于标签中，而后者又通过已标记的节点表示。我们的想法是使用这些称为父节点的已标记节点作为能量耗尽粒子的目的地。由于这些已标记节点在网络中是静态的，所以我们有效地实施平滑的标记决策。

回顾前章所讨论的，每一个元素 $\mathbf{P}_{\text{rean}}^{(k)}(t)$ 反映了将能量耗尽粒子 $k \in \mathcal{K}$ 带回其领地

的概率。我们总是将粒子送回其父节点。假设粒子 k 正访问节点 i，此时其能量完全耗尽，在这种特殊情况下，我们可以根据下列分布将粒子送回：

$$\mathbf{P}_{\text{rean}}^{(k)}(i,j,t) \triangleq \begin{cases} 1, & j = v_k \\ 0, & \text{其他} \end{cases} \tag{10.2}$$

其中，v_k 表示粒子 k 的父节点。因此，当重新配置粒子到各自父节点时，矩阵 $\mathbf{P}_{\text{rean}}(t)$ 仅含有非零样本。计算时，这可以极大地强化粒子 k 下一个访问的节点。图 10-3 给出了一个恢复过程的简单情景。在这个例子中，红色粒子受到惩罚，因为其访问了一个由竞争粒子控制的节点。假设其能量完全被消耗，这个粒子的恢复过程被激活，强迫其回到父节点，能量再次恢复。尽管这是一个简单的机制，但却能极大地提高粒子竞争-合作模型的性能，因为它不让粒子离开自己的领地太远。

图 10-3　改进后的能量耗尽粒子复苏过程。带虚线圆圈的节点表示已标记节点，
节点的颜色深度表示拥有最高控制能力粒子的颜色

10.2.4　系统初始条件的修正

我们知道，系统 ϕ 内部的动力学状态由四个因素构成：$p(t)$，表示在 t 时刻粒子位置的随机向量；$N(t)$，表示直到 t 时刻每一个节点被访问的总次数；$E(t)$，表示粒子在 t 时刻的能量水平；$S(t)$，表示粒子在 t 时刻的状态。为了使动力系统 ϕ 运行起来，我们需要设置一系列初始化条件。下面，我们具体讨论在时刻 $t=0$ 时，为上述四种参数初始化的过程。

对于粒子的初始位置 $p(0)$，每个粒子放在其对应的父节点上。

现在我们来讨论如何初始化矩阵 $\mathbf{N}(0)$。对于最初的已标记节点，我们将它们的代表粒子给予一个恒定控制权。既然控制是通过施加在节点的最大真实控制水平来表示的，我们仅需要在机器学习的开始阶段，定义在父节点的对应粒子访问次数为无限大即可。因此，在已标记节点的控制权改变时，可以用此方法，将矩阵 $\mathbf{N}(0)$ 的每一个元素赋值如下：

$$\mathbf{N}_i^{(k)}(0) = \begin{cases} \infty, & \text{如果粒子 } k \text{ 表示节点 } i \\ 1 + \mathbb{1}_{[p^{(k)}(0) = i]}, & \text{其他} \end{cases} \tag{10.3}$$

其中，对每对 $(i,k) \in \mathscr{V} \times \mathscr{K}$ 应用公式（10.3）。公式中，第二个表达式含有标量 1，因此，在 $t = 0$ 时根据公式（9.7），未标记和未被访问的节点可以很容易地计算得出。通常情况下，对于相同类别的一组预标记样本会通过多个粒子来表达。每一个粒子都试图独立控制节点。相同类别粒子的合作仅会在学习阶段快结束时才发生。为了做到这一点，对于每一个节点，我们将对应的相同类别粒子的控制水平求和，从而得到累加控制级别。

对于粒子的初始能量水平 $E(0)$ 和初始状态 $S(0)$，我们仍根据非监督学习模型中公式（9.25）和式（9.26）计算得出。

10.3　模型的理论分析

在本节，我们讨论上述模型的数学背景。特别地，我们将用一个数值结果来验证理论模型。另外，我们将对比 9.3 节（非监督学习）的理论分析部分，并讨论两者之间的主要差异。

10.3.1　数学分析

既然无监督和半监督学习仅在粒子位置的初始化分布上相异，那么基于动力系统的框架仍旧是一样的，它们的转移概率函数也是相同的。据此，得到：

$$\begin{aligned} P(\mathbf{X}(t+1) \mid \mathbf{X}(t)) = {} & \mathbb{1}_{[\mathbf{N}(t+1) = \mathbf{N}(t) + \mathbf{Q}_N(p(t+1))]} \\ & \times \mathbb{1}_{[S(t+1) = Q_S(E(t+1))]} \\ & \times \mathbb{1}_{[E(t+1) = E(t) + \Delta Q_E(p(t+1), \mathbf{N}(t+1))]} \\ & \times \mathbf{P}_{\text{transition}}(\mathbf{N}(t), p(t)) \\ = {} & \mathbb{1}_{[\text{Compliance}(t)]} \mathbf{P}_{\text{transition}}(\mathbf{N}(t), p(t)) \end{aligned} \tag{10.4}$$

根据无监督学习中动力系统的分析，我们需要为每一个随机变量设置上限和下限。在无监督学习中关于推导 $p(t)$、$E(t)$、$S(t)$ 上下限值的过程同样在半监督学习中有效。

基于以上考虑，下面来推导随机变量 $\mathbf{N}(t)$ 的极限值。式（10.3）中的初始化步骤不同于引理 9.1 只考虑未标记节点，需要将已标记节点和未标记节点一并考虑。因此，引理 9.1 的公式变化如下：

引理 10.1　$\forall (i, k) \in \mathscr{V} \times \mathscr{K}$，$t \in \mathbb{N}$，$\mathbf{N}_i^k(t)$ 的最大值为：

- 如果 $i \in \mathscr{U}$：

$$\mathbf{N}_{i_{\max}}^{(k)}(t) = \begin{cases} \lceil \dfrac{t+1}{2} \rceil + 1, & t > 0 \text{ 且 } a_{ii} = 0 \\ t + 2, & t > 0 \text{ 且 } a_{ii} > 0 \end{cases} \tag{10.5}$$

- 如果 $i \in \mathscr{L}$：

$$\mathbf{N}_{i_{\max}}^k(t) = \infty \tag{10.6}$$

其中，如果不存在节点 i 上的环边，$a_{ii} = 0$；反之，$a_{ii} > 0$。

证明：对于属于 $\mathscr{U}$ 的未标记节点，引理 9.1 的证明过程在这里同样适用，因为每个粒子的移动策略与原始的无监督学习是相同的。

对于属于 L 的已标记节点，其限值能够根据这一系统的原始条件直接推导得出，即根据式（10.3），如果 i 为预标记节点，k 为其对应粒子，则 $\mathbf{N}_i^k(t) = \infty$，$\forall t \geqslant 0$。■

既然随机变量 $\mathbf{N}(t)$ 的上限值和下限值已经改变，需要同时调整 $\overline{\mathbf{N}}(t)$ 的值。与前面情况类似，无监督学习算法中的引理 9.3 也许只对未标记节点适用。鉴于此，我们需要将引理变换如下：

引理 10.2　$\forall (i, k) \in \mathscr{V} \times \mathscr{K}$，有：

- 如果 $i \in \mathscr{U}$：

（a）$\overline{\mathbf{N}}_i^{(k)}(t)$ 的最小值为：

$$\overline{\mathbf{N}}_{i_{\min}}^{(k)}(t) = \frac{1}{1 + \sum_{u \in \mathscr{K} \setminus \{k\}} \mathbf{N}_{i_{\max}}^{(u)}(t)} \tag{10.7}$$

（b）$\overline{\mathbf{N}}_i^{(k)}(t)$ 的最大值为：

$$\overline{\mathbf{N}}_{i_{\max}}^{(k)}(t) = \frac{\mathbf{N}_{i_{\max}}^{(k)}(t)}{\mathbf{N}_{i_{\max}}^{(k)}(t) + (K - 1)} \tag{10.8}$$

- 如果 $i \in \mathscr{L}$：

（a）$\overline{\mathbf{N}}_i^{(k)}(t)$ 的最小值为：

$$\overline{\mathbf{N}}_{i_{\min}}^{(k)}(t) = 0 \tag{10.9}$$

（b）$\overline{\mathbf{N}}_i^{(k)}(t)$ 的最大值为：

$$\overline{\mathbf{N}}_{i_{\max}}^{(k)}(t) = 1 \tag{10.10}$$

证明：对于未标记节点，引理 9.3 的证明过程适用。

对于已标记节点，先考虑式（10.9）：考虑到粒子 k 不代表已标记节点 i，由式（10.3）的初始条件，节点 i 由假设予以标记，$\exists k' \in \mathscr{K}: \mathbf{N}_i^{k'}(t) = \infty$，$\forall t \geqslant 0$。$k$ 不代表 i，再次由式（10.3），$\mathbf{N}_i^k(t)$ 仅可以取有限值，$\forall t \geqslant 0$。最后，通过式（9.7）得到

式 (10.9)。考虑式 (10.10)：由于粒子 k 代表已标记节点 i，$\mathbf{N}_i^{(k)}(t) = \infty$。由于一个已标记节点仅能由一个粒子代表，所以 $\mathbf{N}_i^{k'}(t)$ 的剩余元素是有限的，其中 $k' \in \mathcal{K}$，$k' \neq k$。在上述条件下使用式 (9.7)，得到式 (10.10)。

在计算节点控制水平的边缘分布 $P(\overline{\mathbf{N}}(t))$ 之前，需要求得 $\overline{\mathbf{N}}(t)$ 中任意元素所代表的不可约分数。引理 9.4 无法给我们提供已标记节点的足够的信息，因为其仅能对未标记节点进行约分限制。因此我们将进一步予以调整。

引理 10.3 定义 num/den 为一个任意不可约分数。对于时刻 t，假设 $\mathcal{I}_t$ 为 $\overline{\mathbf{N}}_i^{(k)}(t)$ 所有可能值的集合，$\forall (i,k) \in \mathcal{V} \times \mathcal{K}$。则 $\mathcal{I}_t$ 的元素服从下列约束：

(i) 对于未标记节点：

(a) 最小元素由表达式 (9.60) 给出。

(b) 最大元素由表达式 (9.61) 给出。

(c) 在 (a) 和 (b) 限制下的区间里所有不可约分数且满足：

　　Ⅰ. num，den $\in \mathbb{N}^*$

　　Ⅱ. num $\leqslant \mathbf{N}_{i_{\max}}^{(k)}(t)$

　　Ⅲ. den $\leqslant \sum_{u \in \mathcal{K}} \mathbf{N}_{i_{\max}}^{(u)}(t)$

(ii) 对于已标记节点：

　　(a) 0，如果粒子 k 不代表节点 i。

　　(b) 1，如果粒子 k 代表节点 i。

证明：对于 (i) 项的证明，由引理 9.4 直接可得。

对于 (ii) 项的证明：（a）当节点 i 已标记，$\exists u \in \mathcal{K}$：$\mathbf{N}_i^{(u)}(t) = \infty$。根据式 (9.7) 和式 (10.3)，我们可得 $\overline{\mathbf{N}}_i^{(k)}(t) = 0$；同样，对于 (b)，根据式 (9.7) 和式 (10.3)，我们可得 $\overline{\mathbf{N}}_i^{(k)}(t) = 1$。　■

最后，计算控制矩阵分布的表达式与无监督算法中推导过程一样。简要描述如下：

$$P(\overline{\mathbf{N}}(t) = \mathbf{U} : \mathbf{U} \in \mathcal{M}_t) = \sum_{u=1}^{t} P(f(u\mathbf{N}(t)) = \mathbf{U}) \tag{10.11}$$

随着 $t \to \infty$，$P(\overline{\mathbf{N}}(t))$ 为未标记节点的分类提供了足够的信息。在本节中，节点是通过最高控制级的一组粒子来标记的。另外，因为控制级是随机变量，因而这个模型的输出是模糊的。

10.3.2　样本分析

本节我们通过一个简单的例子来演示上一节推导的结果。为了便于演示，迭代过程只有一次，即从 $t=0$ 转移到 $t=1$。我们还使用图 9-10a 的例子，即含有 3 个节点的规则网络。考虑到节点 1 已被标记为类别 1，节点 2 为类别 2，即 $\mathscr{V}=\{1,2,3\}$，$\mathscr{L}=\{1,2\}$，$\mathscr{U}=\{3\}$。因此，可以看出未标记节点 3 拥有类别 1 和类别 2 的重合属性。下面我们通过该例子来讨论上述分析的数学背景。对于任意初始集合：将两个粒子放入网络中，即 $\mathscr{K}=\{1,2\}$。让粒子 1 代表节点 1，粒子 2 代表节点 2。在该过程中，粒子 1 传播节点 1 的标签，粒子 2 传播节点 2 的标签。如果我们有 $t=0$ 时节点的位置，其符合如下分布：

$$P\left[\mathbf{N}(0)=\begin{bmatrix}\infty & 1\\1 & \infty\\1 & 1\end{bmatrix},p(0)=[1\ 2],E(0),S(0)\right]=1 \qquad (10.12)$$

即可以百分百确定粒子 1 和 2 分别对应节点 1 和 2。其中，$\mathbf{N}(0)$、$E(0)$ 和 $S(0)$ 分别满足公式（10.3）、（9.25）和（9.26）；否则根据公式（10.4），概率为 0。

从图 9-10a，我们可以得出图的邻接矩阵 $\mathbf{A}$，因此，根据其随机游走状态，可以确定一个单独粒子的转移矩阵。应用公式（9.2），我们可得：

$$\mathbf{P}_{\mathrm{rand}}=\begin{bmatrix}0 & 0.50 & 0.50\\0.50 & 0 & 0.50\\0.50 & 0.50 & 0\end{bmatrix} \qquad (10.13)$$

给定 $\mathbf{N}(0)$，根据公式（9.7），有：

$$\bar{\mathbf{N}}(0)=\begin{bmatrix}1 & 0\\0 & 1\\0.50 & 0.50\end{bmatrix} \qquad (10.14)$$

应用公式（9.8），我们能够计算网络中每个粒子的优先游走矩阵：

$$\mathbf{P}_{\mathrm{pref}}^{(1)}(0)=\begin{bmatrix}0 & 0 & 1\\0.67 & 0 & 0.33\\1 & 0 & 0\end{bmatrix} \qquad (10.15)$$

$$\mathbf{P}_{\mathrm{pref}}^{(2)}(0)=\begin{bmatrix}0 & 0.67 & 0.33\\0 & 0 & 1\\0 & 1 & 0\end{bmatrix} \qquad (10.16)$$

为了简化计算，假设 $\lambda=1$，根据式（10.1），在时刻 $t=0$ 时，$\mathbf{P}_{\mathrm{transition}}(0)=\mathbf{P}_{\mathrm{pref}}^{(1)}(0)\bigotimes \mathbf{P}_{\mathrm{pref}}^{(2)}(0)$，这是一个维度为 9×9 的矩阵。我们通过备注 9.1，应用式（10.15）和式（10.16）中的两个 3×3 矩阵来建立下一个粒子的位置向量 $p(1)$。需要提醒的是，当 $\lambda=1$ 时，优先游走矩阵是其本身的转移矩阵，因为根据式（9.26），其所有粒子在时刻 $t=0$ 时是激活状态。对于第一个粒子，通过式（10.15）可以看出，从点 1（行 1）开始，接下来只会有一个可能的位置，即节点 3；对于第二个粒子，从点 2（行 2）

开始，接下来也只会有一个位置，也同样是节点 3。因此，有：

$$P\left[\mathbf{N}(1) = \begin{bmatrix} \infty & 1 \\ 1 & \infty \\ 2 & 2 \end{bmatrix}, p(1) = [3\ 3], E(1), S(1) \mid \mathbf{X}(0)\right] = 1 \qquad (10.17)$$

其中，$\mathbf{X}(0)$ 由式（10.12）给定。另外，由于 $\lambda = 1$，转移将很大程度上依赖邻点的控制水平。因此，已标记节点会对其竞争粒子施加强大的排斥力，这些粒子的优先游走将不会在这些已标记节点上进行，也自然地解释了 $p(1) = [3\ 3]$ 是粒子仅有的下一个位置矩阵。

在开始计算边缘分布 $P(\mathbf{N}(1))$ 前，我们需要寻找未标记节点的矩阵 $\mathbf{N}(1)$ 中任意元素的最大极限值。这可以通过式（10.5）计算得到，即 $\mathbf{N}_{i_{\max}}^{(j)}(1) = 2, \forall i \in \mathcal{V}$，我们仅需要取得矩阵 $\mathbf{N}(0)$ 的全部数量组合，其中每一个元素仅需要取值 $\{1,2\}$，因为根据引理 10.1，更大的值出现的概率为 0。我们还需要迭代 $E(0)$ 和 $E(1)$ 里每一个元素的每一个可能值。为了达到此目的，取 $\Delta = 0.25, \omega_{\min} = 0, \omega_{\max} = 1$。以此，我们可以使用引理 9.2 得到 $E(t) \in \{0, 0.25, 0.5, 0.75, 1\}$。其他系统变量 $S(0)$ 和 $S(1)$ 的取值范围容易简单获得。在目前情况下，根据式（9.57）我们有足够的信息可以计算出边缘分布 $p(\mathbf{N}(1))$：

$$P\left[\mathbf{N}(1) = \begin{bmatrix} \infty & 1 \\ 1 & \infty \\ 2 & 2 \end{bmatrix}\right] = 1 \times 1 = 1 \qquad (10.18)$$

最后，我们需要算出分布 $P(\overline{\mathbf{N}}(1))$。根据前节的讨论，我们需要寻找区间 $[0,1]$ 内的可约分数。这意味着我们仅会考虑矩阵 $\overline{\mathbf{N}}(t)$ 中的元素，其保留了 $\mathcal{I}_t$ 的要素；其余的 $\overline{\mathbf{N}}(t)$ 元素则不可行，因此将不会出现。基于原先列举的约束 $\mathcal{I}_t = \{0, 1/4, 1/3, 1/2, 2/3, 3/4, 1\}$，可以得出已标记节点（节点 1 和 2）仅取 $\{0,1\} \subset \mathcal{I}_t$。应用公式（9.64），我们可以轻松得到 $\mathbf{N}(1)$ 的完全分布如下：

$$P\left[\overline{\mathbf{N}}(1) = \begin{bmatrix} 1 & 0 \\ 0 & 1 \\ 0.5 & 0.5 \end{bmatrix}\right] = 1 \qquad (10.19)$$

需要强调的是概率 $\mathbf{N}(t)$ 和 $\overline{\mathbf{N}}(t)$ 之间为非双射映射：在上述例子中，没有从不同的 $\mathbf{N}(t)$ 得到相同的 $\overline{\mathbf{N}}(t)$，但随着 t 的增加，该现象可能时常发生。这个过程在时间足够大时会重复迭代，直到系统收敛于一个准稳定态 $\overline{\mathbf{N}}(t)$。我们推导出的系统行为认为公式（10.19）适用于 $t \geqslant 1$，并且粒子 1 和 2 将在第二时间段访问节点 3。这显示了节点 3 叠加了类别 1 和 2 的内在属性，这仅能通过图的拓扑结构来表示和挖掘。理想状态下，对于存在多种集簇的网络，每一次动力系统的迭代，$\overline{\mathbf{N}}(t)$都会变化。我们可以观察每一个对应节点的 $P(\overline{\mathbf{N}})$ 中每一行的最大概率，通过研究这些节点的控制水平来确定每个节点最可能的分类。

在参考文献 [11] 中，通过模拟可以看出，随机竞争模型的实验行为确实与理论推导的结果很相似。另外，更深入的数值分析也显示出粒子竞争–合作模型的良好性能。

10.4 模型的数值分析

本节，我们通过数值分析来讨论半监督学习粒子竞争–合作模型的有效性。

10.4.1 人工合成数据集上的模拟

这里，我们应用一个节点数 $V=15$ 的网络来验证算法的性能，其含有三个非平衡的社团，如图 10-4 所示。我们将三个粒子放入到网络中，初始位置为 $p(0)=[2\ 8\ 15]$，意味着第一个粒子从节点 2 开始（圆形），第二个粒子从节点 8 开始（正方形），第三个粒子从节点 15 开始（三角形）。所有在网络中的其他节点都未被标记。竞争系统会迭代到 $t=1000$，每一个未标记节点的预测标签会通过施加最高控制水平的粒子所对应的标签给出。图 10-5a～c 分别给出了三个粒子在圆形、正方形和三角形施加的控制能级演化过程。具体而言，从图 10-5a 可以看出，基于这些节点上的平均控制能级为 1，可以认为红色或圆形粒子控制了节点 1～4，而同时其他两个不同粒子施加的平均控制水平衰减到 0。从图 10-5b 和 c 中，我们可以通过相同的逻辑得出相应结论。

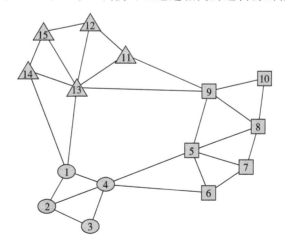

图 10-4 一个简单的网络数据（圆形类别由节点 1～4 组成，正方形类别由节点 5～10 组成，三角形由节点 11～15 组成；最初，仅节点 2（圆形）、节点 8（正方形）和节点 15（三角形）拥有标签

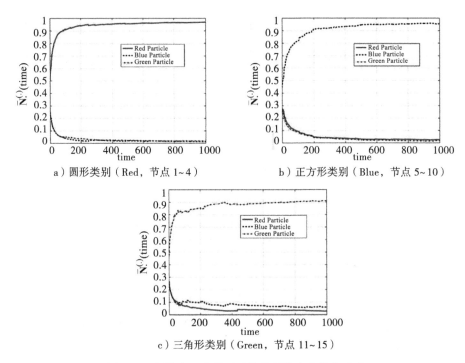

a）圆形类别（Red，节点 1~4） b）正方形类别（Blue，节点 5~10）

c）三角形类别（Green，节点 11~15）

图 10-5　网络中三个粒子平均控制能力的演化过程

10.4.2　真实数据集上的模拟

本节，我们用来自 UCI 机器学习数据库的真实数据集进行数值模拟。14 个真实数据集的简要信息见表 10-1，详细描述可参考文献［7］。

为了实验目的，对于每个数据集，我们随机选择 10 个样本组成已标记数据集，剩余的样本去掉标记。10 个样本在被选择时，确保每一类中至少有一个标签样本。值得说明的是，在半监督学习任务中，已标记样本的数量一般较少以至于其无法进行有效的交叉验证，因此经常用 holdout 验证方法来做评估。为了比较不同算法的性能，使用两种半监督学习分类技术：直推式支持向量机（TSVM）和低密度分离（LDS）来做对比。两种方法及其参数的详细介绍可以参考文献［5］。

表 10-1　UCI 数据集基本信息

数　据　集	样　本　数	维　　度	社 团 类 别
Heart	303	75	2
Heart-statlog	270	13	2
Ionosphere	351	34	2
Vehicle	946	18	4
House-votes	435	16	2
Wdbc	569	32	2

（续）

数 据 集	样 本 数	维　　度	社 团 类 别
Clean1	476	168	2
Isolet	7797	617	26
Breastw	569	32	2
Australian	690	14	2
Diabetes	768	8	2
German	1000	20	2
Optdigits	5620	64	10
Sat	6435	36	7

　　既然粒子竞争-合作模型依赖于网络环境，我们需要将表 10-1 中基于向量的数据集转化为网络格式。这里我们使用 k 邻近方法，其中 $k=3$。另外，我们取 $\lambda=0.6$，$\Delta=0.07$，参数的敏感性分析见 9.2.6 节内容。

　　模拟结果见表 10-2。通过对比测试误差，可以看出基于多粒子的半监督学习算法表现最好。

　　同样，表中也给出了每种算法的平均排序。通过以下过程来估计其平均等级：（1）对于每个数据集，每一种算法根据其性能排序，例如最好的（测试误差最小）排在第一，以此类推；（2）对于每一种算法，其平均等级是由其在所有数据集上得分的平均值计算得到。

表 10-2　各类算法的测试误差（%）

数 据 集	直推式支持向量机	低密度分离	粒子竞争-合作模型
Heart	27.4±10.4	22.9±9.6	**21.3±9.9**
Heart-statlog	26.1±5.9	21.7±6.1	**20.5±5.4**
Ionosphere	**23.9±8.2**	24.1±10.9	24.7±9.0
Vehicle	36.8±7.8	33.7±8.5	**31.8±8.8**
House-votes	16.0±5.3	11.6±4.0	**11.4±3.7**
Wdbc	**11.1±3.7**	15.0±8.7	11.9±5.1
Clean1	46.7±4.8	43.2±3.7	**40.2±2.9**
Isolet	13.3±9.5	**8.0±11.4**	12.7±8.8
Breastw	11.1±8.8	**9.6±7.6**	10.5±9.4
Australian	**31.4±11.4**	34.0±14.5	31.6±12.2
Diabetes	34.2±4.6	33.8±4.8	**32.1±4.6**
German	36.5±5.1	**35.3±4.2**	35.9±4.3
Optdigits	8.6±7.6	**3.6±11.1**	5.4±8.9
Sat	13.5±10.8	**5.8±14.2**	9.3±10.1
Average rank	2.6	1.9	1.6

　　为了用统计方式来检验模拟结果，我们使用了文献 [6] 提出的处理过程。它主要

采用算法的平均等级来进行统计推断，即采用了 Friedman 测试来检测计算结果的等级是否与等级平均值有显著差异。在上述例子中，有三种算法的等级平均值为 2。原始假设是三种算法相同，即等级一样。我们取显著性水平为 0.05。根据文献 [6]，在上述试验中，$N=14,k=3$，因此临界值 F(2,26)≈3.37，其中 F(.) 的两个参数分别根据 $k-1$ 和 $(N-1)(k-1)$ 计算得到。本章的计算结果 F≈5.32，超过了临界值，因此原假设在显著性水平 5% 时被否定了。

当原假设被否定后，可以进一步用 post-hoc 测试来验证目标算法与其他算法的性能差别，具体我们可以使用 Bonferroni-Dunn 方法。基本上，Bonferroni-Dunn 方法可以量化任意的算法与参考算法之间的性能差异是否显著。此算法比较等级平均值的差别是否比临界差别（CD）大。如果区别很大，则可以认为在统计意义上一种算法优于其他。因此，如果在我们的案例中使用 CD 来评估，CD≈0.8。目标方法的平均等级是 1.6。如果任何等级值在 1.6±0.8 范围内，则目标算法和被比较算法统计上是等价的。可以看出，在上述数据集模拟中粒子算法优于直推式支持向量机（TSVM），但与低密度分离（LDS）的比较并未超过临界差别，即意味着后两者的差异并非统计意义上的显著。

10.5 应用：错误标记数据集上的错误标签传播检测和预防

本节，我们将前面讨论的竞争模型用于错误标记数据集，例如一些已标记样本被错误标记了。

10.5.1 节说明了在错误标记训练数据集中进行半监督学习时，对错误传播进行检测和预防的重要性和可执行性。10.5.2 节用粒子竞争-合作模型提供了一种可能的检测机制，来处理错误标记的半监督学习。10.5.3 节给出了一种防止错误传播的机制，通过检测模块可以将错误的标签从被标记节点上去掉。10.5.4 节正式给出用修正后的粒子竞争—合作模型来训练错误标记数据的方法。10.5.5 节讨论了检测和阻止错误传播涉及的参数的敏感性。最后，10.5.6 节用人工合成数据和真实数据测试了错误检测和预防机制。

10.5.1 问题提出

训练数据的质量在机器学习任务中是根本，特别是在半监督学习中更为关键，因为带标签的样本较少，错误标签极易被传播到整个数据集或其中的一部分。目前，关于错误标记样本数据的半监督学习关注不够[1,2,8]。通常，在机器学习中，训练数据集的输入标签信息应该是完全可靠的。但真实世界并非如此，由于仪器误差、噪声，或在标签标记过程中的人为失误，错误标记样本在数据集中很常见。如果这些类型的错误标签被用来进一步分类新数据（在监督学习情况下）或传播到未标记数据（半监督学习），可能会产生严重后果。因此，设计防止错误标签传播的机制在机器学习领域中是非常重要的。具体而言，防止错误标签传播可以从两个方面提升学习系统的性能：

- 改进学习系统的性能，允许系统从错误中学习。
- 通过限制错误标签的传播来避免系统整体上的破坏。

下面，将介绍基于粒子竞争—合作模型的错误标签传播阻止机制[4,10]。

10.5.2　错误标记训练集的检测

对错误标签节点进行识别的思路如下。在竞争—合作模型中，对应每个已标记节点，生成一个代表性粒子。为简单起见，我们在这里使用术语正确标记粒子来表示被正确标记节点的代表性粒子，错误标记粒子来表示被错误标记的节点的代表性粒子。这样，在错误标记节点附近的节点将处于两种粒子的不断竞争中，即处于正确标记粒子和错误标记粒子的争夺中。因此，错误标记粒子将被困在小范围区域，此区域以错误标记的节点为中心。由于各区域上错误标记粒子的数量一般比正确标记粒子数量少得多，该错误标记的节点周围区域趋于由正确标记粒子控制。由于随机规则和优先行走规则的结合，粒子最终会远离它们的父节点。一旦错误被标记粒子离父节点很远，它有很高的概率会能量耗尽。因此，粒子能量耗尽的次数是其父节点是否被错误标记的一个很好的指标。如果粒子持续耗尽，其父节点可能代表一个错误被标记节点；否则，它可能代表一个正确标记的节点。

为了监测可能的被错误标记的节点，定义 $D(t)=[D^{(1)}(t),\cdots,D^{(K)}(t)]$，其中第 k 个元素 $D^{(k)}(t)$ 代表到时刻 t 时粒子 k 能量耗尽的累积次数。每一次 $D(t)$ 的更新规则表示为：

$$D^{(k)}(t) = D^{(k)}(t-1) + S^{(k)}(t) \tag{10.20}$$

其中 $S^{(k)}(t)$ 是个布尔变量，用来表示粒子 k 在时刻 t 时是活跃还是沉寂。如果为沉寂状态，则为 1，反之则为 0。因此，公式（10.20）将根据粒子 k 的当下状态决定是保持累加值不变，还是加 1。

为了评估一个粒子是否相对于其他粒子能量耗尽的次数更多，我们使用粒子能量耗尽的平均次数作为统计指标。网络中粒子的平均沉寂次数表达如下：

$$\langle D(t) \rangle = \frac{1}{K} \sum_{u=1}^{K} D^{(u)}(t) \tag{10.21}$$

对于（10.21）式中的随机变量，对于任何粒子 $k \in \mathscr{K}$，当

$$D^{(k)}(t) \geqslant (1+\alpha)\langle D(t) \rangle \tag{10.22}$$

时，其被认为相对于其他粒子发生了更多次数的能量耗尽。因此，这样的粒子可以代

表一个未准确标记或错误标记的父节点。参数 $\alpha \in [-1, \infty)$ 是一个置信度区间，反映了超出平均值 $\langle D(t) \rangle$ 的比例，从而能够判断是否将一个粒子作为一个被错误标记节点的代表粒子。小 α 相对于大 α 值，趋向于将更多的点分类为被错误标记点。在极端情况下，当 $\alpha \rightarrow \infty$ 时，模型回到其原始状态，不再能够监测或阻止错误标签在网络上的传播。

在竞争的开始阶段，只有很小一部分未标记数据被粒子控制。这样的话，一个带有正确标签的粒子可能碰巧能量耗尽，式（10.22）的结果为真。为了避免这种误判，在竞争过程的开始阶段，在式（10.22）中引入一个权重惩罚，并当 t 很大时，又能起到限制这种惩罚的作用。加权后的公式（10.22）变为：

$$(1 - e^{-\frac{t}{\tau}}) D^{(k)}(t) \geqslant (1 + \alpha) \langle D(t) \rangle \tag{10.23}$$

其中，$\tau \in (0, \infty)$ 是指数衰减函数的时间常量。

接下来，我们分析一个粒子满足公式（10.23）时能量耗尽的最小次数。为了达到此目的，将 $D^{(k)}(t)$ 的最小值表示为 $D_{\min}^{(k)}(t)$，根据式（10.23），数学上其满足下列表达式：

$$D_{\min}^{(k)}(t) = \frac{(1 + \alpha) \langle D(t) \rangle}{(1 - e^{-\frac{t}{\tau}})} \tag{10.24}$$

为了清楚起见，我们假设动力学过程产生 $\langle D(t) \rangle = 1, \forall t \geqslant 0$。为计算简单，取 $\alpha = 0$。对于上述无加权的公式，当 t 很小时，$D^{(k)}(t) = 1$ 足以使式（10.22）成立。因此，如果一个被正确标记节点在竞争状态的开始阶段恰巧到达能量耗尽状态，它会立刻被认为是错误标记节点。另一方面，当 t 很小时，由式（10.23），加权会惩罚 $D^{(k)}(t)$，因此，在 t 很小时，已标记节点不可能被归类为错误标签。或许，当 t 足够大时，惩罚会停止，式（10.23）会近似为式（10.22）。特别地，当 $t \rightarrow \infty$ 时：

$$\lim_{t \rightarrow \infty} (1 - e^{-\frac{t}{\tau}}) D^{(k)}(t) \geqslant \lim_{t \rightarrow \infty} (1 + \alpha) \langle D(t) \rangle \Rightarrow$$
$$D^{(k)}(\infty) \lim_{t \rightarrow \infty} (1 - e^{-\frac{t}{\tau}}) \geqslant (1 + \alpha) \langle D(\infty) \rangle \Rightarrow$$
$$D^{(k)}(\infty) \geqslant (1 + \alpha) \langle D(\infty) \rangle \tag{10.25}$$

最后，参数 τ 用来控制指数函数的衰减速度。τ 值较小时，函数产生一个大的负导数，τ 值较大时产生一个小的负导数。也就是说，当 τ 减少时衰减速度增加。

10.5.3 错误标签传播的预防

在前一部分中，我们提出了一种通过使用竞争过程本身产生的信息来检测可能错误标记节点的方法。现在，每当我们发现一个可能错误的标记节点时，需要采取行动以防止它在其邻域内传播错误的标签。

在错误标记节点上，对应粒子预计会不断地被耗尽，因为它所在的区域内有来自竞争粒子团队的其他几个标记数据项。因此，错误标记节点的邻域会受到其他粒子的大量访问，从而始终发生竞争。为了校正已标记训练数据的错误特征，常用的方式是将该父节点去掉标签，并相应地将其重置为邻域中最占优势的类别。通过使用局部方法，我们保持模型的平滑假设。图 10-6 描绘了这个重新标记过程的示意图，该过程可以防止模型中错误标签的传播。但要注意的是，邻域主要由深色类别支配，父节点的标签变为深色而不是原始浅色类别。通过这种方式，已标记的训练数据被重新塑造，从而具有更平滑的特性。该过程中我们从未使用错误标记节点的信息，因为检测模块会发现其标签可能不正确。

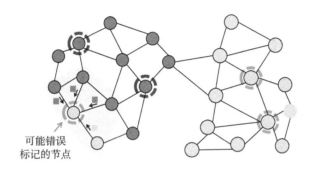

可能错误
标记的节点

图 10-6　错误标签传播预防机制示意图。带虚线圆圈的节点为父节点，对应于标记样本；最左边的浅色标记节点为错误标记节点，在这种情况下，邻域内节点的标签由最主要的类别确定

现在我们将此思路形式化。假设节点 i 在时刻 t 时被认为是一个可能的错误标记节点，意味着式（10.23）成立。鉴于此，节点 i 将要改变其随机向量 $\mathbf{N}_i(t)$，以反映在时刻 t 时其邻域如何被控制。我们只需重新定义 $\mathbf{N}_i(t)$ 作为其邻点收到的平均访问次数。数学上，对于所有 $k \in \mathscr{K}$，有：

$$\mathbf{N}_i^{(k)}(t) = \frac{1}{|\mathscr{N}(i)|} \sum_{j \in \mathscr{V}} \mathbf{A}_{ij} \mathbf{N}_j^{(k)}(t)$$

$$= \frac{1}{|\mathscr{N}(i)|} \sum_{j \in \mathscr{N}(i)} \mathbf{N}_j^{(k)}(t) \tag{10.26}$$

其中，$\mathscr{N}(i)$ 是错误标记节点的邻域，而 $|\mathscr{N}(i)|$ 是对应的邻点数量。该方法可以进一步扩展，不仅包含父节点的直接邻域，还可以包含父节点邻域的间接邻域。在本章中，我们简单地根据直接邻域来构建重新标记的方法，这是标记决策中保证平滑性的最保守的选择。

可以发现，修改后的模型和原始模型之间的区别在于前者能够重新标记已标记节点，而后者则不行。应用公式（10.26）时即使用了这一新功能。

10.5.4 竞争-合作模型学习系统的修正

基于前面介绍的机制，将 10.2 节中介绍的原始粒子竞争-合作模型的动力系统修改如下：

$$\mathbf{X}(t) = \begin{bmatrix} p(t) \\ \mathbf{N}(t) \\ E(t) \\ S(t) \\ D(t) \end{bmatrix} \tag{10.27}$$

如果 $\mathrm{wrong}(k,t) = (1-e^{-\frac{t}{\tau}})D^{(k)}(t) \geqslant (1+\alpha)\langle D(t) \rangle$，新的检测和阻止错误标签传播的竞争-合作动力系统如下：

$$\phi: \begin{cases} p^{(k)}(t+1) = j, \qquad j \sim \mathbf{P}_{\mathrm{transition}}^{(k)}(t) \\[1mm] \mathbf{N}_i^{(k)}(t+1) = \mathbb{1}_{[\mathrm{wrong}(k,t)]}\left[\dfrac{1}{|\mathcal{N}(i)|}\sum_{j\in\mathcal{N}(i)}\mathbf{N}_j^{(k)}(t)\right] \\[3mm] \qquad\qquad\quad + \mathbb{1}_{[\neg\mathrm{wrong}(k,t)]}\left[\mathbf{N}_i^{(k)}(t)+\mathbb{1}_{[p^{(k)}(t+1)=i]}\right] \\[3mm] E^{(k)}(t+1) = \begin{cases} \min(\omega_{\max}, E^{(k)}(t)+\Delta), \text{if } \mathrm{owner}(k,t) \\ \max(\omega_{\min}, E^{(k)}(t)-\Delta), \text{if } \neg\mathrm{owner}(k,t) \end{cases} \\[4mm] S^{(k)}(t+1) = \mathbb{1}_{[E^{(k)}(t+1)=\omega_{\min}]} \\[2mm] D^{(k)}(t+1) = D^{(k)}(t)+S^{(k)}(t+1) \end{cases} \tag{10.28}$$

可以看到，与访问次数（第二个表达式）相关的更新规则由两部分组成：第一项用于检测错误标签的节点，第二项用于检测未被认为是错误标记的节点。

10.5.5 参数敏感性分析

我们已经在 9.2.6 节介绍了原始粒子竞争-合作模型的性能，这里将重点关注在错误标记数据环境中进行错误标签检测和传播预防时参数 α 和 τ 的作用。与 9.2.6 节一样，我们仍然使用 Lancichinatti 基准方法[9]，网络节点数 $V=5000$，平均度 $\overline{k}=8$，社团重叠程度 $\mu=0.3$。实际上，基准程序包含了参数 μ 的变化和对模型结果准确率的评估。

为了测试对于错误标记数据的鲁棒性，Lancichinatti 基准方法是动态变化的[12]。一旦网络生成，我们使用分层均匀分布方法标记一部分节点以组成已标记训练样本。随后，我们故意破坏已标记样本的一些标签以引入噪声。在模拟中，已标记样本集固定为整个数据集的 10%。最终，我们故意将 30% 的正确标签以分层的方式转变为不正确的标签（$q=0.3$），以维持每个类中已标记样本的比例。

10.5.5.1　参数 α 的影响

参数 α 用来检测错误标记的数据。实际上，它决定了 $D^{(k)}(t), k \in \mathscr{K}$ 从 $\langle D(t) \rangle$ 偏离的程度，目的是为了将对应的错误标记节点找出来。当 $\alpha = -1$ 时，检测过程总是将被标记节点视为错误标记节点，因为根据公式（10.24），有：

$$D^{(k)}(t) \geqslant \lim_{\alpha \to -1} \frac{(1+\alpha)\langle D(t) \rangle}{(1 - e^{-\frac{t}{\tau}})} \Rightarrow D^{(k)}(t) \geqslant 0 \qquad (10.29)$$

考虑到 $D^{(k)}(t)$ 的域值在区间 $[0, \infty]$ 上，因此公式（10.29）总是成立。因此，公式（10.26）可在时刻 $t \geqslant 0$ 时适用于网络的任意节点。当 α 取更大的值时，竞争动态被纳入检测方案中，并且在检测方案中考虑了非线性相互作用。随着 α 增加，可以看到公式（10.24）的解空间距离原始更远，这意味着公式（10.24）更难以满足。在极端情况下，当 $\alpha \to \infty$ 时：

$$D^{(k)}(t) \geqslant \lim_{\alpha \to \infty} \frac{(1+\alpha)\langle D(t) \rangle}{(1 - e^{-\frac{t}{\tau}})} \Rightarrow \qquad (10.30)$$

$$D^{(k)}(t) \geqslant \infty \qquad (10.31)$$

仅当 $t \to \infty$ 时，上式才能满足，当然实际中 $t \to \infty$ 是不可能的。因此，式（10.31）不可能有一个无限的时间 t。此时，检测过程停止，换句话说，粒子竞争算法回到它在 10.2 节中的原始形式。

图 10-7a~d 给出了网络中模型的准确率随着 α 从 -1 变化到 10 时的结果。其中，我们采用文献 [9] 中描述的方法来构建网络。正如可以从图中验证的那样，参数 α 对结果很敏感。通常，当随机和优先游走都存在时，准确率得到了优化。当 α 取值在 $0 \leqslant \alpha \leqslant 3$ 时，模型拥有最好的准确率。

10.5.5.2　参数 τ 的影响

参数 τ 用于检测错误标签的传播。假设 $\tau \in (0, \infty)$，它负责调整惩罚函数的速度，以防止在随机过程开始时将节点标记为错误标记节点。接下来，我们分别从理论和实证上来研究 τ 的值变化时算法的表现。

当 τ 值较小时，指数衰减函数导数很大，意味着衰减速度更快。在极端情况下，例如 $\tau \to 0$ 时，则：

$$D^{(k)}(t) \geqslant \lim_{\tau \to 0} \frac{(1+\alpha)\langle D(t) \rangle}{(1 - e^{-\frac{t}{\tau}})} \Rightarrow \qquad (10.32)$$

$$D^{(k)}(t) \geqslant (1+\alpha)\langle D(t) \rangle \qquad (10.33)$$

其中，当 $\tau \to 0$ 时，t 为有限值，$\lim_{\tau \to 0}(1 - e^{-\frac{t}{\tau}}) = 1, e^{-\frac{t}{\tau}} \to 0$。这表明该模型的行为取决于 α 的值，在上一节已经进行了研究。在这种特殊情况下，惩罚功能不存在，因为它在学习过程中迅速衰减。

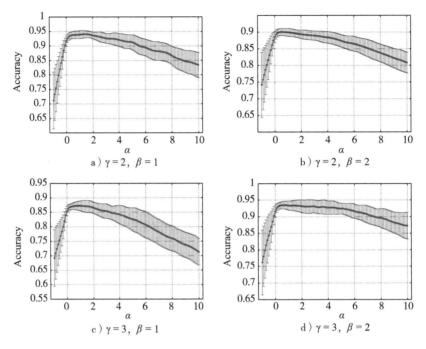

图 10-7　准确率随 α 的变化情况。$\tau=40$，仿真 30 次取平均值

当 τ 值较大时，指数衰减函数速度相应变小，意味着：

$$D^{(k)}(t) \geqslant \lim_{\tau \to \infty} \frac{(1+\alpha)\langle D(t)\rangle}{(1-e^{-\frac{t}{\tau}})} \Rightarrow \tag{10.34}$$

$$D^{(k)}(t) \geqslant \frac{(1+\alpha)\langle D(t)\rangle}{(1-\lim_{\tau \to \infty} e^{-\frac{t}{\tau}})} \Rightarrow \tag{10.35}$$

$$D^{(k)}(t) \geqslant \infty \tag{10.36}$$

其中，公式（10.36）中的分母迅速趋向于 0，$e^{-\frac{t}{\tau}} \to 1$ 的条件为 $\tau \to \infty$，t 为有限值。此时惩罚结束，因为式（10.36）在 t 为有限值时无解。因此，模型回到初始形式。

基于以上分析，图 10-8a～d 给出了算法对于不同 τ 值时所达到的准确率。可以得出结论，对于 τ 的中间区域值，即当 $30 \leqslant \tau \leqslant 60$ 时，模型对 τ 不敏感。

10.5.6　计算机模拟

在本节中，通过在易错环境中进行半监督学习来展现粒子竞争－合作模型的鲁棒性。我们使用人工合成和真实的数据集来检测模型的性能。

10.5.6.1　人工合成数据集

我们首先使用 Girvan-Newman 基准来讨论粒子竞争算法在人工合成网络上的性能，关于 Girvan-Newman 基准在 6.2.4 节已经做过相关讨论。图 10-9 中给出了模型准确率与 q 值函数的对应情况。

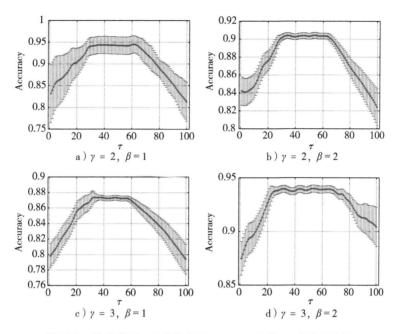

a）$\gamma = 2$，$\beta = 1$　　　　　b）$\gamma = 2$，$\beta = 2$

c）$\gamma = 3$，$\beta = 1$　　　　　d）$\gamma = 3$，$\beta = 2$

图 10-8　准确率随 τ 的变化情况。$\alpha = 0$，仿真 30 次取平均值

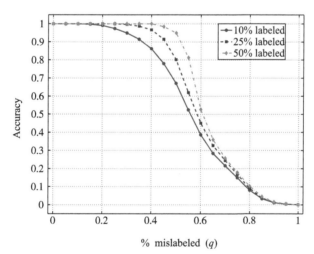

图 10-9　模型的准确率与无标签或错误标记样本比例 q 的关系。网络中社团类别恒定，
　　　　共 16 个社团；节点数为 10000；社团重叠程度 $z_{\mathrm{out}} / \langle k \rangle = 0.3$；仿真 100 次取平
　　　　均值

从图 10-9 可以观察到三个不同的区域，它们被两个临界点分开：

• 当 q 值很小时，错误标记节点对算法准确率的影响很小。从直观上来看，准确
　率为 100%。这可以用动力系统随时间演变的竞争行为来解释。由于大多数标记
　样本被正确标记，相比错误标签的传播，正确标记样本的传播占有压倒性的优
　势。因此，模型的性能略有改变。

- 当 q 值逐渐增加时,准确率降低。第一个临界点表明错误标签的传播开始占有优势。通过对图 10-9 进行分析,这种现象主要取决于标签集的大小,随着标记样本越来越多,该算法在易错环境中变得更加鲁棒。
- 当 q 值较大时,准确率进入一个新的稳态,从第二临界点开始准确率不再增加。该临界点之后,相比于正确标签,错误标签的传播完全占有压倒性优势。

10.5.6.2 真实数据集

在本节,我们将算法应用于错误标记环境中的实际数据集上。为了进行比较,还采用了一组竞争性的半监督学习技术,见表 10-3。

表 10-3 错误标签传播的半监督数据分类算法

算　　法	文　　献
线性传播（LP）	Zhou 等人[14]
线性邻域传播（LNP）	Wang 和 Zhang[13]
原始粒子竞争-合作模型（Original PCCM）	10.2 节
改进版粒子竞争-合作模型（Modified PCCM）	10.5 节

对于模型选择过程,所有参数都根据各自算法达到的最佳准确率进行了调整。模型选择过程如下:

- LP:σ 在离散化区间 $\sigma \in \{0, 1, \cdots, 100\}$ 中进行选择,α 取固定值 $\alpha = 0.99$(同文献 [14])。
- LNP:k 在离散化区间 $k \in \{0, 1, \cdots, 100\}$ 中取值,其中 σ 和 α 的选择方法和 LP 参数一样。
- 原始和改进版 $PCCM$:首先数据集通过 k 近邻方法构建一个网络。k 在离散化区间 $k \in \{1, 2, \cdots, 10\}$ 中进行选择。我们在区间 $\lambda \in \{0.20, 0.22, \cdots, 0.80\}$ 中测试 λ。另外,取 $\Delta = 0.1$。这些参数的选择以及 λ 的候选范围原则参考 9.2.6 节中关于参数敏感性分析的内容。

现在将 LP、LNP 和原始和改进版 PCCM 方法应用到 UCI 机器学习数据库的两个数据集中:鸢尾花和字母识别。前者由三个等数量类组成,每一个类包含 50 个样本,一共 150 个;后者包含 20000 个样本并被分成 26 个不同数量的类,每一个代表一个英文字母。

图 10-10a 和 b 给出了测试误差和 q(被错误标记样本占总样本的比例)之间的关系。可以看出,随着 q 的增长所有算法的性能开始下降,产生更大的测试误差。然而,通过嵌入到竞争模型中的检测和预防机制,改进版 PCCM 能够胜过其他算法。在错误标签传播环境中,可以设想算法中有两种类型的竞争同时在发生:粒子传播正确和错误标签的竞争。由于竞争总是间接发生,所以这两种类型的标签扩散过程总是处于相

反的状态。在实际情况下，可以假设正确标记的样本数量通常大于错误标记的样本数量，最终，相比错误标签的传播，正确标签的传播将占压倒性优势。

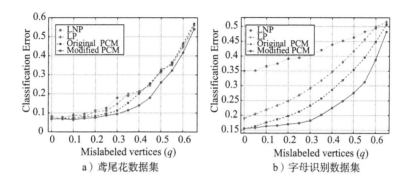

图 10-10   两个真实数据集上噪声数据比例的测试。运行 100 次并取平均值。经 Elsevier 许可从文献［12］转载

10.6   本章小结

本章介绍了一种半监督学习技术，它利用了网络中粒子间的竞争与合作机制。在这个模型中，代表各自类别的一些粒子在网络中游走以扩展"疆域"，同时试图捍卫"领土"免受对手粒子的攻击。如果一些粒子传播相同的类标签，则会形成一个"团队"，这些粒子之间的合作就会发生。

错误标签的传播是机器学习中的一个主要问题，错误标记的样本出现在数据集中通常是由于多个因素造成的，例如仪器误差、噪声破坏甚至人为失误等。在自主学习系统中，由于缺少外部干预，错误标签更容易传播到整个数据集。

针对这种情况，本章介绍了一种在半监督学习技术中检测和防止错误标签传播的方法。错误标签检测机制是通过将粒子随时间变化的能量耗尽的总次数加权到阈值来实现的。当动力竞争系统开始后，有一个惩罚因子可以防止检测误判。引入它的目的是减少误差传播模型对已标记样本初始位置的依赖。随着系统的演进，这种惩罚趋于停止，每个节点的控制级被用于推断是否被错误标记。一旦一个节点被错误标记，粒子竞争技术将其控制水平重新设置为其邻域的平均值，以符合聚类和平滑假设。

参考文献

1. Amini, M.R., Gallinari, P.: Semi-supervised learning with explicit misclassification modeling. In: Proceedings of the 18th International Joint Conference on Artificial Intelligence (IJCAI), pp. 555–560. Morgan Kaufmann, San Francisco (2003)
2. Amini, M.R., Gallinari, P.: Semi-supervised learning with an imperfect supervisor. Knowl. Inf. Syst. **8**(4), 385–413 (2005)

3. Breve, F., Zhao, L., Quiles, M.G., Pedrycz, W., Liu, J.: Particles competition and cooperation in networks for semi-supervised learning. IEEE Trans. Data Knowl. Eng. **24**, 1686–1698 (2010)
4. Breve, F.A., Zhao, L., Quiles, M.G.: Particle competition and cooperation for semi-supervised learning with label noise. Neurocomputing **160**, 63–72 (2015)
5. Chapelle, O., Schölkopf, B., Zien, A. (eds.): Semi-supervised learning. Adaptive Computation and Machine Learning. MIT, Cambridge (2006)
6. Demšar, J.: Statistical comparisons of classifiers over multiple data sets. J. Mach. Learn. Res. **7**, 1–30 (2006)
7. Lichman, M.: UCI Machine Learning, Repository University of California, Irvine, School of Information and Computer Sciences, University of California, Irvine (2013)
8. Hartono, P., Hashimoto, S.: Learning from imperfect data. Appl. Soft Comput. **7**(1), 353–363 (2007)
9. Lancichinetti, A., Fortunato, S., Radicchi, F.: Benchmark graphs for testing community detection algorithms. Phys. Rev. E **78**(4), 046110(1–5) (2008)
10. Silva, T.C., Zhao, L.: Detecting error propagation via competitive learning. Procedia Comput. Sci. **13**, 37–42 (2012)
11. Silva, T.C., Zhao, L.: Network-based stochastic semisupervised learning. IEEE Trans. Neural Netw. Learn. Syst. **23**(3), 451–466 (2012)
12. Silva, T.C., Zhao, L.: Detecting and preventing error propagation via competitive learning. Neural Netw. **41**, 70–84 (2013)
13. Wang, F., Zhang, C.: Label propagation through linear neighborhoods. IEEE Trans. Knowl. Data Eng. **20**(1), 55–67 (2008)
14. Zhou, D., Bousquet, O., Lal, T.N., Weston, J., Schölkopf, B.: Learning with local and global consistency. In: Advances in Neural Information Processing Systems, vol. 16, pp. 321–328. MIT, Cambridge (2004)

推荐阅读

机器学习：从基础理论到典型算法（原书第2版）

作者：（美）梅尔亚·莫里 阿夫欣·罗斯塔米扎达尔 阿米特·塔尔沃卡尔
译者：张文生 杨雪冰 吴雅婧 ISBN：978-7-111-70894-0

本书是机器学习领域的里程碑式著作，被哥伦比亚大学和北京大学等国内外顶尖院校用作教材。本书涵盖机器学习的基本概念和关键算法，给出了算法的理论支撑，并且指出了算法在实际应用中的关键点。通过对一些基本问题乃至前沿问题的精确证明，为读者提供了新的理念和理论工具。

机器学习：贝叶斯和优化方法（原书第2版）

作者：（希）西格尔斯·西奥多里蒂斯 译者：王刚 李忠伟 任明明 李鹏
ISBN：978-7-111-69257-7

本书对所有重要的机器学习方法和新近研究趋势进行了深入探索，通过讲解监督学习的两大支柱——回归和分类，站在全景视角将这些繁杂的方法一一打通，形成了明晰的机器学习知识体系。

新版对内容做了全面更新，使各章内容相对独立。全书聚焦于数学理论背后的物理推理，关注贴近应用层的方法和算法，并辅以大量实例和习题，适合该领域的科研人员和工程师阅读，也适合学习模式识别、统计/自适应信号处理、统计/贝叶斯学习、稀疏建模和深度学习等课程的学生参考。

人工智能：原理与实践

作者：〔美〕查鲁·C.阿加沃尔　译者：杜博 刘友发　ISBN：978-7-111-71067-7

本书特色

本书介绍了经典人工智能（逻辑或演绎推理）和现代人工智能（归纳学习和神经网络），分别阐述了三类方法：

基于演绎推理的方法，从预先定义的假设开始，用其进行推理，以得出合乎逻辑的结论。底层方法包括搜索和基于逻辑的方法。

基于归纳学习的方法，从示例开始，并使用统计方法得出假设。主要内容包括回归建模、支持向量机、神经网络、强化学习、无监督学习和概率图模型。

基于演绎推理与归纳学习的方法，包括知识图谱和神经符号人工智能的使用。

神经网络与深度学习

作者：邱锡鹏　ISBN：978-7-111-64968-7

本书是深度学习领域的入门教材，系统地整理了深度学习的知识体系，并由浅入深地阐述了深度学习的原理、模型以及方法，使得读者能全面地掌握深度学习的相关知识，并提高以深度学习技术来解决实际问题的能力。本书可作为高等院校人工智能、计算机、自动化、电子和通信等相关专业的研究生或本科生教材，也可供相关领域的研究人员和工程技术人员参考。

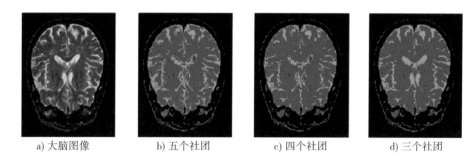

| a) 大脑图像 | b) 五个社团 | c) 四个社团 | d) 三个社团 |

图 4-10   人类大脑的像素聚类。图中的颜色表示聚类，$d=0.008,k=0.5d$

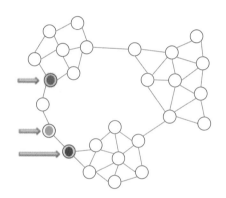

a) 可能的初始状态

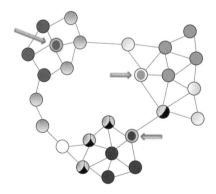

b) 预期的长时动力学过程

图 9-1   粒子竞争模型的初始条件和长时动力学过程

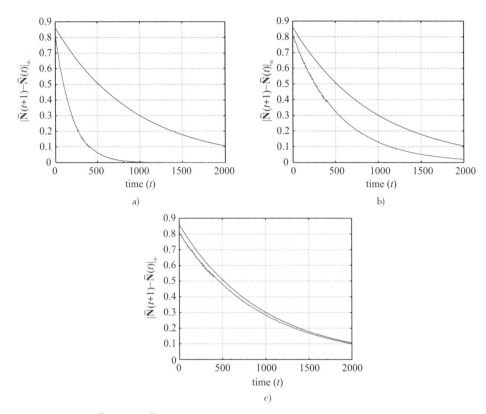

图 9-9　考虑 $|\overline{\mathbf{N}}(t+1)-\overline{\mathbf{N}}(t)|_{\infty}$ 的粒子竞争模型收敛分析[36]。模拟基于图 9-7 中的数据集；当 $c=K$ 时，理论解的上限用蓝色曲线表示

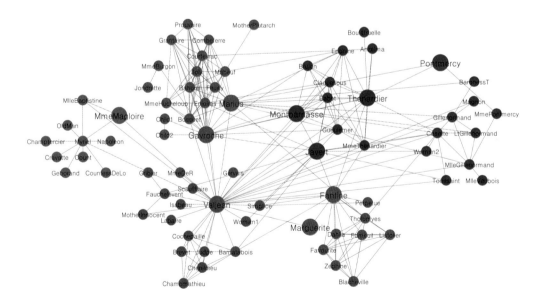

图 9-14　维克多·雨果的作品《悲惨世界》中主要人物的关系网络。$K=6$，$\lambda=0.6$；10 个最大重叠度的节点以较大尺寸显示

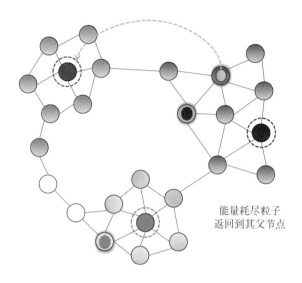

图 10-3 改进后的能量耗尽粒子复苏过程。带虚线圆圈的节点表示已标记节点，
节点的颜色深度表示拥有最高控制能力粒子的颜色

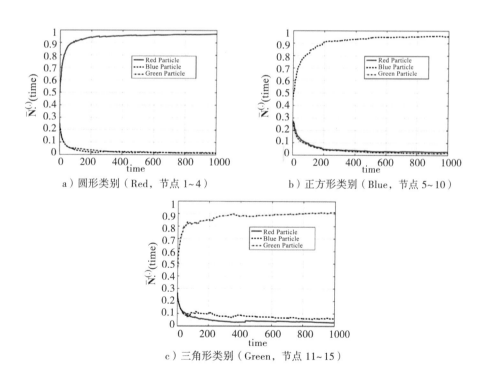

a）圆形类别（Red，节点 1~4）

b）正方形类别（Blue，节点 5~10）

c）三角形类别（Green，节点 11~15）

图 10-5 网络中三个粒子平均控制能力的演化过程

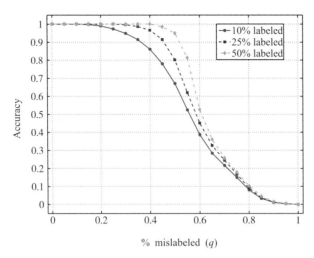

图 10-9　模型的准确率与无标签或错误标记样本比例 q 的关系。网络中社团类别恒定，

共 16 个社团；节点数为 10000；社团重叠程度 $\frac{z_{out}}{\langle k \rangle} = 0.3$；仿真 100 次取平均值

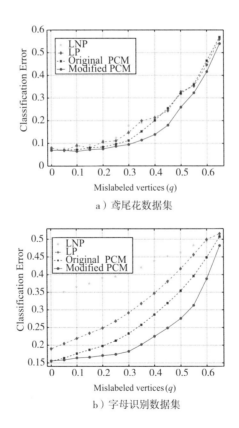

a）鸢尾花数据集

b）字母识别数据集

图 10-10　两个真实数据集上噪声数据比例的测试。运行 100 次并

取平均值。经 Elsevier 许可从文献［12］转载